21世纪高职高专"工作过程导向"新理念教材

电机及控制技术

主　编　李旺达
副主编　曾晓泉　陈国璋　邓云霄　谌承志

北京邮电大学出版社
·北京·

内 容 简 介

本书根据当前教育部正在推行基于工作过程导向的高职高专教学改革精神，按照项目导向的教学要求进行编写。全书共分6个项目18个任务，内容包括变压器、异步电动机、控制电机、常用低压电器、电气控制线路基础、传感器技术及应用等。每个项目包括若干个任务，每个任务包含任务分析、相关知识、任务实施、知识拓展等部分，并附有思考与练习。

本书可作为各级各类职业院校电气、机电等工科类专业的教学用书，也可作为其他培训机构用书，还可作为有关工程技术人员的参考用书。

图书在版编目(CIP)数据

电机及控制技术/李旺达主编. --北京：北京邮电大学出版社，2010.8(2021.8 重印)

ISBN 978-7-5635-2339-9

Ⅰ.①电… Ⅱ.①李… Ⅲ.①电机—高等学校—教材②电机—控制系统—高等学校—教材 Ⅳ.①TM3

中国版本图书馆 CIP 数据核字(2010)第 144600 号

书　　名：电机及控制技术
作　　者：李旺达　曾晓泉　陈国璋　邓云霄　谌承志
责任编辑：满志文
出版发行：北京邮电大学出版社
社　　址：北京市海淀区西土城路 10 号(邮编：100876)
发 行 部：电话：010-62282185　传真：010-62283578
E-mail：publish@bupt.edu.cn
经　　销：各地新华书店
印　　刷：北京九州迅驰传媒文化有限公司
开　　本：787 mm×1 092 mm　1/16
印　　张：11.75
字　　数：287 千字
版　　次：2010 年 8 月第 1 版　2021 年 8 月第 4 次印刷

ISBN 978-7-5635-2339-9　　定　价：25.00 元

· 如有印装质量问题，请与北京邮电大学出版社发行部联系 ·

前　言

电机及控制技术是高职高专电气、机电等工科类专业的重要专业课之一，当前教育部正在推行基于工作过程导向的高职高专教学改革，而教材作为体现教学内容、教学方法、教学手段的载体之一，也应按教学改革精神进行相应的改进，以体现职业教育的特点，突出以能力培养为中心的培养目标。鉴此，我们几位长期工作在职业教育教学一线的教师，按照项目式教学的要求编写了本书。全书按照“学中做”、“做中学”的教学理念组织教学内容，通过实践加深学生对理论知识的理解与掌握。

全书共分6个项目18个任务，内容包括变压器、异步电动机、控制电机、常用低压电器、电气控制线路基础、传感器技术及应用等。每个项目包括若干个任务，每个任务包含任务分析，相关知识，任务实施，知识拓展等部分，并附有思考和练习。

本书的参考学时建议为140学时，各项目、任务的参考学时分配参见下表。建议本课程的考核以“技术理论＋实践操作”的方式进行。

项　目	任　　务	学时分配	
		课堂讲授	实践操作
项目一	任务一　变压器的测试与应用	8	4
项目二	任务一　三相异步电动机基本特性的测试与应用	4	6
	任务二　三相异步电动机起动的测试与应用	4	4
	任务三　三相异步电动机制动方式的测试与应用	4	4
	任务四　三相异步电动机调速的测试与应用	4	4
	任务五　单相异步电动机的测试与应用	4	4
项目三	任务一　控制电机的控制和应用	6	2
项目四	任务一　接触器的测试与应用	4	4
	任务二　继电器的测试与应用	2	2
	任务三　开关电器的测试与应用	2	2
	任务四　熔断器的测试与应用	2	2
	任务五　主令电器的测试与应用	2	2

续表

项　目	任　务	学时分配	
		课堂讲授	实践操作
项目五	任务一　三相异步电动机起动控制线路的设计与应用	4	4
	任务二　三相异步电动机制动控制线路的设计与应用	4	4
	任务三　三相异步电动机调速控制线路的设计与应用	4	4
	任务四　典型机电设备控制线路的设计与应用	6	4
项目六	任务一　常用传感器技术的测试与应用	8	4
	任务二　传感器技术的综合应用	4	4
课时总计		76	64

参加本书编写的有李旺达(项目一中的任务一,项目二中的任务四、五)、曾晓泉(项目四中的任务一、二、三、四、五;项目五中的任务一、二、三、四)、陈国璋(项目六中的任务一、二)、邓云霄(项目二中的任务一、二、三)、谌承志(项目三中的任务一)。全书由李旺达进行统稿和审定。在编写过程中,得到了江西机电职业技术学院电气工程系广大教师的大力支持与帮助,他们提出了许多宝贵意见与建议,在此表示谢意。

由于编写时间仓促,加之编者水平有限,书中难免存在不妥之处,敬请广大读者批评指正。

编　者

目　　录

项目一 变压器

任务一　变压器的测试与应用

一、任务分析

变压器是一种静止的电气设备，它利用电磁感应原理，根据需要可以将一种交流电压和电流等级转变成同频率的另一种电压和电流等级。变压器主要由铁心和套在铁心上的两个（或两个以上）相互绝缘的绕组所组成，绕组之间有磁的耦合，但没有电的联系。变压器只进行电能传递，不产生电能。只改变交流电压、电流的大小，不改变它的频率。

二、相关知识

1. 变压器的基本结构与分类

变压器的主要结构部件有：铁心和绕组两个基本部分（全称为器身），以及放置器身且盛满变压器油的油箱。此外，还有一些为确保变压器运行安全的辅助器件。图 1-1 为一台油浸式电力变压器外形图。

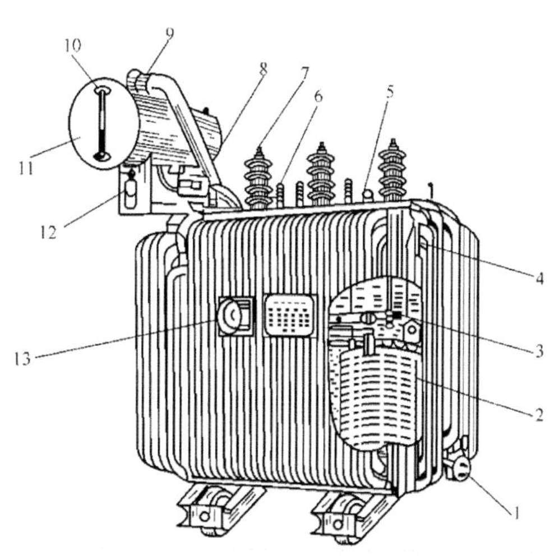

图 1-1　油浸式电力变压器

1—放油阀门；2—绕组；3—铁心；4—油箱；5—分接开关；6—低压套管；7—高压套管；8—气体继电器；9—安全气道；10—油表；11—储油柜；12—吸湿器；13—湿度计

(1) 铁心

铁心由铁心柱和铁轭两部分组成,是构成变压器磁路的主要部分。为了提高铁心的导磁性能,减小交变磁通在铁心中引起的磁滞损耗和涡流损耗,铁心通常采用厚度为0.3～0.5 mm,表面具有绝缘漆的硅钢片叠装而成。铁心的基本结构形式有心式和壳式两种(图1-2、图1-3),线圈包围铁心柱,称为心式结构;铁心柱包围线圈,则称为壳式结构。

小容量变压器多采用壳式结构。交变磁通在铁心中引起涡流损耗和磁滞损耗,为使铁心的温度不致太高,在大容量的变压器的铁心中往往设置油道,而铁心则浸在变压器油中,当油从油道中流过时,可将铁心中产生的热量带走。

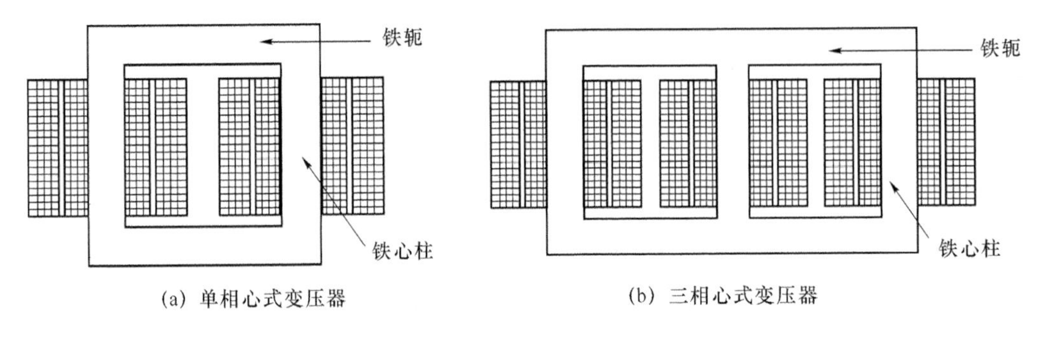

(a) 单相心式变压器　　(b) 三相心式变压器

图1-2　心式结构变压器

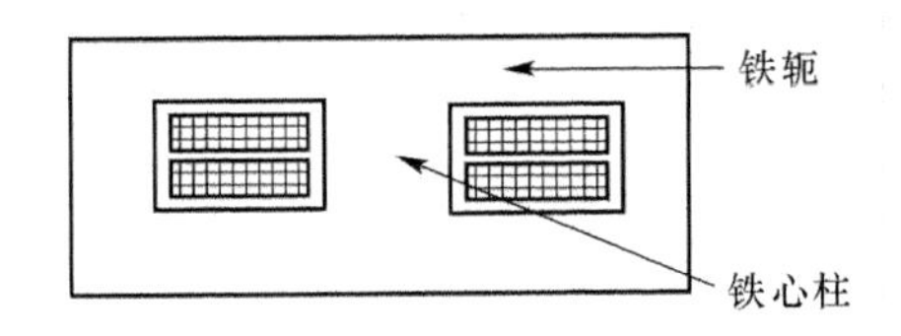

图1-3　壳式结构变压器

(2) 绕组

绕组是构成变压器电路的主要部分。与电源相连的绕组,接受交流电能,通常称为原绕组(初级绕组、一次绕组);与负载相连的绕组,送出交流电能,通常称为副绕组(次级绕组、二次绕组),原、副绕组一般用铜或铝的绝缘导线缠绕在铁心柱上。

变压器中,工作电压高的绕组称为高压绕组;工作电压低的称为低压绕组。高压绕组电压高,绝缘要求高,如果高压绕组在内,离变压器铁心近,应加强绝缘,则变压器的成本就高。因此,为了绝缘方便,低压绕组紧靠着铁心,高压绕组则套装在低压绕组的外面。两个绕组之间留有油道,既可以起绝缘作用,又可以使油把热量带走。在单相变压器中,高、低压绕组均分为两部分,分别缠绕在两个铁心柱上,两部分既可以串联又可以并联。三相变压器属于同一相的高、低压绕组全部缠绕在同一铁心柱上。

(3) 其他结构部件

电力变压器多采用油浸式结构,其附件有油箱、储油柜、气体继电器、安全气道、分接开关和绝缘套等。变压器的器身放在装有变压器油的油箱内。变压器油既是一种绝缘介质,又是一种冷却介质。储油柜通过连通管与油箱相通,柜内油面高度随着油箱内变压器油的热胀冷缩而变动,储油柜使油与空气的接触面积减小,从而减少油的氧化和水分的浸入。另外气体继电器和安全气道是在故障时保护变压器安全的辅助装置。

(4) 分类

按冷却方式分类：干式(自冷)变压器、油浸(自冷)变压器、氟化物(蒸发冷却)变压器。

按防潮方式分类：开放式变压器、灌封式变压器、密封式变压器。

按铁心或线圈结构分类：心式变压器(插片铁心、C型铁心、铁氧体铁心)、壳式变压器(插片铁心、C型铁心、铁氧体铁心)、环型变压器、金属箔变压器。

按电源相数分类：单相变压器、三相变压器、多相变压器。

按用途分类：电源变压器、调压变压器、音频变压器、中频变压器、高频变压器、脉冲变压器。

2. 变压器的工作原理

下面以单相双绕组变压器为例分析其工作原理。在一个闭合的铁心上缠绕两个绕组，其匝数既可以相同，也可以不同，但一般是不同的。其原理图如图1-4所示。

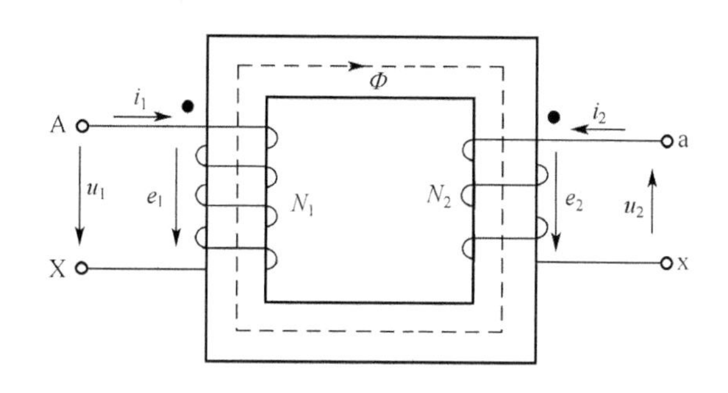

图1-4　单相双绕组变压器原理图

原绕组以A、X标注其出线端，副绕组以a、x标注其出线端。原绕组的匝数、电压、电动势、电流分别以N_1、u_1、e_1、i_1来表示；副绕组的匝数、电压、电动势、电流分别以N_2、u_2、e_2、i_2来表示。

当原绕组接上交流电压u_1时，原绕组中便有电流i_1通过。原绕组中的磁通势N_1i_1产生的磁通绝大部分沿铁心闭合，从而在副绕组中感应出电动势e_2。如果副绕组接有负载，那么副绕组中就有电流i_2通过。副绕组磁通势N_2i_2也产生磁通而且绝大部分也沿铁心而闭合。因此，铁心中的磁通是一个由原、副绕组的磁通势共同产生的合成磁通，即主磁通，用Φ表示。

如果不计变压器原、副绕组的电阻，忽略漏磁通以及交变磁通所产生的铁损耗等，则该变压器可视为理想变压器。

理想变压器的等效电路如图1-5所示。按习惯画法，变压器的原、副边电压的参考方向与同名端一致，即满足与磁通的右手螺旋关系。故在图1-5中，规定电压参考极性、电流参考方向。

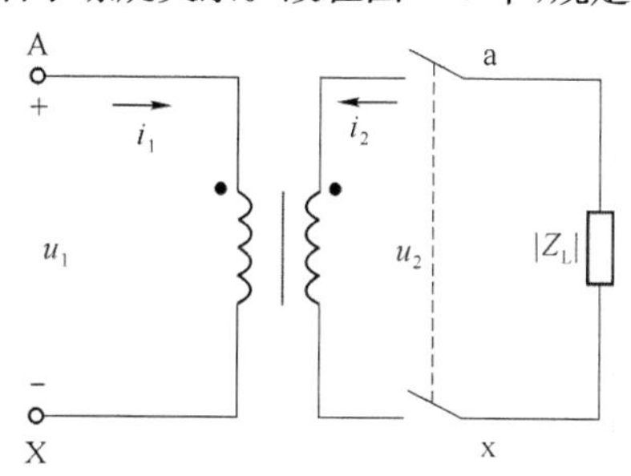

图1-5　理想变压器的等效电路

下面分别讨论变压器的电压变换、电流变换及阻抗变换。

(1) 电压变换

设铁心中的磁通为

$$\Phi(t)=\Phi_m \sin \omega t$$

根据 $U \approx E=4.44fN\Phi_m$ 可知，一次侧绕组的端电压为

$$U_1=4.44N_1 f\Phi_m$$

磁通 Φ 在二次侧绕组中感应出的二次侧电压为

$$U_2=4.44N_2 f\Phi_m$$

即

$$\frac{U_1}{U_2}=\frac{N_1}{N_2}=n \tag{1-1}$$

式中，n 为变压器的电压比。

当 $n>1$ 时，$U_1>U_2$，此时称变压器为降压变压器；当 $n<1$ 时，$U_1<U_2$，此时称变压器为升压变压器。

变比在变压器的铭牌上注明，它表示原、副绕组的额定电压之比，例如“10000/400”V，表示原绕组的额定电压 $U_1=10\,000$ V，副绕组的额定电压 $U_2=400$ V。

由式(1-1)可知：原、副绕组的端电压与它们的匝数成正比。由于 U_1、U_2 是同一磁通感应出来的，按习惯画法，它们的参考方向又都和同名端一致(即满足与磁通的右手螺旋关系)，所以 U_1 与 U_2 是同相的。

(2) 电流变换关系

由于理想变压器没有有功功率的损耗，又无磁化所需的无功功率，所以原、副绕组的有功功率相等，无功功率相等，视在功率也就相等。于是有

$$U_1I_1=U_2I_2$$

即

$$\frac{I_1}{I_2}=\frac{U_1}{U_2}=\frac{N_2}{N_1}=\frac{1}{n} \tag{1-2}$$

由式(1-2)可知，原绕组电流 I_1 和副绕组电流 I_2 与它们的端电压成反比，与其匝数也成反比。因而，高压端的电流小，导线细，低压端的电流大，导线粗。

由式(1-2)可得，$I_1=\frac{1}{n}I_2$。当 I_2 增加时，I_1 也增加；I_2 减小时，I_1 也随之减小。

既然原绕组端与副绕组端的有功功率、无功功率均相等，所以在电压、电流的参考方向下，u_1 与 i_1 的相位差必定等于 U_2 与 I_2 的相位差，因此 I_1 与 I_2 同相。

(3) 阻抗变换

图 1-6 中，已给出电压、电流的参考方向。已知：$\dot{U}_1=n\dot{U}_2$，$\dot{I}_1=\frac{1}{n}\dot{I}_2$，以原绕组端看进去的输入阻抗为

$$Z=\frac{\dot{U}_1}{\dot{I}_1}=\frac{n\dot{U}_2}{\frac{1}{n}\dot{I}_2}=n^2Z_L \tag{1-3}$$

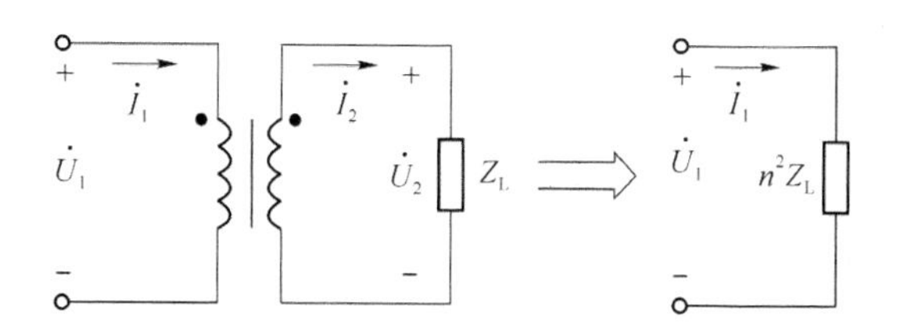

图 1-6　负载阻抗的等效变换

由式(1-3)看出：负载阻抗 Z_L 反映到原绕组边应乘以 n^2 倍。这样就起到了阻抗变换的作用。

变压器负载阻抗的等效变换是很有用的。如在收音机中，如果把收音机除去扬声器以下的部分看做一个有源二端网络，那么作为负载的扬声器电阻 R_L 一般不等于这个有源二端网络的等效内阻 R_0，这就需要用一个变压器来进行阻抗变换，使之满足 $R_0=n^2R_L$。此时扬声器才能获得最大的功率，称做阻抗匹配。如图 1-7 所示，通常把这只变压器称为输出变压器。

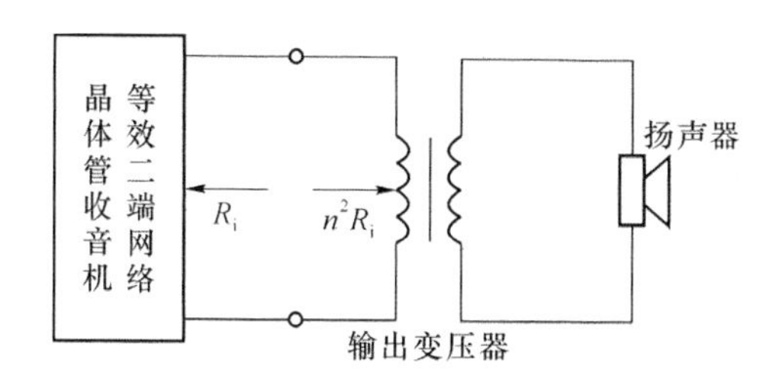

图 1-7　阻抗变换的应用

例 1-1　有一台电压为 220/36 V 的降压变压器，副绕组接一盏“36 V/40 W”的灯泡，试求：(1) 若变压器的原绕组匝数 $N_1=1\,100$ 匝，副绕组匝数 N_2 应是多少？(2)灯泡点亮后，原、副绕组的电流各为多少？

解：(1)由变压比的公式

$$\frac{U_1}{U_2}=\frac{N_1}{N_2}$$

可以求出副绕组的匝数 N_2 为

$$N_2=\frac{U_2}{U_1}N_1=\frac{36}{220}\times 1\,100\ 匝=180\ 匝$$

(2) 由有功功率公式 $P_2=U_2I_2\cos\varphi$，灯泡是纯电阻负载，$\cos\varphi=1$，可求得副绕组的电流为

$$I_2=\frac{P_2}{U_2}=\frac{40}{36}\approx 1.11\ \text{A}$$

由变流公式，可求得原绕组电流为

$$I_1=I_2\frac{N_2}{N_1}=1.11\times\frac{180}{1\,100}\approx 0.18\ \text{A}$$

例 1-2　在晶体管收音机输出电路中，晶体管所需的最佳负载电阻 $R'=600\ \Omega$，而变压器副边所接扬声器的阻抗 $R_L=16\ \Omega$。试求变压器的匝数比。

解：根据题意，要求副边电阻等效到原边后的电阻刚好等于晶体管所需最佳负载电阻。

以实现阻抗匹配,输出最大功率。

因此根据变压器阻抗变换公式

$$\frac{R'}{R_L}=n^2=\left(\frac{N_1}{N_2}\right)^2$$

$$n=\frac{N_1}{N_2}=\sqrt{\frac{R'}{R_L}}=\sqrt{\frac{600}{16}}\approx 6$$

即原边的匝数应为副边匝数的 6 倍。

3. 变压器的额定值

按照国家标准规定,标注在铭牌上的,代表变压器在规定使用环境和运行条件下的主要技术数据,称为变压器的额定值(或称为铭牌数据),主要有:

(1) 额定容量:是变压器在正常运行时的视在功率,通常以 S_N 来表示,单位为伏安(VA)或千伏安(kVA)。对于一般的变压器,原、副边的额定容量都设计成相等。

(2) 额定电压:在正常运行时,规定加在原绕组上的电压,称为原边的额定电压,以 U_{1N} 来表示;当副绕组开路(即空载),原绕组加额定电压时,副绕组的测量电压,即为副边额定电压,以 U_{2N} 来表示。在三相变压器中,额定电压系指线电压,单位为伏(V)或千伏(kV)。

(3) 额定电流:是指根据额定容量和额定电压计算出来的电流值。原、副边的额定电流分别用 I_{1N}、I_{2N} 来表示,单位为安(A)。

(4) 额定频率:我国以及大多数国家都规定 $f_N=50\text{Hz}$。额定容量、额定电压和额定电流之间的关系为:

单相变压器: $S_N=I_{1N}U_{1N}=I_{2N}U_{2N}$

三相变压器: $S_N=\sqrt{3}I_{1N}U_{1N}=\sqrt{3}I_{2N}U_{2N}$

此外,变压器的铭牌上还标注有:型号和系列、效率、温升、绝缘等级等。

4. 变压器的绕组极性

变压器绕组的极性是指变压器原、副绕组在同一磁通的作用下所产生的感应电动势之间的相位关系。同名端(同极性端):任何瞬间,两绕组中感应电动势极性相同的两个端钮。用符号星号“*”或黑点“·”表示,如图 1-8 所示。

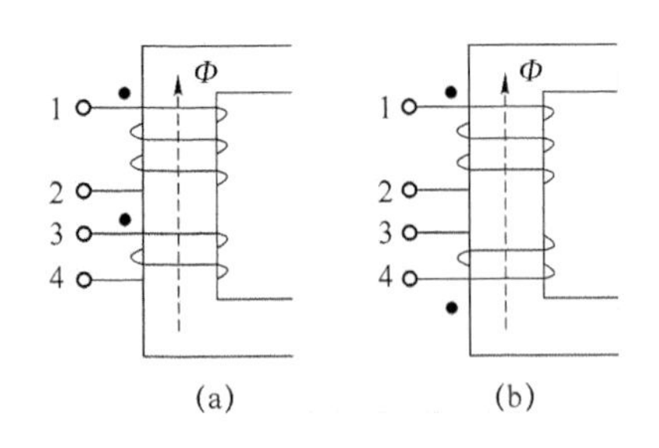

图 1-8 变压器绕组的极性

若原、副绕组的绕向如图 1-8 所示。在图 1-8 (a)中,当电流从 1、3 端流入时,它们所产生的磁通方向相同,两绕组中电动势极性相同,因此 1、3 端是同名端,同样 2、4 端也是同名端,1、4 端和 2、3 端是异名端。在图 1-8 (b)中,当电流从 1、4 端流入时,它们所产生的磁通方向相同,则 1、4 端是同名端,同样 2、3 端也是同名端,1、3 端和 2、4 端是异名端。由此可见,同名端与绕组的绕向有关。

三、任务实施

1. 变压器的检测

(1) 互感线圈的同名端的检测方法

① 直流判别法:依据同名端定义以及互感电动势参考方向标注原则来判定。如图 1-9 所示,两个耦合线圈的绕向未知时,如果当 S 闭合时,电流表正偏,则 A-a 为同极性端;如果当 S 闭合时,电流表反偏,则 A-x 为同极性端。

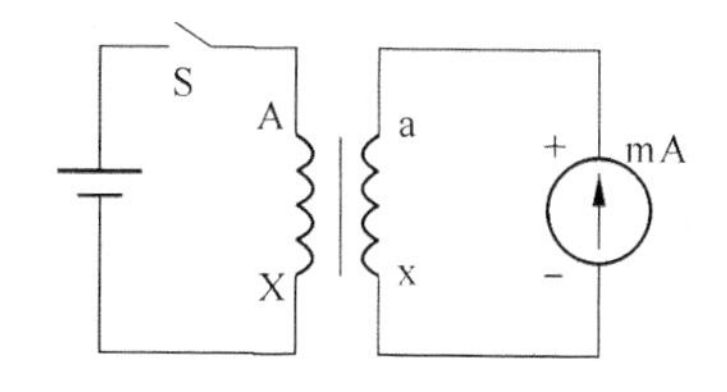

图 1-9　直流法判定绕组同名端

② 交流判别法:如图 1-10 所示,将两个线圈各取一个接线端连接在一起,如图中的 X 和 x。并在一个线圈上加一个较低的交流电压 U_{AX},再用交流电压表分别测量 U_{AX}、U_{Aa}、U_{ax}各值,如果测量结果为:$U_{Aa}=U_{AX}-U_{ax}$,则说明两绕组为反向串联,故 A 和 a 为同名端。如果 $U_{Aa}=U_{AX}+U_{ax}$,则 A 和 x 为同名端。

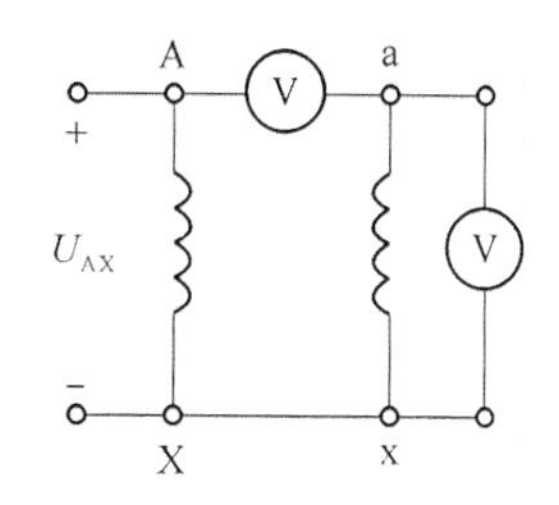

图 1-10　交流法判定绕组同名端

(2) 变压器外观检查

外观检查包括能够看见摸得到的项目,如线圈引线是否断线、脱焊,绝缘材料是否烧焦,机械是否损伤和表面破损等。

① 变压器的油温和温度计应正常,油色应正常,储油柜的油位应与温度相对应,各部位无渗油、漏油。上层油温一般应在 85℃以下,对强迫油循环水冷却的变压器应为 75℃以下。

② 套管油位应正常,套管外部无破损裂纹,无严重油污,无放电痕迹及其他异常现象。

③ 变压器音响正常。

④ 各冷却器手感温度应相近,风扇、油泵、水泵运行正常,水冷却器的油压应大于水压。

⑤ 吸附剂干燥(硅胶颜色应为蓝色,不呈粉红色)。

⑥ 引线接头、电缆、母线应无过热变色现象。

⑦ 压力释放阀或安全气道及防爆膜应完好无损。

⑧ 气体继电器内应无气体。

⑨ 外壳接地良好。

⑩ 控制箱和二次端子箱应关严,勿受潮。

⑪干式变压器的外部表面应无积污。

(3) 变压器内部的检查

① 测直流电阻:用万用表的 $R\times1\ \Omega$ 挡测变压器的一、二次绕组的直流电阻值,可判断绕组有无断路或短路现象。

- 开路检查：一般中、高频变压器的线圈圈数不多，其直流电阻应很小，在零点几欧姆至几欧姆之间。音频和电源变压器由于线圈圈数较多，直流电阻可达几百欧至几千欧以上。用万用表测变压器的直流电阻只能初步判断变压器是否正常，还必须进行短路检查。
- 短路检查：高频变压器的局部短路要用专门测量仪器判断。中、高频变压器内部局部短路时，表现为线圈的空载 Q 值下降，整机特性变坏。

由于变压器一、二次侧之间是交流耦合、直流断路的，如果变压器两绕组之间发生短路，会造成直流电压直通，可用万用表检测出来。

② 测绝缘电阻。用兆欧表测绝缘电阻，其值应大于千欧姆。

四、知识拓展

1. 三相变压器

(1) 三相变压器的磁路系统

① 三相变压器组的磁路。三相变压器组是由三个单相变压器按一定方式联结起来组成的，如图 1-11 所示。由于每相的主磁通 Φ 各沿自己的磁路闭合，因此相互之间是独立的，彼此无关的。当一次绕组加上三相对称电压时，三相的主磁通必然对称，三相的空载电流也是对称的。

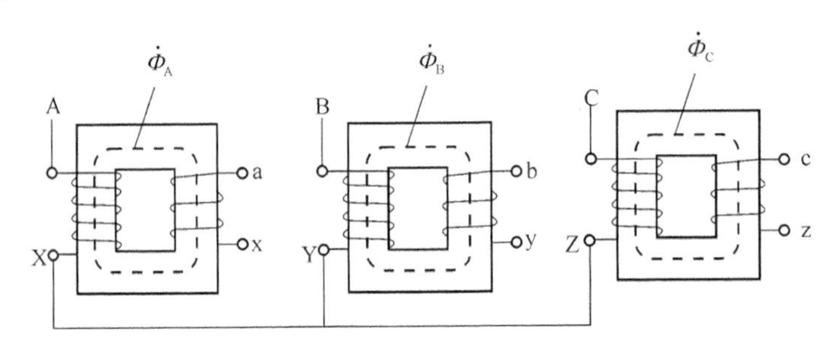

图 1-11　三相变压器组

② 三相心式变压器的磁路。三相心式变压器的铁心是由三台单相变压器的铁心合在一起演变而来的，如图 1-12 所示。这种铁心结构的磁路，其特点是三相主磁通磁路相互联系，彼此相关。如果将三台单相变压器的铁心合并成图 1-12(a)的样子，则当三相绕组外加三相对称电压时，三相绕组产生的主磁通也是对称的，此时中间铁心柱内的磁通为 $\dot{\Phi}_A+\dot{\Phi}_B+\dot{\Phi}_C=0$，因此可将中间铁心柱省去如图 1-12(b)所示。为了使结构简单、制造方便、减小体积和节省硅钢片，将三相铁心柱布置在同一平面内，于是演变成为图 1-12(c)所示的常用的三相心式变压器的铁心结构，此种铁心结构的三相磁路长度不相等，中间 B 相最短，两边的 A、C 相较长，所以 B 相磁路的磁阻较其他两相的要小一点；在外加三相电压对称时，三相磁通相等，但三相空载电流不相等，B 相最小，A、C 两相大些。由于一般电力变压器的空载电流很小，它的不对称对变压器负载运行的影响很小，可以不予考虑，因而空载电流取三相的平均值。

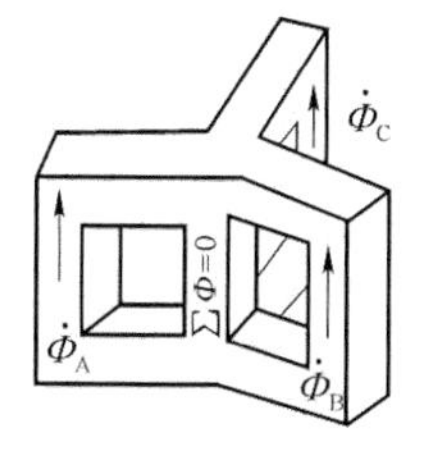

(a) 有中间铁心柱

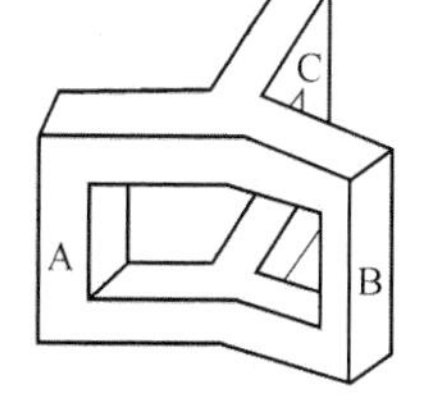

(b) 无中间铁心柱

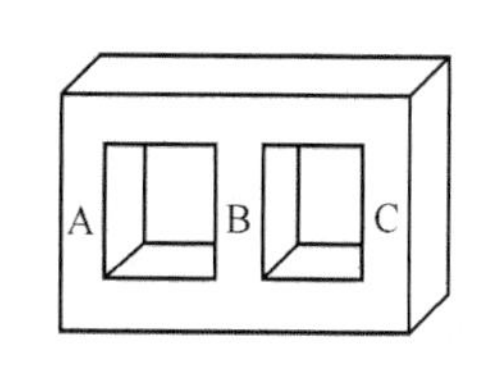

(c) 常用型

图 1-12　三相心式变压器的铁心的演变

比较上面两种类型的三相变压器的磁路系统可以看出，三相心式变压器具有节省材料、效率高、维护方便、占地面积小等优点，但三相变压器组中的每个单相变压器具有制造及运输方便、备用的变压器容量较小等优点，所以现在广泛应用的是三相心式变压器，只在特大容量、超高压及制造和运输有困难时，才采用三相变压器组。

(2) 三相变压器的电路系统——联结组

为了方便变压器绕组的联结及标记，对绕组的首端和末端的标志规定如表 1-1 所示。

表 1-1　变压器绕组的首端和末端标志

绕组(线圈)名称	单相变压器		三相变压器		中性点
	首端	末端	首端	末端	
高压绕组(线圈)	A	X	A、B、C	X、Y、Z	N
低压绕组(线圈)	a	x	a、b、c	x、y、z	n
中压绕组(绕圈)	Am	Xm	Am、Bm、Cm	Xm、Ym、Zm	Nm

① 联结法。在三相变压器中，绕组的联结主要采用星形和三角形两种联结方法。如图 1-13 所示，将三相绕组的末端联结在一起，而由三个首端引出，则为星形联结，用字母 Y 或 y 表示，如果有中性点引出，则用 YN 或 yn 表示，如图 1-13(a)、(b)所示；将三组绕组的各组绕组首末端相连而成闭合回路，再由三个首端引出，则为三角形联结，用字母 D 或 d 表示。根据各相绕组联结顺序，三角形联结可分为逆联(按 A—X—C—Z—B—Y—A 联结)和顺联(按 A—X—B—Y—C—Z—A 联结)两种接法，如图 1-13(c)、(d)所示。大写字母 Y 或 D 表示高压绕组的联结，小写字母 y 或 d 表示低压绕组的联结。

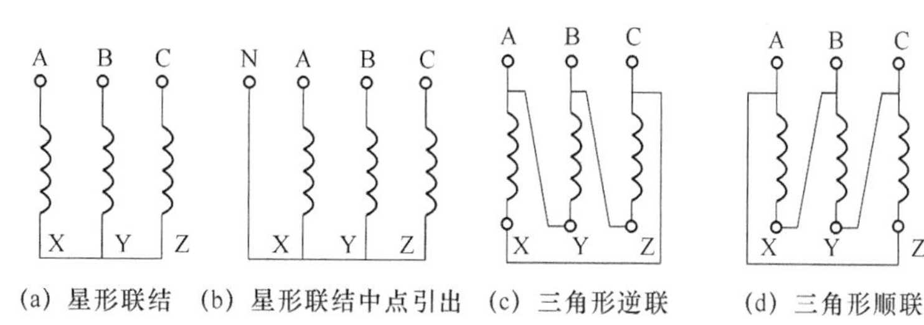

(a) 星形联结　(b) 星形联结中点引出　(c) 三角形逆联　(d) 三角形顺联

图 1-13　三相绕组的星形、三角形联结

② 联结组。由于变压器绕组可以采用不同的联结，因此一次绕组和二次绕组对应的电动势或电压之间将产生不同的相位移。为了简单明了地表达绕组的联结及对应的电动势或电压之间的相位关系，将变压器一次、二次绕组的联结分成不同的组合称为联结组，联结组

标号采用“钟时序数表示法”进行确定。用相量图法确定时，高压侧相量图的 A 点始终在钟面的“12”处，根据高低压侧绕组相电动势或相电压的相位关系做出低压侧相量图，其相量图的 a 点落在钟面的某数值上，该数值就是变压器的时钟序数，即变压器的联结组标号；用简明法确定时，高压侧相量图在 A 点对称轴位置指向外的相量作为时钟的长针（即分钟），始终指向钟面的“12”处，低压侧相量图在 a 点对称轴位置指向外的相量作为时钟的短针（即时针），它所指的钟点数即为变压器的钟时序数（联结组标号）。

标识变压器联结组时，变压器高压、低压绕组联结字母标志按额定电压递减的次序标注，在低压绕组联结字母之后，紧接着标出其钟时序数。如 Yy0、Yd11 等。

按照电力变压器的国家标准 GB 1094.1—1996 中的“钟时序数表示法”确定的联结组标号，与旧标准的“时钟表示法”等确定的联结组标号完全相同，只是前者更符合 IEC 的相关标准，更方便些。

三相变压器的联结组，不仅是组成电路系统的电路问题，而且在变压器的并联运行和晶闸管变流技术中，都有重要的关系。

③ 三相变压器的联结组标号的确定。三相变压器的联结组标号不仅与绕组的同名端及首末端的标记有关，还与三相绕组的联结方法有关。

三相绕组的联结图按传统的标志方法，高压绕组位于上面，低压绕组位于下面。

根据联结图用“钟时序数表示法”的相量图法判断联结组标号一般可分为四个步骤：

第一步，标出联结图中高、低压侧绕组相电动势的正方向。

第二步，做出高压侧的电动势相量图，将相量图的 A 点放在钟面的“12”处，相量图按逆时针方向旋转，相序为 A—B—C（相量图的三个顶点 A、B、C 按顺时针方向排列）。

第三步，做出低压侧的电动势相量图，以高、低压侧对应绕组的相电动势的相位关系（同相位或反相位）确定，相量图按逆时针方向旋转，相序为 a—b—c（相量图的三个顶点 a、b、c 按顺时针方向排列）。

第四步，确定联结组的标号，观察低压侧的相量图 a 点所处钟面的某序数，即为该联结的标号。

(3) 三相变压器的并联运行

所谓并联运行，就是将两台或两台以上的变压器的一次、二次绕组分别并联到公共母线上，同时对负载供电。

变压器并联运行的优点：①提高供电的可靠性；②提高运行的经济性；③可减少总的备用容量，并可随着用电量的增加而分批增加新的变压器。

变压器并联运行的理想情况是：①空载时并联运行的各变压器之间没有环流，以避免环流铜耗；②负载运行时，各台变压器所分担的负载电流按其容量的大小成比例分配，使各台变压器同时达到满载状态，使并联运行的各台变压器的容量得到充分利用；③负载运行时，各台变压器二次电流同相位，这样当总的负载电流一定时，各台变压器所分担的电流最小；如果各台变压器的二次电流一定，则承担的负载电流最大。

为了达到上述理想的并联运行要求，则需要满足下列三个条件：

① 并联运行的各台变压器的电压比（变比）应相同。

② 并联运行的各台变压器的短路阻抗（或短路电压）的相对值要相等。

③ 并联运行的各台变压器的联结组别必须相同。

2. 自耦变压器

自耦变压器的特点是初、次级线圈有一部分是共用的，彼此并不绝缘，因此初、次级线圈之间既有磁的联系，又有电的直接联系。其外形和电路如图 1-14 所示。自耦变压器与普通变压器相比较，所不同的只是初、次级线圈合并为一个线圈而已。

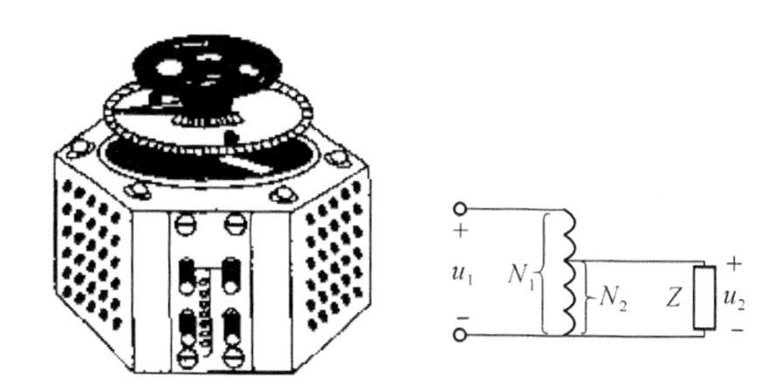

图 1-14　自耦变压器的外形和电路

设变压器初级线圈的匝数为 N_1，输入电压为 U_1，电流为 I_1，次级线圈的匝数为 N_2，输出电压为 U_2，电流为 I_2。则初、次级电压比 $\frac{U_1}{U_2}=\frac{N_1}{N_2}=n$。

若 N_1 和 U_1 固定不变，把活动接触点向上或向下移动，可以改变 N_2 的大小，就可以改变次级电压 U_2。

在满载或接近满载时，有

$$\frac{I_1}{I_2}\approx\frac{N_2}{N_1}=\frac{1}{n} \tag{1-4}$$

$$I_1\approx\frac{1}{n}I_2$$

由此可见，和同样额定值的普通变压器比较，自耦变压器用铜量较少，从而重量轻、体积小；绕组内铜损较小，从而具有较高的效率。上述优点当 n 接近于 1 时更为明显，因此自耦变压器常用在 n 接近于 1 的调压变压器中。

但在使用中应注意，自耦变压器由于初级和次级之间有电的直接联系，当高压一侧的火线和地线接反后，不论触点在哪个位置上，次级都出现一个对地为高电压的电位；或当高压一侧发生断线故障，高压端的电压都要直接加到低压端，从而造成人身事故。因此工作人员即使在低压一侧操作时，也应按自耦变压器初级高压进行安全保护操作。

其次要注意自耦变压器的初级和次级不可接错，否则可能造成电源短路或烧坏变压器。

自耦变压器的主要缺点是：高、低绕组间存在着电气上直接的联系，有时不够安全（例如将初级的高压直接接入次级）。

3. 互感器

专供测量仪表使用的变压器称为仪用互感器，简称互感器。采用互感器的主要目的是扩大测量仪表的量程，并使测量仪表与高压电路绝缘，以保证工作安全。

根据用途的不同，互感器可分为电压互感器和电流互感器两类。根据应用场合还可以分为交流互感器与直流互感器。

(1) 电压互感器

电压互感器的外形如图 1-15 (a)所示，可用它扩大交流伏特表的量程。它的工作原理与普通变压器的空载情况相类似。使用时，匝数较多的高压绕组与被测高压线路并联，匝数较少的低压绕组则与伏特表相连，如图 1-15(b)所示。

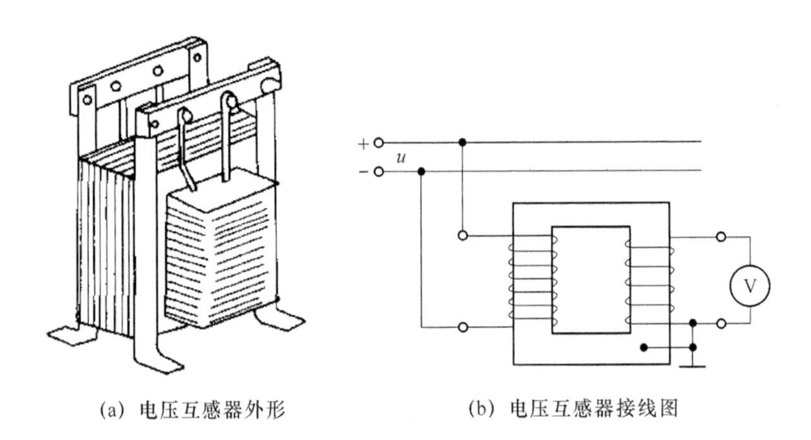

(a) 电压互感器外形　　(b) 电压互感器接线图

图 1-15　电压互感器

由于伏特表的电阻很大，所以电压互感器的二次侧电流很小，可视作开路。若设一次侧、二次侧电压为 U_1 与 U_2、匝数为 N_1 与 N_2，则

$$\frac{U_1}{U_2}=\frac{N_1}{N_2}=n_u \tag{1-5}$$

即

$$U_1=n_uU_2 \tag{1-6}$$

式(1-5)中的 n_u 为电压比。所以高压线路的电压等于二次侧所测得的电压与变比的乘积。当伏特表与一个专用的电压互感器配套使用时，伏特表的标尺就可按电压互感器高压侧的电压刻度。这样就可直接从该伏特表上读出高压线路上的电压值。

通常电压互感器次级绕组的额定电压均设计为同一标准值 100 V，这样方便伏特表的配套。因此，在不同电压等级的电路中所用的电压互感器，其电压比是不同的，例如 10 000/100、35 000/100 等。

为了正确安全地使用电压互感器，应注意以下几点：

① 互感器的负载功率不要超过其额定容量，以免造成变压比及输出电压的相对误差过大。

② 其铁心、次级绕组及外壳都要接地。这样，万一绝缘损坏，仍可保护人身安全。

③ 初级与次级绕组侧都要接熔断器，以便当电路被短路时起保护作用，使互感器免遭损坏。

(2) 电流互感器

电流互感器是根据变压器的原理制成的。它主要是用来扩大测量交流电流表的量程。因为要测量交流电路的大电流时(如测量容量较大的电动机、工频炉、焊机等的电流时)，通常安培计的量程是不够的。

此外，使用电流互感器也是为了使测量仪表与高压电路隔开，以保证人身与设备安全。

电流互感器的外形及接线图如图 1-16 所示。初级绕组的匝数很少(只有一匝或几匝)。它串联在被测电路中。次级绕组的匝数较多，它与安培计或其他仪表及继电器的电流线圈相连接。

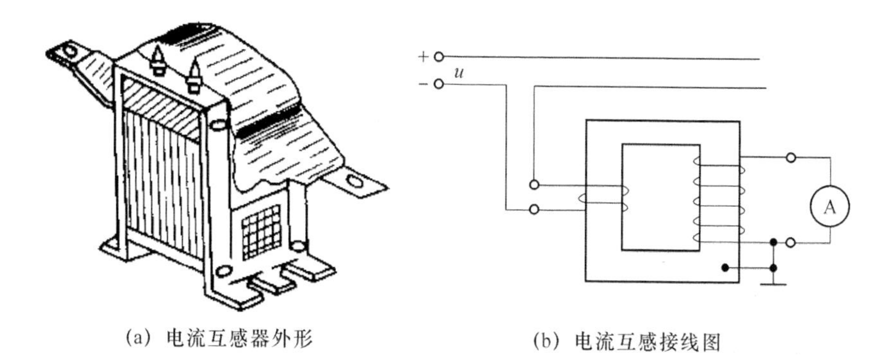

(a) 电流互感器外形　　(b) 电流互感接线图

图 1-16　电流互感器

根据变压器原理，有

$$\frac{I_1}{I_2}=\frac{N_2}{N_1}=n_i \tag{1-7}$$

即

$$I_1=\frac{N_2}{N_1}I_2=n_iI_2 \tag{1-8}$$

式(1-7)、式(1-8)中的 n_i 为电流互感器的变换系数。

由上式可见，利用电流互感器可将大电流变换为小电流。安培计的读数 I_2 乘上变换系数 k_i 即为被测的大电流 I_1(在安培计的刻度上可直接标出被测电流值)。通常电流互感器二次绕组的额定电流都规定为 5A 或 1A。

为了正确安全地使用电流互感器，应注意以下几点：

① 所选用的电流互感器的初级额定电流 I_{1N} 应大于被测电流，并且其额定电压随与被测电路的电压相适应。

② 负载功率不要超过电流互感器的额定容量，以免变换系数和电流误差过大。

③ 在工作中不允许次级绕组开路，因为初级电流 I_1 由被测电路的负载决定，而与互感器次级所接阻抗无关。当次级绕组开路，I_2 减至零，互感器的磁动势猛增至 N_1I_1，磁通剧增，次级会感生高压，危及人身安全，同时，铁损耗剧增，会使互感器过热损坏。

④ 互感器次级绕组的一端，铁心及外壳应接地，以保证使用时安全。

4. 弧焊变压器

弧焊变压器由于结构简单、成本低廉、制造容易和维护方便等特点而广泛应用。弧焊变压器实质上就是一台特殊的降压变压器。

电弧焊是靠电弧放电的热量来熔化金属的，为了保证弧焊的质量和电弧燃烧的稳定性，对弧焊变压器有以下几点要求：

① 空载电压为 60～75 V，保证容易起弧。为了操作者的安全，最高空载电压一般不超过 85 V。

② 负载时具有迅速下降的外特性，通常在额定负载时的输出电压约 30 V。

③ 为了适应不同的焊接工件和不同规格的焊条，要求可在一定范围内调节焊接电流的大小。

④ 短路电流不应过大，同时工作时焊接电流比较稳定。

为了满足以上要求，弧焊变压器必须具有较大的电抗，而且可以调节，因此弧焊变压器的一次、二次绕组的一般分装在两个铁心柱上，而不是同心地套装在一起，为了得到迅速下降的外特性，以及焊接电流可调，可采取串联可变电抗器法和磁分路法，由此产生了不同类型的弧焊变压器。

① 带电抗器的弧焊变压器，它在二次绕组中串联一个可变电抗器，以得到迅速下降的外特性，通过螺杆调节可变电抗器的气隙，以改变焊接电流，当可变电抗器的气隙增大时，电抗器的电抗减少，焊接电流增大；反之，当气隙减少时，电抗器的电抗增大，焊接电流减少。另外，通过一次绕组的抽头，可以调节起弧电压的大小。

② 磁分路的弧焊变压器，它在一次绕组和二次绕组的两个铁心柱之间，安装了一个磁分路动铁心。由于磁分路动铁心的存在，增加了漏磁通，增大了漏电抗，从而得到迅速下降的外特性，通过调节螺杆可将磁分路动铁心移进或移出到适当位置，使得漏磁通增大或减小，使漏电抗增大或减小，由此可改变焊接电流的大小。另外，通过二次绕组的抽头可调节起弧电压的大小。

5. 变压器常见故障的种类、现象、产生原因及处理办法

表 1-2　变压器常见故障的种类、现象、产生原因及处理办法

故障种类	故障现象	故障原因	处理方法
绕组匝间或层间短路	(1) 变压器异常发热 (2) 油温升高 (3) 油发出特殊的“嘶嘶”声 (4) 电源侧电流增大 (5) 三相绕组的直流电阻不平衡 (6) 高压熔断器熔断 (7) 气体继电器动作 (8) 储油柜冒黑烟	(1) 变压器运行年久，绕组绝缘老化 (2) 绕组绝缘受潮 (3) 绕组绕制不当，使绝缘局部受损 (4) 油道内落入杂物，使油道堵塞，局部过热	(1) 更换或修复所损坏的绕组，衬垫和绝缘筒 (2) 进行浸漆和干燥处理 (3) 更换或修复绕组
绕组接地或相间短路	(1) 高压熔断器熔断 (2) 安全气道薄膜破裂、喷油 (3) 气体继电器动作 (4) 变压器油燃烧 (5) 变压器振动	(1) 绕组主绝缘老化或有破损等严重缺陷 (2) 变压器进水，绝缘油严重受潮 (3) 油面过低，露出油面的引线绝缘距离不足而击穿 (4) 绕组内落入杂物 (5) 过电压击穿绕组绝缘	(1) 更换或修复绕组 (2) 更换或处理变压器油 (3) 检修渗漏油部位，注油至正常位置 (4) 清除杂物 (5) 更换或修复绕组绝缘，并限制过电压的幅值
绕组变形与断线	(1) 变压器发出异常声音 (2) 断线相无电流指示	(1) 制造装配不良，绕组未压紧 (2) 短路电流的电磁力作用 (3) 导线焊接不良 (4) 雷击造成断线 (5) 制造上缺陷，强度不够	(1) 修复变形部位，必要时更换绕组 (2) 拧紧压圈螺钉，紧固松脱的衬垫、撑条 (3) 割除熔蚀面或截面缩小的导线或补换新导线 (4) 修补绝缘，并作浸漆干燥处理 (5) 修复改善结构，提高机械强度

续 表

故障种类	故障现象	故障原因	处理方法
铁心片间绝缘损坏	(1) 空载损耗变大 (2) 铁心发热、油温升高、油色变深 (3) 器身检查见硅钢片漆膜脱落或发热 (4) 变压器发出异常声响	(1)硅钢片间绝缘老化 (2) 受强烈振动，片间发生位移或摩擦 (3) 铁心紧固件松动 (4) 铁心接地后发热烧坏片间绝缘	(1) 对绝缘损坏的硅钢片重新涂刷绝缘漆 (2) 紧固铁心夹件 (3) 按铁心接地故障处理方法
铁心多点接地或者接地不良	(1) 高压熔断器熔断 (2) 铁心发热、油温升高、油色变黑 (3) 气体继电器动作 (4) 器身检查见硅钢片局部烧熔	(1) 铁心与穿心螺杆间的绝缘老化，引起铁心多电接地 (2) 铁心接地片断开 (3) 铁心接地片松动	(1) 更换穿心螺杆与铁心间的绝缘管和绝缘衬 (2) 更换新接地片或将接地片压紧
套管闪烙	(1) 高压熔断器熔断 (2) 套管表面有放电痕迹	(1) 套管表面积灰脏污 (2) 套管有裂纹或破损 (3) 套管密封不严，绝缘受损 (4) 套管间掉入杂物	(1) 清除套管表面的积灰和脏污 (2) 更换套管 (3) 更换封垫 (4) 清除杂物
分接开关烧损	(1) 高压熔断器熔断 (2) 油温升高 (3) 触点表面产生放电声 (4) 变压器油发出“咕嘟”声	(1) 动触点弹簧压力不够或过渡电阻损坏 (2) 开关配备不良，造成接触不良 (3) 连接螺栓松动 (4) 绝缘板绝缘性能变劣 (5) 变压器油位下降，使分接开关暴露在空气中 (6) 分接开关位置错位	(1) 更换或修复触点接触面，更换弹簧或过渡电阻 (2) 按要求重新装配并进行调整 (3) 紧固松动的螺栓 (4) 更换绝缘板 (5) 补注变压器油至正常油位 (6) 纠正错误
变压器油变劣	油色变暗	(1) 变压器故障引起放电造成变压器油分解 (2) 变压器油长期受热氧化使油质变劣	对变压器油进行过滤或换新油

6. 变压器的简单制作工序

(1) 绕线前的准备工作

① 选择漆包线和绝缘材料。

② 选择或制作绕组骨架。

③ 制作木芯(木芯是套在绕线机转轴上支撑绕组骨架，以进行绕线)。

(2) 绕线

① 绕组层次按一次侧、静电屏蔽层、二次侧高压绕组、二次侧低压绕组依次迭绕。

② 做好层间、绕组间及绕组与静电屏蔽层的绝缘。

③ 当绕组线径大于 0.2 mm 时，绕组的引出线可利用原线，当绕组线径小于 0.2 mm 时，应采用软线焊接后输出，引出线应用绝缘套管绝缘。

(3) 绕组的测试

① 不同绕组的绝缘测试。

② 绕组的断线及短路测试。

(4) 铁心叠装

① 硅钢片采用交迭方式进行叠装，叠装时要注意避免损伤线包。

② 铁心叠片要求平整且紧而牢。

(5) 半成品测试

① 绝缘电阻测试(用兆欧表测试各组绕组之间及各绕组对铁心(地)的绝缘电阻)。

② 空载电压的测试(一次侧加额定电压时，二次侧空载电压允许误差：≤±5%)。

③ 空载电流的测试(一次侧加额定电压时，其空载电流应小于 10%的额定电流)。

(6) 浸漆与烘干

① 绕组或变压器预烘干(去潮作用，温度不能超过变压器材料的耐温)。

② 浸漆(绕组或变压器浸漆)。

③ 烘干(浸漆滴干后的绕组或变压器，再送入烘箱内干燥，烘到漆膜完全干燥、固化不粘手为止)。

(7) 成品测试

① 耐压及绝缘测试(用高压仪、兆欧表测试各组绕组之间及各绕组对铁心(地)的耐压及绝缘电阻)。

② 空载电压、电流测试(同上)。

③ 负载电压、电流测试(一次侧加额定电压、二次侧加额定负载，测量电压与电流)。

五、思考与练习

1. 一理想变压器匝数比为 40，初级电流 0.1 A，负载电阻 100 Ω，试求初、次级绕组的电压和负载获得的功率。

2. 一理想变压器初、次级绕组的匝数分别为 2 000 匝和 50 匝，负载电阻 $R_L=10\ \Omega$，负载获得的功率为 160 W。试求初级绕组的电流 I_1 和电压 U_1。

3. 某晶体管收音机原配有 4 Ω 的扬声器负载，今改接 8 Ω 的扬声器，已知输出变压器的初、次级绕组匝数分别为 250 匝和 60 匝，若初级绕组匝数不变，问次级绕组的匝数应如何变动，才能使阻抗重新匹配。

4. 一理想变压器的次级负载为四只并联的扬声器，设每只扬声器的电阻是 16 Ω，信号源的内阻 R_s 为 5 kΩ。为保证负载获得最大功率，试求该变压器的匝数比。

5. 单相变压器的额定容量为 50 kV·A，高压侧接在 10 kV 的工频交流电源上，低压侧的开路电压为 230 V，铁心的截面积为 1 120 cm^2，铁心中的磁感应强度 $B_m=1T$。试求：①变压器的变比；②高、低压绕组的匝数；③高、低压绕组的额定电流。

6. 电流互感器和电压互感器在结构和接法上有什么区别？在使用时各要注意什么？

7. 某电流互感器电流比为 400 A/5 A。问：①若副绕组电流为 3.5 A，原绕组电流为多

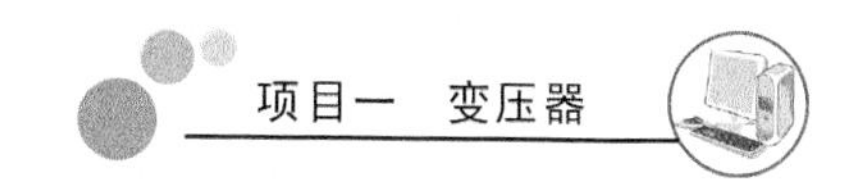

少？②若原绕组电流为 350 A，则副绕组电流为多少？

8. 在题图 1-1(a)、(b)中标出同名端。

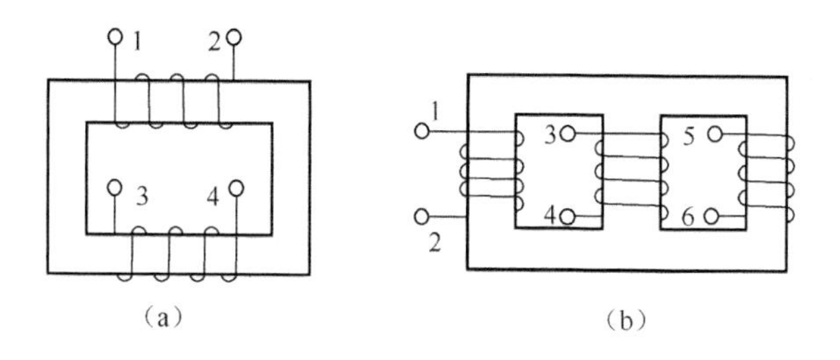

题图 1-1

9. 判别题图 1-2(a)、(b)中耦合线圈的同名端。(a)S 打开，电压表正偏；(b)S 合上，电压表反偏。

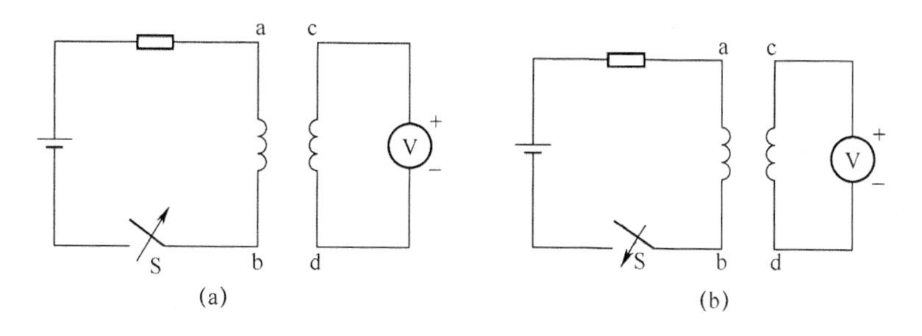

题图 1-2

10. 变压器为什么要并联运行？并联运行的条件有哪些？哪些条件必须遵守？

11. 一台单相变压器，额定电压为 220 V/110 V，如果不慎将低压侧误接到 220 V 的电源上，对变压器有何影响？

项目二 异步电动机

任务一　三相异步电动机基本特性的测试与应用

一、任务分析

大部分的生产机械需要三相异步电动机来拖动，例如起重机的升降、车床工作台的移动、鼓风机叶片的旋转等。

根据电磁原理，电能与机械能互换后会产生旋转的机械，我们把这种机械称为电机。机械能转换为电能的称发电机，电能转换为机械能的称电动机。电动机又分为直流电动机，交流电动机。交流电动机中又有异步电动机、同步电动机之分。在异步电动机中又包括三相异步电动机、单相异步电动机两大类。

异步电动机的优点在于结构简单，制造方便，运行可靠，价格低廉，运行效率高，工作特性好，拖动的负载从空载到满载运行时速度变化较小。但它的起动性能和调速性能不如直流电动机，另外异步电动机工作时是吸取电网能量建立旋转磁场的，这种能是感性无功功率，因此使电网的功率因数减低。不过随着电子技术及交流变频调速系统的发展，调速性能、起动性能等均已得到了较大的提高。

二、相关知识

1. 三相异步电动机的基本结构

三相异步电动机的种类很多，若按转子绕组结构分类有笼型异步电动机和绕线转子异步电动机两类。笼型转子结构简单、制造方便、成本低、运行可靠；绕线转子可通过外串电阻来改善启动性能并能进行调速。若按机壳的防护形式分类有防护式、开启式、封闭式等分类。各类三相异步电动机的基本结构是相同的。它们都是由定子和转子两大基本部分组成，在定子和转子之间具有一定的气隙。三相异步电动机的分解图，如图 2-1 所示。

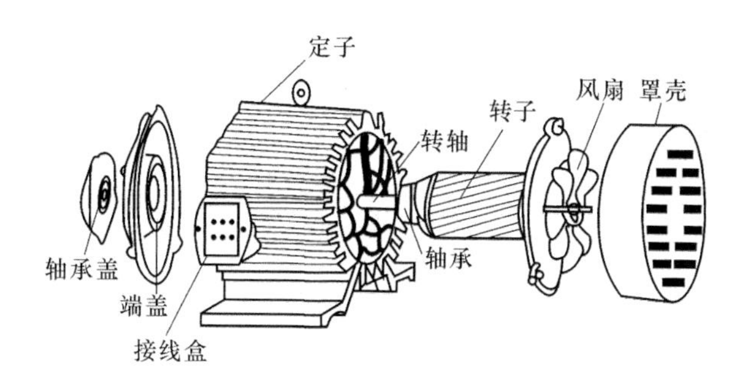

图 2-1 三相异步电动机的分解图

(1) 定子(静止部分)

三相异步电动机的定子主要由定子铁心、定子绕组和机座等组成。

定子铁心的作用是作为电机磁路的一部分,并在其上放置定子绕组。为了导磁性能良好和减少交变磁场在铁心损耗,故采用片间绝缘的 0.5 mm 厚的硅钢片迭压而成。

定子绕组的是电动机的电路部分,通入三相交流电,产生旋转磁场,并感应电动势以实现机电能量转换。三相定子绕组的每相由许多线圈按一定的规律嵌放在铁心槽内,它可以是单层的,也可以是双层绕组。三相绕组的六个出线端都引至接线盒上,首端分别为 U_1、V_1、W_1,尾端分别为 U_2、V_2、W_2。为了接线方便,这六个出线端在接线板上的排列如图 2-2 所示,根据需要可联成星形或三角形。

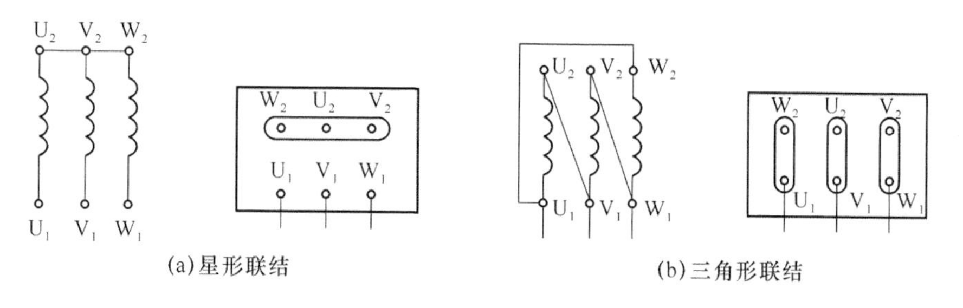

图 2-2 定子绕组的联结

机座是电动机机械结构的组成部分,主要作用是固定和支撑定子铁心,同时还要固定端盖。在中小型电动机中,端盖兼有轴承座的作用,则机座还要支撑电动机的转子部分,故机座要有足够的机械强度和刚度。中小型电动机一般采用铸铁机座,而大容量的异步电动机采用钢板焊接机座。对于封闭式中小型异步电动机其机座表面有散热筋片以增加散热面积,使紧贴在机座内壁上的定子铁心中的定子铁耗和铜耗产生的热量,通过机座表面迅速散发到周围空气中,而不致使电动机过热。对于大型的异步电动机,机座内壁与定子铁心之间隔开一定距离而作为冷却空气的通道,因而不需散热筋。

(2) 转子(旋转部分)

转子是电动机的旋转部分,包括转子铁心、转子绕组和转轴等部件。

转子铁心的作用:电机磁路的一部分,并放置转子绕组。一般用 0.5 mm 厚的硅钢片冲制、叠压而成,硅钢片外圆冲有均匀分布的孔,用来安置转子绕组。

转子绕组的作用是切割定子旋转磁场产生感应电动势及电流,并形成电磁转矩而使电动机旋转。根据构造的不同分为鼠笼式转子和绕线式转子。

鼠笼式转子:若去掉转子铁心,整个绕组的外形像一个鼠笼,故称笼型绕组。小型笼型电动机采用铸铝转子绕组,对于 100 kW 以上的电动机采用铜条和铜端环焊接而成,如图 2-3 所示。

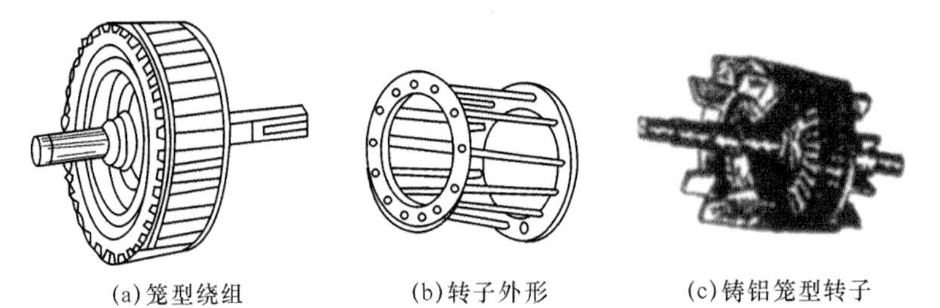

(a)笼型绕组　(b)转子外形　(c)铸铝笼型转子

图 2-3　笼型转子

绕线式转子:绕线转子绕组与定子绕组相似,也是一个对称的三相绕组,一般接成星形,三个出线头接到转轴的三个集电环(滑环)上,再通过电刷与外电路联接,如图 2-4 所示。

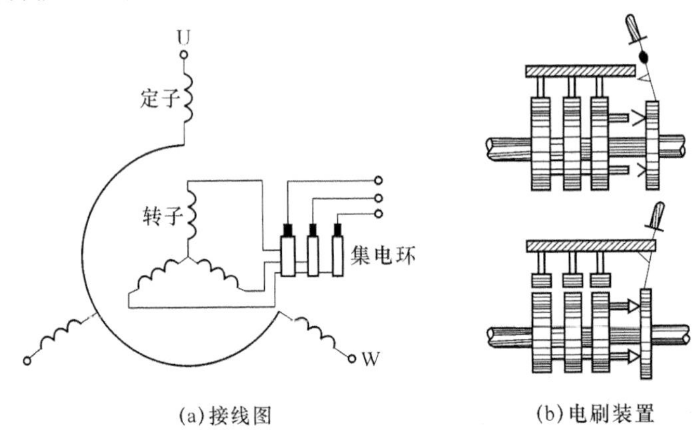

(a)接线图　(b)电刷装置

图 2-4　绕线式转子异步电动机的转子接线示意图

转轴的作用以传递转矩及支撑转子的重量,一般由中碳钢或合金钢制成。

(3) 气隙

三相异步电动机的定子与转子之间的空气隙,比同容量直流电动机的气隙要小得多,一般仅为 0.2~1.5 mm。气隙的大小对三相异步电动机的性能影响极大。气隙大,则磁阻大,由电网提供的励磁电流(滞后的无功电流)大,使电动机运行时的功率因数降低。但是气隙过小时,将使装配困难,运行不可靠;高次谐波磁场增强,从而使附加损耗增加以及使起动性能变差。

2. 三相异步电动机的铭牌

每一台三相异步电动机,在其机座上都有一块铭牌,铭牌上标注有型号、额定值等,如图 2-5 所示。

三相异步电动机					
型号	Y90L-4	电压	380 V	接法	Y
容量	1.5 kW	电流	3.7 A	工作方式	连续
转速	1 400 r/min	功率因数	0.79	温升	90℃
频率	50 Hz	绝缘等级	B	出厂年月	×年×月
×××电机厂		产品编号		重量	kg

图 2-5　三相异步电动机铭牌

(1) 型号

异步电动机型号的表示方法,与其他电动机一样:一般采用汉语拼音的大写字母和阿拉伯数字组成,可以表示电动机的种类、规格和用途等。其中汉语拼音字母是根据电动机的相关名称选择有代表意义的汉字,再用该汉字的第一个拼音字母表示,如异步电动机用"Y"表示;当然型号中也有用英文字母表示的,如 S、M、L 分别表示短、中、长机座。如图 2-6 所示。

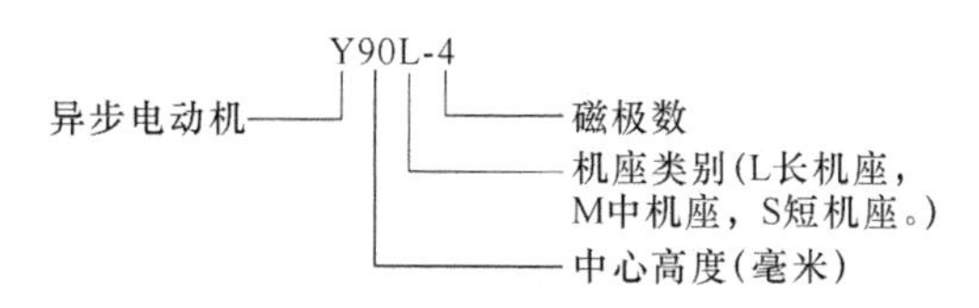

图 2-6　异步电动机型号

(2) 额定值

① 额定功率 P_N:指电动机在额定状态下运行时电动机轴上输出的机械功率,单位为千瓦(kW)。

$$P_N=\sqrt{3}U_N I_N \eta_N \cos\varphi_N \tag{2-1}$$

式中:U_N、I_N、η_N、$\cos\varphi_N$——分别为电动机额定的线电压、线电流、效率、功率因数。

根据电动机的额定功率 P_N,可求出电动机的额定转矩 $\boldsymbol{T}_N$

$$\boldsymbol{T}_N=9.55\frac{P_N}{n_N} \tag{2-2}$$

$$\boldsymbol{T}_{max}=\lambda_m \boldsymbol{T}_N=9.55\lambda_m P_N/n_N \tag{2-3}$$

电磁转矩实用表达式:

$$\boldsymbol{T}=\frac{2\boldsymbol{T}_{max}}{\frac{s_m}{s}+\frac{s}{s_m}} \tag{2-4}$$

上式中:S_m 为临界转差率;λ_m 为最大转矩倍数,一般 Y 系列的三相异步电动机的 $\lambda_m=(2.0\sim2.2)$。

② 额定电压 U_{N1}:指电动机在额定运行状态下运行时定子绕组所加的线电压,单位为 V 或 kV。

③ 额定电流 I_{N1}:指电动机加额定电压、输出额定功率时,流入定子绕组中的线电流,单位为 A。

④ 额定转速 n_N:指电动机在额定运行状态下运行时转子的转速,单位为 r/min。

⑤ 额定频率 f_N:表示电动机所接的交流电源的频率,我国电力网的频率(即工频)规定为 50 Hz。

⑥ 额定功率因数 $\cos\varphi_N$:指电动机在额定运行状态下运行时定子边的功率因数。

例 2-1　一台 Y 型三相异步电动机,它的额定功率 $P_N=7.5$ kW,额定效率 $\eta=87\%$,功率因数 $\cos\varphi_N=0.85$,接在线电压为 380 V 的三相电路中,定子绕组三角形联结,求电动机的额定电流 I_N 和相电流 $I_{N\Phi}$。

解:电动机的额定电流:

$$I_N=\frac{P_N}{\sqrt{3}U_N\cos\varphi_N\eta_N}=\frac{7.5\times1000}{\sqrt{3}\times380\times0.85\times0.87}\text{ A}=15.4\text{ A}$$

$$I_{N\Phi}=\frac{I_N}{\sqrt{3}}=\frac{15.4}{\sqrt{3}}\ A=8.89\ A$$

3. 旋转磁场

三相交流异步电动机是利用旋转磁场来工作的，旋转磁场的产生必须具备以下三个条件：

① 三相交流异步电动机具有匝数相同、材料相同、连接规律相同的三组绕组。

② 三组绕组必须在空间布置上各相轴线互差120°电角度。

③ 三组绕组中通有三相对称的交流电。

在三相交流电动机定子上布置有结构完全相同在空间位置各相差120°电角度的三相绕组，分别通入三相交流电，则在定子与转子的空气隙间所产生的合成磁场是沿定子内圆旋转的，故称旋转磁场。通过分析可知，每当交变电流变化一周，两极旋转磁场就在空间转过360°(即一转)，而四极旋转磁场只转过180°(1/2转)。由此类推，当旋转磁场具有p对磁极时，交变电流每变化一周，其旋转磁场就在空间转过$1/p$转。因此，旋转磁场每分钟的转速n_1同定子绕组的电流频率f_1及磁极对数p之间的关系为

$$n_1=\frac{60f_1}{p} \tag{2-5}$$

式中：n_1——旋转磁场转速(又称同步转速)，r/min；

f_1——三相交流电源的频率，Hz；

p——磁极对数。

国产的异步电动机，其定子绕组的电流频率规定为50 Hz。因此，两极旋转磁场的转速是3 000 r/min，四极旋转磁场的转速是1 500 r/min等。

旋转磁场的旋转方向决定于通入定子绕组中的三相交流电源的相序。只要任意调换电动机两相绕组所接交流电源的相序，旋转磁场即反转。

4. 三相异步电动机的工作过程和转差率

图2-7所示用一个简单的试验观察三相异步电动机的工作原理：当摇动磁铁时，笼型转子跟随转动；如果摇把方向发生改变，笼型转子方向也会发生变化。

故可得出如下结论：旋转磁场可拖动笼型转子转动。

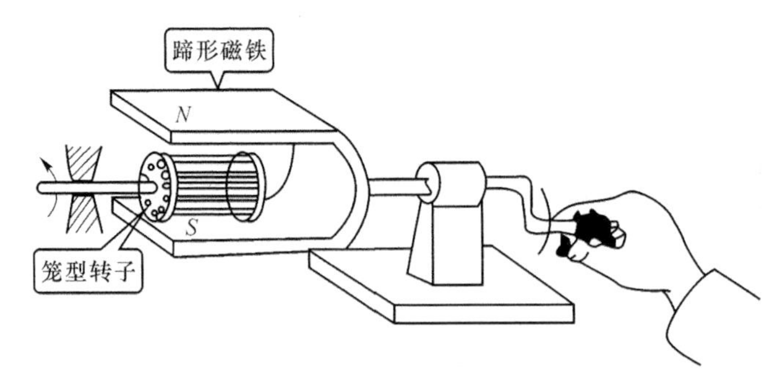

图2-7 鼠笼型转子随旋转磁极而转动的实验

① 当转子转速$n=0$时，转子切割旋转磁场的相对转速$n_1-n=n_1$为最大，故转子中的感应电动势和电流最大。

② 当转子转速n增加时，则n_1-n开始下降，故转子中的感应电动势和电流下降。

③ 当$n=n_1$，则$n_1-n=0$，此时转子导体不切割定子旋转磁场，转子中就没有感应电动

势及电流，也就不产生转矩。因此转子转速在一般情况下不可能等于旋转磁场的转速，即转子转速与定子旋转磁场的转速两者的步伐不可能一致，异步电动机由此而得名。因此 n 和 n_1 的差异是异步电动机能够产生电磁转矩的必要条件，又由于异步电动机的转子绕组并不直接与电源相接，而是依靠电磁感应的原理来产生感应电动势和电流，从而产生电磁转矩使电动机旋转，又可称为感应电动机。

转差(n_1-n)是异步电动机运行的必要条件。同步转速 n_1 与转子转速 n 之差对同步转速 n_1 之比值称为转差率，用符号 s 表示，即

$$s=\frac{n_1-n}{n_1} \tag{2-6}$$

转差率是异步电动机的一个基本参数，它对电动机的运行有着极大的影响。它的大小同样反映转子的转速，即 $n=n_1(1-s)$。

由于异步电动机工作在电动状态时，其转速与同步速方向一致但低于同步速，所以电动状态的转差率 s 的范围为 0～1。其中 $s=0$，是理想空载状态；$s=1$，是启动瞬间。

对普通的三相异步电动机，为了使额定运行时的效率较高，一般设计成使它的额定转速略低于对应的同步速，所以额定转差率 s_N 一般为 1.5%～5%。

例 2-2　有一台三相异步电动机的额定转速 $n_N=960$ r/min，试求该机的极对数和额定转差率；另一台四极三相异步电动机的额定转速率 $s_N=0.05$，试求该机的额定转速。

解：因为电动机的额定转速 n_N 低于它的同步速：$n_1=\frac{60f_1}{p}$，而 $f_1=50$ Hz。

故不同极对数的同步速分别为：当 $p=1$ 时，$n_1=3\ 000$ r/min；$p=2$ 时，$n_1=1\ 500$ r/min；$p=3$ 时，$n_1=1\ 000$ r/min；$p=4$ 时，$n_1=750$ r/min；$p=5$ 时，$n_1=600$ r/min……

所以，额定转速 $n_N=960$ r/min 异步电动机所对应的同步速 $n_1=1\ 000$ r/min。

因此该三相异步电动机的磁极对数为

$$p=\frac{60f}{n_1}=\frac{60\times50}{1000}=3$$

额定转差率：$s_N=\frac{n_1-n_N}{n_1}=\frac{1\ 000-960}{1000}=0.04$

对另一台四极电动机的额定转速率 $s_N=0.05$ 的电动机：

同步转速：$n_1=\frac{60f}{p}=\frac{60\times50}{2}$ r/min$=1\ 500$ r/min

额定转速：$n_N=n_1(1-s)=1500\times(1-0.05)$ r/min$=1\ 425$ r/min

三、任务实施

1. 测量三相异步电动机绝缘电阻

测量三相异步电动机各相绕组之间以及各相绕组对机壳之间的绝缘电阻，可判别绕组是否严重受潮或有缺陷。测量方法通常用手摇式兆欧表，额定电压低于 500 V 的电动机用 500 V 的兆欧表测量，额定电压在 500～3 000 V 的电动机用 1 000 V 的兆欧表测量，额定电压大于 3 000 V 的电动机用 2 500 V 兆欧表测量。

① 选用合适量程的兆欧表。

② 测量前要先检查兆欧表是否完好。即在兆欧表未接上被测物之前，摇动手柄使发电机达到额定转速(120 r/min)，观察指针是否指在标尺的“∞”位置。将接线柱“线”(L)和“地”(E)短接，缓慢摇动手柄，观察指针是否指在标尺的“0”位。如果指针不能指到该指的位置，表明兆欧表有故障，应检修后再用。

③ 测量三相异步电动机的绝缘电阻。当测量三相异步电动机各相绕组之间的绝缘电阻时，将兆欧表“L”和“E”分别接两绕组的接线端；当测量各相绕组对地的绝缘电阻，将“L”接到绕组上，“E”接机壳。接好线后开始摇动兆欧表手柄，摇动手柄的转速须保持基本恒定(约 120 r/min)，摇动一分钟后，待指针稳定下来再读数。

2. 测量三相异步电动机定子绕组室温下的直流电阻

测量定子相绕组室温下的直流电阻，可用伏安法或电桥法，电桥法准确度和灵敏度高，并有直接读数的优点。测量绕组直流电阻的电桥有单臂电桥和双臂电桥两种。用单臂电桥测量直流电阻时，把连接线电阻和接线柱都包括在被测电阻内，因此，当绕组电阻越小时，测量误差越大，故一般适用于 1 Ω 以上的电阻测量。双臂电桥克服了单臂电桥的缺点，在被测电阻中不包括连接线电阻和接线柱接触电阻，一般用于测量小于 1 Ω 的电阻值。

3. 判别三相异步电动机定子绕组的首尾端

(1) 用万用表检查

① 判断各相绕组的两个出线端。用万用表电阻挡分清三相绕组各相的两个线头，并进行假设编号。

② 判断首尾端。注视万用表(微安挡)指针摆动的方向，合上开关瞬间，若指针摆向大于 0 的一边，则接电池正极的线头与万用表负极所接的线头同为首端或尾端。如指针反向摆动，则接电池正极的线头与万用表正极所接的线头同为首端或尾端。再将电池和开关接另一相两个线头，进行测试，就可正确判别各相的首尾端。

(2) 低压交流电源法

① 判断各相绕组的两个出线端。用万用表电阻挡分清三相绕组各相的两个线头，并进行假设编号。

② 把其中任意两相绕组串联后再与电压表或万用表的交流电压挡连接，第三相绕组与 36 V 低压交流电源接通。

③ 判断首尾端。通电后，若电压表无读数，说明连在一起的两个线头同为首端或尾端。电压表有读数，连在一起的两个线头中一个是首端，另一个是尾端，任定一端为已知首端，同法可定第三相的首尾端。

4. 常见三相异步电动机的故障及排除方法

(1) 通电后电动机不能转动，但无异响，也无异味和冒烟。

① 故障原因：电源未通(至少两相未通)；熔丝熔断(至少两相熔断)；过流继电器调得过小；控制设备接线错误。

② 故障排除：检查电源回路开关，熔丝、接线盒处是否有断点、修复；检查熔丝型号、熔断原因，换新熔丝；调节继电器整定值与电动机配合；改正接线。

(2) 通电后电动机不转，然后熔丝烧断。

① 故障原因：缺一相电源，或定干线圈一相反接；定子绕组相间短路；定子绕组接地；定子绕组接线错误；熔丝截面过小；电源线短路或接地。

② 故障排除:检查闸刀是否有一相未合好,可电源回路有一相断线;消除反接故障;查出短路点,予以修复;消除接地;查出误接,予以更正;更换熔丝;消除接地点。

(3) 通电后电动机不转有嗡嗡声。

① 故障原因:定、转子绕组有断路(一相断线)或电源一相失电;绕组引出线始末端接错或绕组内部接反;电源回路接点松动,接触电阻大;电动机负载过大或转子卡住;电源电压过低;小型电动机装配太紧或轴承内油脂过硬;轴承卡住。

② 故障排除:查明断点予以修复;检查绕组极性;判断绕组末端是否正确;紧固松动的接线螺钉,用万用表判断各接头是否假接,予以修复;减载或查出并消除机械故障,检查是还把规定的△接法误接为Y;是否由于电源导线过细使压降过大,予以纠正;重新装配使之灵活;更换合格油脂;修复轴承。

(4) 电动机起动困难,额定负载时,电动机转速低于额定转速较多。

① 故障原因:电源电压过低;△接法电机误接为Y;笼型转子开焊或断裂;定转子局部线圈错接、接反;修复电动机绕组时增加匝数过多;电机过载。

② 故障排除:测量电源电压,设法改善;纠正接法;检查开焊和断点并修复;查出误接处,予以改正;恢复正确匝数;减载。

(5) 电动机空载电流不平衡,三相相差大。

① 故障原因:重绕时,定子三相绕组匝数不相等;绕组首尾端接错;电源电压不平衡;绕组存在匝间短路、线圈反接等故障。

② 故障排除:重新绕制定子绕组;检查并纠正;测量电源电压,设法消除不平衡;消除绕组故障。

(6) 电动机空载,过负载时,电流表指针不稳,摆动。

① 故障原因:笼型转子导条开焊或断条;绕线型转子故障(一相断路)或电刷、集电环短路装置接触不良。

② 故障排除:查出断条予以修复或更换转子;检查绕转子回路并加以修复。

(7) 电动机空载电流平衡,但数值大。

① 故障原因:修复时,定子绕组匝数减少过多;电源电压过高;Y联接电动机误接为△;电动机装配中,转子装反,使定子铁心未对齐,有效长度减短;气隙过大或不均匀;大修拆除旧绕组时,使用热拆法不当,使铁心烧损。

② 故障排除:重绕定子绕组,恢复正确匝数;设法恢复额定电压;改接为Y;重新装配;更换新转子或调整气隙;检修铁心或重新计算绕组,适当增加匝数。

(8) 电动机运行时响声不正常,有异响。

① 故障原因:转子与定子绝缘纸或槽楔相擦;轴承磨损或油内有砂粒等异物;定转子铁心松动;轴承缺油;风道填塞或风扇擦风罩,定转子铁心相擦;电源电压过高或不平衡;定子绕组错接或短路。

② 故障排除:修剪绝缘,削低槽楔;更换轴承或清洗轴承;检修定、转子铁心;加油;清理风道;重新安装置;消除擦痕,必要时车内小转子;检查并调整电源电压;消除定子绕组故障。

(9) 运行中电动机振动较大 。

① 故障原因:由于磨损轴承间隙过大;气隙不均匀;转子不平衡;转轴弯曲;铁心变形或松动;联轴器(带轮)中心未校正;风扇不平衡;机壳或基础强度不够;电动机地脚螺钉松动;

笼型转子开焊断路;绕线转子断路;加定子绕组故障。

② 故障排除:检修轴承,必要时更换;调整气隙,使之均匀;校正转子动平衡;校直转轴;校正重叠铁心,重新校正,使之符合规定;检修风扇,校正平衡,纠正其几何形状;进行加固;紧固地脚螺钉;修复转子绕组;修复定子绕组。

(10) 轴承过热的原因与故障排除。

① 故障原因:滑脂过多或过少;油质不好含有杂质;轴承与轴颈或端盖配合不当(过松或过紧);轴承内孔偏心,与轴相擦;电动机端盖或轴承盖未装平;电动机与负载间联轴器未校正,或传动带过紧;轴承间隙过大或过小;电动机轴弯曲。

② 故障排除:按规定加润滑脂(容积的1/3～2/3);更换清洁的润滑滑脂;过松可用粘结剂修复,过紧应车,磨轴颈或端盖内孔,使之适合;修理轴承盖,消除擦点;重新装配;重新校正,调整皮带张力;更换新轴承;校正电动机轴或更换转子。

(11) 电动机过热甚至冒烟。

① 故障原因:电源电压过高,使铁心发热大大增加;电源电压过低,电动机又带额定负载运行,电流过大使绕组发热;修理拆除绕组时,采用热拆法不当,烧伤铁心;定转子铁心相擦;电动机过载或频繁起动;笼型转子断条;电动机缺相,两相运行;重绕后定于绕组浸漆不充分;环境温度高电动机表面污垢多,或通风道堵塞;电动机风扇故障,通风不良;定子绕组故障(相间、匝间短路;定子绕组内部连接错误)。

② 故障排除:降低电源电压(如调整供电变压器分接头),若是电动机Y、△接法错误引起,则应改正接法;提高电源电压或换粗供电导线;检修铁心,排除故障;消除擦点(调整气隙或挫、车转子);减载;按规定次数控制起动;检查并消除转子绕组故障;恢复三相运行;采用二次浸漆及真空浸漆工艺;清洗电动机,改善环境温度,采用降温措施;检查并修复风扇,必要时更换;检修定子绕组,消除故障。

四、知识拓展

1. 三相异步电动机的电磁转矩

三相异步电动机的转矩是由旋转磁场的每极磁通 Φ 与转子电流 I_2 相互作用而生成的。它与每极磁通 Φ 与转子电流 I_2 的乘积成正比,此外,它还与转子电路的功率因素 $\cos\varphi_2$ 有关,整理后可得电磁转矩的物理表达式。

$$T=C_T\Phi I_2'\cos\varphi_2 \tag{2-7}$$

式中:C_T——转矩常数。

上式表明三相异步电动机的电磁转矩 T 与主磁通 Φ 成正比,与转子电流 I_2 的有功分量成正比,物理意义非常明显,所以称为电磁转矩物理表达式。它常用来定性分析三相异步电动机的运行问题。

例 2-3 为什么三相异步电动机长时期重载运行,电动机易烧毁?

解:电动机烧毁是指绕组过电流严重,绕组的绝缘程度下降,造成绕组短路。由于负载转矩 T 增大,由式(2-7)可知转子电流随着转矩 T 增大而增大,根据磁通势平衡方程式,定子电流也将增加,电动机常时超过额定值运行就会烧坏绕组。

2. 三相异步电动机的固有机械特性

（1）固有机械特性

异步电动机在额定电压和额定频率下，用规定的接线方式，定子和转子电路中的不串联任何电阻或电抗时的机械特性称为固有（自然）机械特性。

绘制固有机械特性的步骤：先从产品目录中查取 λ_m、P_N 和 n_N；利用公式算出 T_{max} 和 s_m，然后分别用 s 值求出与之对应的 T 值，画出 $n=f(T)$ 的曲线，即为异步电动机的固有机械特性。固有机械特性曲线图如图 2-8 所示。

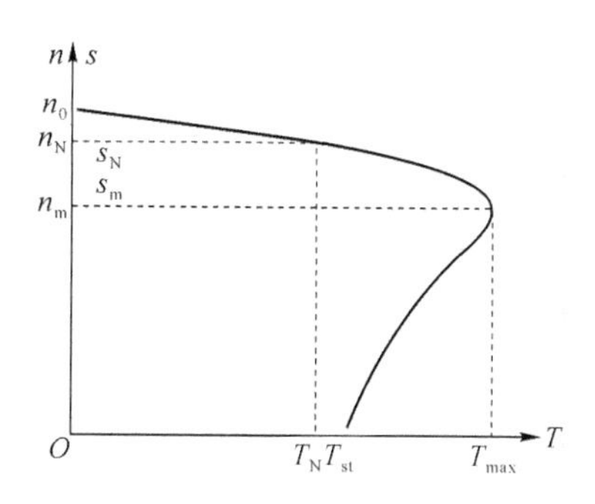

图 2-8　异步电动机的固有机械特性

（2）三相异步电动机的人为机械特性

异步电动机的机械特性与电动机的参数有关，也与外加电源电压、电源频率有关，将关系式中的参数人为地加以改变而获得的特性称为异步电动机的人为机械特性。

电源电压 U 的变化对理想空载转速 n_0 和临界转差率 s_m 不发生影响，但最大转矩 T_{max} 与 U_2 成正比，当降低定子电压时，n_0 和 s_m 不变，而 T_{max} 大大减小。

在同一转差率情况下，人为特性与固有特性的转矩之比等于电压的平方之比。因此在绘制降低电压的人为特性时，是以固有特性为基础，在不同的 s 处，取固有特性上对应的转矩乘降低电压与额定电压比值的平方，即可做出人为特性曲线，其特点如下：

降压后同步转速 n_1 不变，即不同 U_N 的人为机械特性都通过固有机械特性的同步点。

降压后，最大转矩 T_{max} 随 U_N^2 成正比例下降，但 s_m 或 $n_m=n_1(1-s_m)$ 不变。

降压后的起动转矩 T_{st} 也随 U_N^2 成正比例下降。如图 2-9 所示。

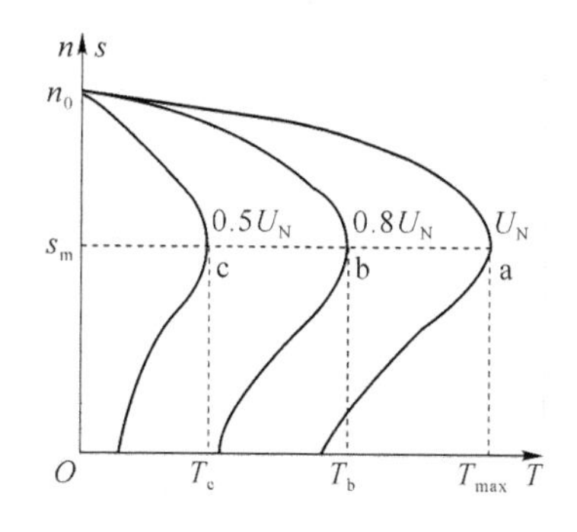

图 2-9　异步电动机的人为机械特性

在电动机定子电路中外串电阻或电抗后，电动机端电压为电源电压减去定子外串电阻上或电抗上的压降，致使定子绕组相电压降低。人为特性曲线，如图 2-10 所示。

转子回路串对称三相电阻时其特点如下(用于绕线式三相异步电动机):

① 同步转速 n_1 不变,即不同 R_2 或 X_{L2} 的机械特性都通过固有机械特性的理想空载点。

② 转子串电阻后最大转矩 T_{max} 的大小不变,但临界转差率 $s_m' > s_m$,并随 R_2 或 X_{L2} 的增大而增加。

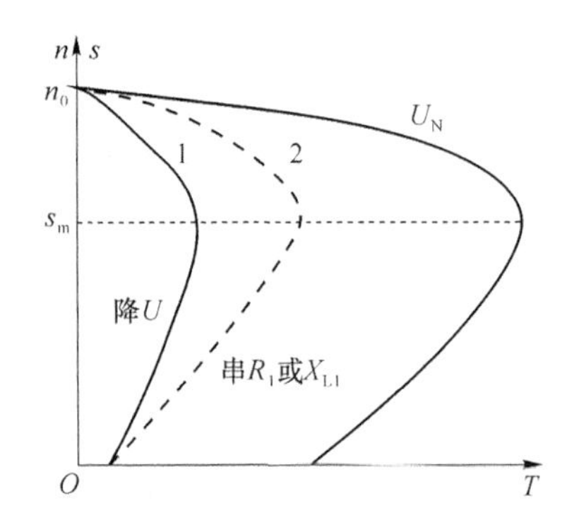

图 2-10 定子电路中外串电阻或电抗时的人为特性曲线

③ 当 s_m' 增大,而 $s_m' < 1$ 时,起动转矩 T_{st} 随 R_1s 的增大而增大;当而 $s_m' > 1$ 时,T_{st} 随 R_2 的增大而减少。

定子回路串对称三相电阻时其特点如下(用于笼型三相异步电动机):

① 同步转速 n_1 不变,即不同 R_1 或 X_{L1} 的机械特性都通过固有机械特性的理想空载点。

② 定子串电阻后最大转矩 T_{max}、差转率 s_m 随 R_1 或 X_{L1} 的增大而减少。

例 2-4 有一台Y联结的 $P=2$ 的三相异步电动机,其铭牌和产品目录上的有关数据为:$P_N=55$ kW,$n_N=1\,470$ r/min,$U_N=380$ V,$I_N=103$ A,$\lambda_m=2.3$ 。求额定转矩 T_N,最大转矩 T_{max}、同步转速 n_1、额定转差率 s_N、临界转差率 s_m,并绘制 T-s 曲线图。

解:

$$T_N=9.55\frac{P_N}{n_N}=9.55\times\frac{55\,000}{1\,470}\text{ N}\cdot\text{m}=357.3\text{ N}\cdot\text{m}$$

$$T_{max}=\lambda_m T_N=2.3\times357.3\text{ N}\cdot\text{m}=821.8\text{ N}\cdot\text{m}$$

$$n_1=\frac{60f}{p}=\frac{60\times50}{2}\text{ r/min}=1\,500\text{ r/min}$$

$$s_N=\frac{n_1-n}{n_1}=\frac{1\,500-1\,470}{1\,500}=0.22$$

$$s_m=s_N(\lambda_m+\sqrt{\lambda^2-1})=0.22\times(2.3+\sqrt{2.3^2-1})=0.874$$

代入电动机的电磁转矩实用表达式,有

$$T=\frac{2T_{max}}{\frac{s_m}{s}+\frac{s}{s_m}}=\frac{2\times821.8}{\frac{s}{0.0874}+\frac{0.0874}{s}}$$

根据此表达式可绘制 T-s 曲线图,即电动机的固有机械特性图。

五、思考与练习

1. 异步电动机的定子绕组与电源接通后,转子被阻,长时间不能转动,试问对电动机有何危害?如遇到这种情况,应采取什么措施?

2. 三相异步电动机铭牌上规定：额定电压为380 V，三角形接法。如果三相电源的线电压U_1为660 V，这是电动机的定子绕组应作何种接法？在这种接法下，问：

① 加在电动机每相绕组上的电压是否相同？

② 电动机每相绕组中通过的电流是否相同？（负载不变）

③ 电动机的额定功率是否有变化？

④ 电动机的电流是否相同？

3. 三相异步电动机旋转磁场的转速由什么决定？试问频率为50 Hz时2、4、6、8、10极的异步电动机的同步转速各为多少？

4. 试述三相异步电动机的转动原理，并解释“异步”的含意？

5. 异步电动机的转子因有故障已取出修理，如果误在定子绕组上加以额定电压，问将会产生什么后果？为什么？

6. 异步电动机的额定电压为380 V，额定电流为10.4 A，额定功率为4.5 kW，功率因数为0.88，额定转速为1 430 r/min，频率为50 Hz，求：额定效率η_N，额定转差率s_N和定子绕组的磁极对数。

7. 三相异步电动机的额定功率$P_N=11$ kW，额定电压$U_N=380$ V，额定效率$\eta_N=0.89$，额定功率因数$\cos\varphi_N=0.82$，额定转速$n_N=1\ 460$ r/min，频率$f=50$ Hz，定子星形接法，求：电动机的额定电流I_N，电动机的相电压$U_{N\Phi}$。

任务二　三相异步电动机起动的测试与应用

一、任务分析

在电动机带动生产机械的起动过程中，不同的机械有不同的起动情况。有些机械在起动时负载转矩很小，负载转矩随着转速增加而与转速平方近似成正比增加。例如鼓风机负载，起动时只需克服很小的静摩擦转速，当转速升高时，风量很快增大；有些机械在起动过程中接近空载，待速度上升至接近稳定时，再加负载，例如机床、破碎机等；有些机械在起动时的负载转矩与正常运行时一样大，例如电梯、起重机、传动带运输机等；此外，还有频繁起动的机械设备等。以上这些因素都将对电动机的起动性能中的起动转矩提出不同的要求。

二、相关知识

衡量三相异步电动机起动性能的好坏的最主要的是起动电流和起动转矩，总是希望在起动电流较小的情况下能获得较大的起动转矩。但是三相异步电动机如不采取措施而直接投入电网起动，即全压起动时，其起动电流很大，而起动转矩却不很大，这对电网或电动机自身均是不利的。起动电流大的原因是：当电动机接入电网的起动瞬时由于$n=0$，转子处于静止状态，则旋转磁场与n_1切割转子导体，故转子电动势和转子电流达到最大值，因而定子电流即起动电流也达到最大值。此时$s=1$，旋转磁场以最大的相对转速切割转子导线，转子的感应电动势最大，转子电流也最大，而定子绕组中便跟着出现了很大的起动电流 I_{st}，其值约为额定电流 I_N 的 4～7 倍。过大的起动电流却会使电源内部及供电线上的电压降增大，以致使电力网的电压下降，因而影响接在同一线路上的其他负载的正常工作。例如，使附近照明灯的亮度减弱，使邻近正在工作的异步电动机的转矩减小等。

起动转矩不大的原因是：第一，由于起动电流很大，定子绕组中的阻抗压降增大，而电源电压不变，根据定子电路的电动势平衡方程式，感应电动势将减小，则主磁通 Φ_1 将与感应电动势成比例的减小；第二，起动时 $s=1$，转子漏抗比转子电阻大得多，转子功率因数很低，虽然起动电流大，但转子电流的有功分量并不大。由转矩公式 $T=C_T\Phi_1 I'\cos\varphi_2$ 可知，起动转矩并不大。一般 $T_{st}=(1.8\sim2)T_N$。

根据以上分析可知三相异步电动机起动时的起动电流大主要是对电网不利；起动转矩并不很大主要是对负载不利，这是因为若电源电压因种种原因下降较多，则起动转矩按电压平方下降，可能会使电动机带不动负载起动。不同类型的机械负载，不同量的电网，对电动机起动性能的要求是不同的。有时要求有较大的起动转矩，有时要求限制起动电流，但更多的情况两个要求须同时满足。总之，电动机在起动时既要把起动电流限制在一定数值内，同时又要有足够大的起动转矩，以便缩短起动过程，提高生产率。

三相异步电动机的起动方法有全压起动、降压起动、软起动等。

1. 全压起动

就是将电动机的定子绕组，通过闸刀开关或接触器直接接入电源，在额定值下起动。由于直接起动的起动电流很大而起动转矩并不很大的缺点，但全压起动因无须附加设备，且操作和控制简单、可靠。一般小容量三相笼型异步电动机，如果电网容量足够大，应尽量采用全压起动。电动机能否全压起动可参考以下经验公式来确定，即

$$\frac{I_{st}}{I_N}\leqslant\frac{3}{4}+\frac{S_N}{4P_N} \tag{2-8}$$

例 2-5 一台 15 kW 电动机，其电源变压器总容量 S_N 为 500 kV·A，起动电流与额定电流之比为 6.8，问该台电动机能否全压起动？另有一台 50 kW 电动机，其$\frac{I_{st}}{I_N}=7$，能否全压起动？

解：根据以上经验公式$\frac{I_{st}}{I_N}\leqslant\frac{3}{4}+\frac{S_N}{4\times P_N}$有

$$\frac{I_{st}}{I_N}\leqslant\frac{3}{4}+\frac{500\times10^3}{4\times15\times10^3}=8.33$$

因为$\frac{I_{st}}{I_N}=6.8<8.33$，所以该电动机可以全压起动。

对 50 kW 电动机，根据经验公式$\frac{I_{st}}{I_N}\leqslant\frac{3}{4}+\frac{S_N}{4P_N}$有

$$\frac{I_{st}}{I_N}\leqslant\frac{3}{4}+\frac{500\times10^3}{4\times50\times10^3}=2.5$$

因为$\frac{I_{st}}{I_N}=6.8>2.5$，所以该电动机不可以全压起动。

对于不能全压起动的笼型电动机，一般采用降压起动。

2. 降压起动

降压起动时并不是降低电源电压，只是采用某种方法使加在电动机定子绕组上的电压降低。降压起动的目的是减小起动电流，但同时也减小了电动机起动转矩（$T\propto U_1^2$）。笼型异步电动机降压起动的方法有以下几种：定子电路串电阻（或电抗）降压起动、自耦变压器降压起动、Y-△降压起动、软起动等。

(1) 定子串电阻（或电抗）降压起动

在电动机起动过程中，常在三相定子电路中串接电阻（或电抗）来降低定子绕组上的电压，使电动机在降低了的电压下起动，以达到限制起动电流的目的。一旦电动机转速接近额定值时，切除串联电阻（或电抗），使电动机进入全电压正常运行。这种线路的设计思想，通常都是采用时间原则按时切除起动时串入的电阻（或电抗）以完成起动过程。在具体线路中可采用人工手动控制或时间继电器自动控制来加以实现。

这种起动的优点是控制线路结构简单，成本低，动作可靠，提高了功率因数，有利于保证电网质量。但是，由于定子串电阻（或电抗）降压起动，起动电流随定子电压成正比下降，而起动转矩则按电压下降比例的平方倍下降。同时，每次起动都要消耗大量的电能。因此，只适合轻载起动。

(2) 自耦变压器降压起动

自耦变压器降压起动，用自耦变压器作为电动机降压起动，称为起动补偿器，串自耦变压器降压起动线路图如图 2-11 所示。

在自耦变压器降压起动的控制线路中，限制电动机起动电流是依靠自耦变压器的降压作用来实现的。自耦变压器的初级和电源相接，自耦变压器的次级与电动机相连。自耦变压器的次级一般有三个抽头，可得到三种数值不等的电压。使用时，可根据起动电流和起动转矩的要求灵活选择。电动机起动时，定子绕组得到的电压是自耦变压器的二次电压，一旦起动完毕，自耦变压器便被切除，电动机直接接至电源，即得到自耦变压器的一次电压，电动机进入全电压运行。通常称这种自耦变压器为起动补偿器。这一线路的设计思想和串电阻起动线路基本相同，都是按时间原则来完成电动机起动过程的。

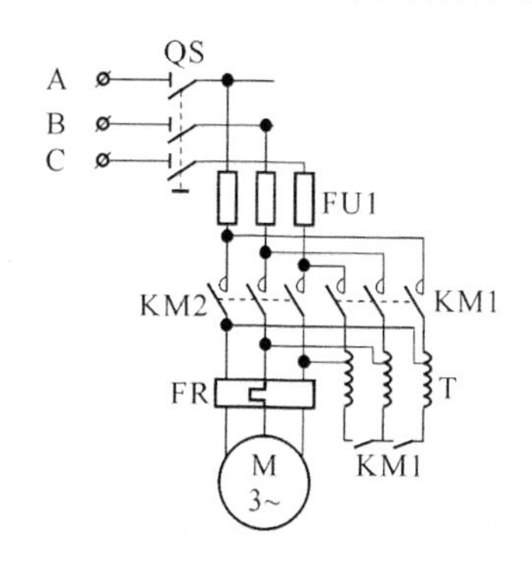

图 2-11　定子串自耦变压器降压起动控制线路

在自耦变压器降压起动过程中，起动电流与起动转矩的比值按变比平方倍降低。在获得同样起动转矩的情况下，采用自耦变压器降压起动从电网获取的电流，比采用电阻降压起动要小得多，对电网电流冲击小，功率损耗小。所以自耦变压器被称之为起动补偿器。换句话说，若从电网取得同样大小的起动电流，采用自耦变压器降压起动会产生较大的起动转矩。这种起动方法常用于容量较大、正常运行为星形接法的电动机。其缺点是自耦变压器价格较贵,相对电阻结构复杂,体积庞大,且是按照非连续工作制设计制造的,故不允许频繁操作。常用的起动补偿器有 QJ2 和 QJ3 型两种,两者的抽头电压比值不同;QJ2 型的抽头电压比值分别为 73%、64%、55%,QJ3 型的抽头电压比值分别为 80%、60%、40%。

起动电流与起动转矩的关系如下式:

$$I'_{ST}=\frac{I_{st2}}{k}=\frac{I_{st}}{k^2} \tag{2-9}$$

$$T'_{ST}=\frac{T_{st2}}{k^2} \tag{2-10}$$

式中:I'_{ST}——电源电网电流(起动电流);

I_{st}——自耦变压器一次侧电流;

I_{st2}——自耦变压器二次侧电流(电动机的电流);

T'_{ST}——起动转矩;

T_{st2}——电动机转矩;

k——自耦变压器抽头电压比值系数。

(3) Y-△降压起动

Y-△降压起动也称为星形-三角形降压起动,简称星三角降压起动。这一线路的设计思想仍是按时间原则控制起动过程。所不同的是,在起动时将电动机定子绕组接成星形,每相绕组承受的电压为电源的相电压,减小了起动电流对电网的影响。而在其起动后期则按预先整定的时间换接成三角形接法,每相绕组承受的电压为电源的线电压,电动机进入正常运行。凡是正常运行时定子绕组接成三角形的鼠笼式异步电动机,均可采用这种线路。

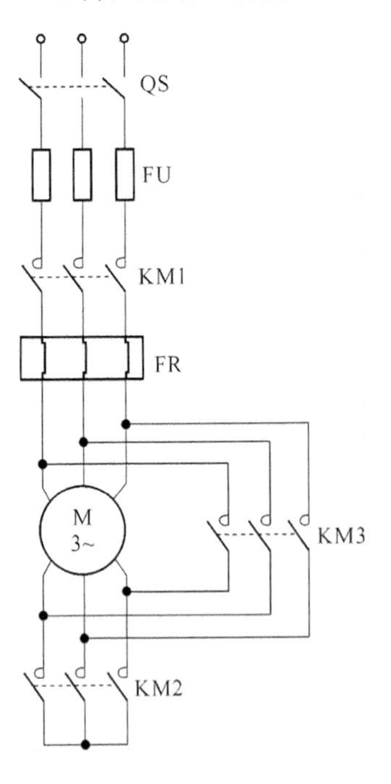

图 2-12　Y-△降压起动线路

定子绕组接成Y-△降压起动线路如图 2-12 所示。

三相笼型异步电动机采用Y-△降压起动的优点在于:定子绕组星形接法时,起动电压为直接采用三角形接法时的 1/3,起动电流为三角形接法时的 1/3,因而起动电流特性好,线路较简单,投资少。其缺点是起动转矩也相应下降为三角形接法的 1/3,转矩特性差。所以该线路适用于轻载或空载起动的场合。

3. 软起动

图 2-13 是采用可编程控制器控制电动机运行的一种起动线路。三相笼型异步电动机的软起动是区别于传统减压起动方式(定子串电阻(或电抗)降压起动、自耦变压器降压起动、Y-△降压起动)的一种新型的起动方式,它使电动机的输入电压从 0 V 或低电压开始,按预先设置的方式逐步上升,直到全电压结束。控制软起动器内部晶闸管的导通角,从而控制其输出电压或电流,达到有效地控制电动机的起动。

软起动与传统减压起动方式的不同之处如下：

① 无冲击电流。软起动器在起动电动机时，通过逐步增大晶闸管的导通角，电压无级上升，使电动机起动电流从零开始线性上升到设定值，使电动机平滑的加速，通过减小转矩波动来减轻对齿轮、联轴器及传动带的损害。

② 恒流起动。软起动器可以引入电流闭环控制，使电动机在起动过程中保持恒流，确保电动机平稳起动。

③ 根据负载情况及电网继电保护特性选择，可自由地无级调整至最佳的起动电流。

软起动器还能实现在轻载时，通过降低电动机端电压，提高功率因素，减少电动机的铜耗、铁耗，达到轻载节能的目的；在重载时，则提高电动机端电压，确保电动机正常运行。若用可编程序控制器PLC控制，可撤去停止、起动按钮。起动、停止的控制过程可用PLC的顺序控制完成，并能实现用一台软起动器起动多台电动机。软起动器特别适用各种泵类或风机负载需要软起动的场合。

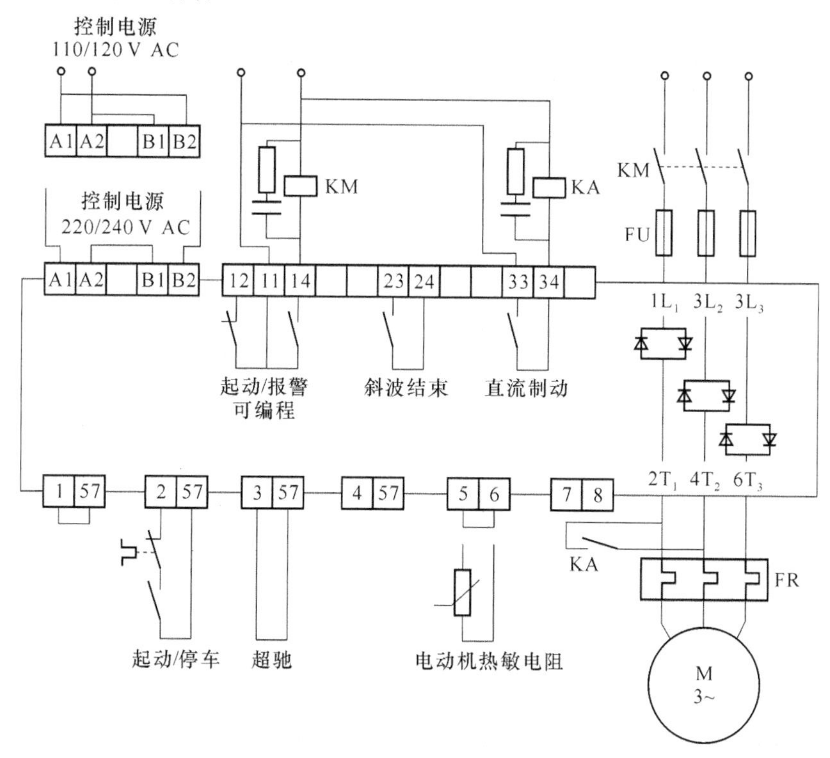

图2-13　采用可编程控制器控制电动机运行的一种起动电路

（1）笼型异步电动机起动方法比较

起动方法	适用范围	特点
直接	电动机容量小于10 kW	不需起动设备，但起动电流大
定子串电阻	电动机容量大于10 kW，起动次数不太多的场合	线路简单、价格低、电阻消耗功率大，起动转矩小
Y-△起动	额定电压为380 V，正常工作时为△接法的电动机，轻载或空载起动	起动电流和起动转矩为正常工作时的1/3
串自耦变压器	电动机容量较大，要求限制对电网的冲击电流	起动转矩大，设备投入较高

(2) 绕线转子异步电动机的起动

对于需要大、中容量电动机带动重载起动的生产机械或需要频繁起动的拖动系统，不仅要限制起动电流，还要有足够大的起动转矩。这就需要用三相绕线转子异步电动机转子串电阻或串频敏变阻器来改善起动性能。

当绕线转子异步电动机每相转子回路串入起动电阻 R_{st} 时，起动相电流为

$$I'_{st}=\frac{U_{N\Phi}}{\sqrt{(r_1+r'_2+R'_{st})^2+(X_1+X'_2)^2}}=\frac{U_{N\Phi}}{\sqrt{(r_k+R'_{st})^2+X_k^2}}$$

可见只要 R_{st} 足够大，就可以使起动电流 I'_{st} 限制在规定的范围内。转子回路串电阻 R_{st} 后，其起动转矩 T'_{st} 可随 R_{st} 的大小自由调节。因此，绕线转子电动机转子串电阻，可以得到比普通笼型电动机优越得多的起动性能。

在实际应用中，起动电阻 R_{st} 在起动过程中是通过开关逐级短接的，电动机一起动电阻全部接入，这时转子回路每相电阻为 $R=R_{st1}+R_{st2}+R_{st3}+r_2$（电动机绕组阻抗）。当电动机继续加速，逐级短接电阻 R_{st1}、R_{st2} 最后稳定于固有机械特性的 r_2 曲线的某点上。转子回路串入起动电阻人为机械特性如图 2-14 所示。

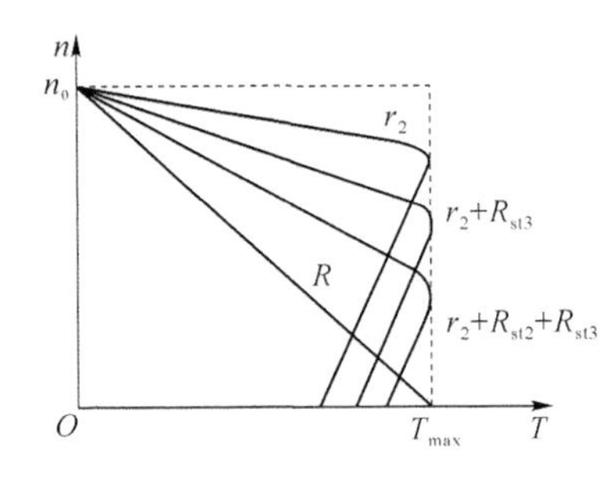

图 2-14　转子回路串入起动电阻人为机械特性

三、任务实施

1. 三相笼型异步电动机直接起动

① 按图 2-15 接线。电动机绕组为△接法。异步电动机直接与测速发电机同轴连接，不连接负载电动机。

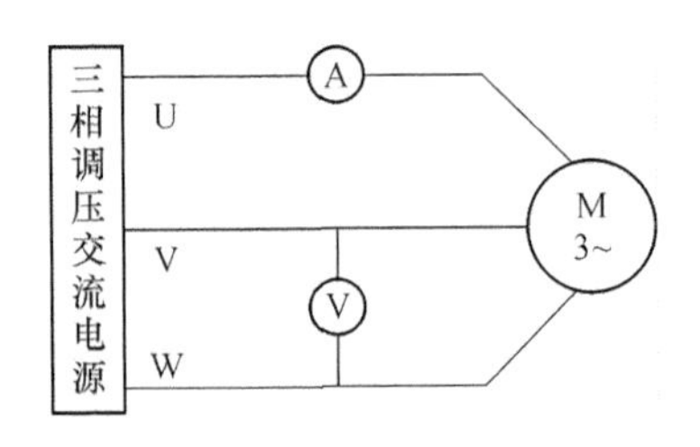

图 2-15　异步电动机直接起动

② 把交流调压器退到零位，开启电源总开关，按下“开”按钮，接通三相交流电源。

③ 调节调压器，使输出电压达到电动机额定电压 220 V，使电动机起动旋转（如电动机旋转方向不符合要求需调整相序时，必须按下“关”按钮，切断三相交流电源）。

④ 再按下“关”按钮，断开三相交流电源，待电动机停止旋转后，按下“开”按钮，接通三相交流电源，使电机全压起动，观察电动机起动瞬间电流值(按指针式电流表偏转的最大位置所对应的读数值定性计量)。起动电流 $I_{st}=?$

2. 星形-三角形(Y-△)起动

① 按图 2-16 接线。线接好后把调压器退到零位。

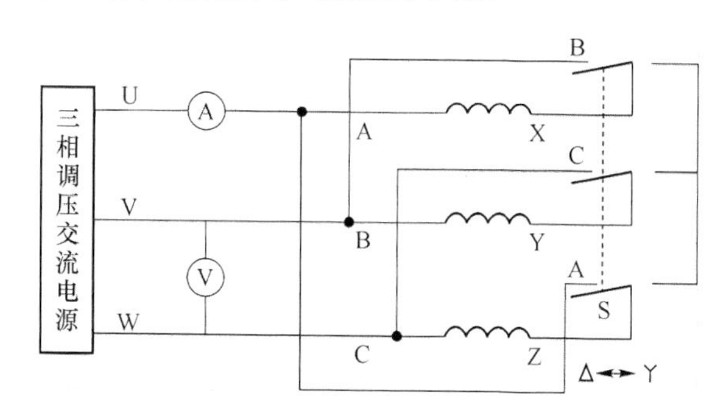

图 2-16　三相鼠笼式异步电动机星形-三角形起动

② 三刀双掷开关合向右边(Y接法)。合上电源开关，逐渐调节调压器使升压至电机额定电压 220 V，打开电源开关，待电动机停转。

③ 合上电源开关，观察起动瞬间电流，然后把 S 合向左边，使电动机(△)正常运行，整个起动过程结束。观察起动瞬间起动电流 I_{st}。

3. 利用软起动器测量空载和额定负载情况下的起动电流和起动电压

① 画出主电路和控制电路接线，并进行连接。

② 测量空载下的起动电流和起动电压。先闭合主回路。再闭合控制回路。测量空载情况下的起动电流和起动电压，同时用示波器观察 I、U 起动过程曲线(起动，过渡和结束)并记录。

③ 测量额定负载情况下的起动电流和起动电压。提前加上额定负载，电动机处于满载的情况下，先闭合主回路。再闭合控制回路。测量额定负载情况下的起动电流和起动电压，同时用示波器观察 I、U 起动过程曲线(起动，过渡和结束)并记录。

4. 三相鼠笼式异步电动机的反转

异步电动机的旋转方向取决于三相电源接入定子绕组时的相序，故只要改变三相电源与定子绕组连接的相序即可使电动机改变旋转方向。

四、知识拓展

1. 三相异步电动机的空载运行

异步电动机在正常工作时总是要旋转的，但一些电磁关系在转子不动时就存在，而且通过对转子不动时的分析，更容易帮助理解其电磁过程。因此，异步电动机的空载运行从转子绕组开路——转子不动时的状态开始分析。

(1) 转子不动时的电磁关系

当异步电动机的定子绕组接入三相电源，转子绕组开路时，尽管旋转磁场在转子绕组中感应电动势，但转子电流 $I_2=0$，不能产生电磁转矩，转子不动。在实际中，如绕线转子电动机测量转子绕组的开路电压就是这种运行状态。这时的异步电动机和空载的变压器一样。因转子电流 $I_2=0$，所以气隙中的旋转磁通势 F_0 由定子三相空载电流 I_0 所建立。根据作用不同，可将由 F_0 产生的旋转磁场的磁通分成主磁通和漏磁通两部分，磁通经空气隙与定子绕组、转子绕组相连，是主磁通，用 Φ_1 表示，它在定子、转子绕组中分别产生感应电动势 E_1 和 E_2；另一小部分磁通仅与定子绕组相链，是定子绕组的漏磁通，用 $\Phi_{1\sigma}$ 表示，它只在定子绕组中引起漏抗电动势 $E_{1\sigma}$。另外还有电流流过定子绕组产生绕组压降 $I_0'r_1$。上述的电磁关系可归纳为如下：

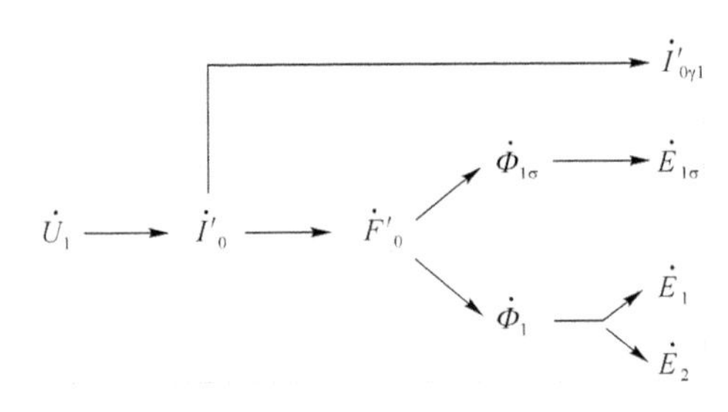

下面分析上述有关物理量的关系式。定子、转子绕组中产生的感应电动势与变压器分析方法相似，其结果为

$$\dot{E}_1=-\mathrm{j}4.44f_1k_{N1}N_1\dot{\Phi}_1$$

$$\dot{E}_2=-\mathrm{j}4.44f_1k_{N2}N_2\dot{\Phi}_1$$

由于转子不动，故与变压器一样，$\dot{E}_1$ 与 $\dot{E}_2$ 是频率都为 f_1 的正弦量。由上式可知，两个电动势 $\dot{E}_1$ 与 $\dot{E}_2$ 同相而且滞后主磁通 Φ_1 90°，$\dot{E}_1$ 与 $\dot{E}_2$ 之比值称为电动势比或电压比，即

$$k_e=E_1/E_2=4.44f_1k_{N1}N_1\Phi_1/4.44f_1k_{N2}N_2\Phi_1=N_1k_{N1}/N_2k_{N2}$$

可见，异步电动机的电压比也是定子、转子绕组的每相有效串联匝数之比，这与变压器的电压比是一、二次绕组的每相匝数之比有所不同，因为变压器绕组是转矩集中绕组，绕组因数为 1。定子漏磁通在定子绕组中产生的漏抗电动势和变压器一样常用漏抗压降来表示，即

$$\dot{E}_{1\sigma}=-\mathrm{j}\,\dot{I}_0\omega L_1=-\mathrm{j}\,\dot{I}_0X_1$$

式中：X_1——定子每相漏电抗，$X_1=2\pi fL_1$。

仿照变压器的讨论，可得到定子绕组的电动势平衡方程式为

$$\dot{U}_1=-\dot{E}_1+\dot{I}_0'r_1+\mathrm{j}\,\dot{I}_0'X_1=-\dot{E}_1+\dot{I}_0'(r_1+\mathrm{j}X_1)=-\dot{E}_1+\dot{I}_0'Z_1$$

式中：Z_1——定子绕组的每相漏阻抗，$Z_1=r_1+\mathrm{j}X_1$。

由于转子绕组开路，其开路电压就等于电动势，即

$$\dot{U}_{20}=\dot{E}_2$$

既然转子开路而不动具有和变压器空载运行相同的电动势平衡方程式，那么也有相同的等效电路和相量图。所以转子不转。

(2) 转子转动时的空载运行

在实际中，一般所指的异步电动机空载运行就是这种运行状态。这时，转子绕组自成闭

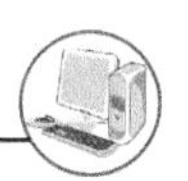

合电路，转子电流 $I_2 \neq 0$，因而使转子产生电磁转矩而旋转。先面分析转子转动时的空载运行与转子不动时有何区别。

当电动机空载运转时，电动机产生的转矩仅需克服空载制动转矩 T_0，而 T_0 通常很小，这时转子转速 n 接近定子旋转磁场的转速 n_1，转差率 s 很小，即转子绕组和旋转磁场之间的相对运动很小，使转子电动势很小，转子电流 $I_2 \approx 0$，这与转子绕组开路时转子电流 $I_2 = 0$ 相似，定子电流仅为空载电流 I_0 这与 I_0' 没有多大差别，所以定子电动势平衡关系仍和转子绕组开路而不动时相似，即由于异步电动机有空气隙存在，它的空载电流比变压器的空载电流大得多。在大、中容量的异步电动机中，I_0 占额定电流的 20%～35%；在小容量的电动机中，则占 35%～50%，甚至占 60%。因此在空载时，异步电动机的漏抗压降占额定电压的 2%～5%，而变压器的漏抗压降不超过 0.5%。虽然如此，在异步电动机正常工作时，还是主磁通 Φ_1 和电动势 E_1 占主要成分。

通过以上分析，说明了一个重要的概念，在电源频率不变情况下，对已造好的异步电动机而言，其主磁通与外加电压成正比，即主磁通的大小基本上由外加电压的大小决定。所以频率不变，外加电压 U_1 一定时，主磁通基本上是常量，这一点与变压器一样。另外，与变压器一样，E_1 的电磁表达式可以引入励磁参数 Z_m 而转化为阻抗压降形式，即

$$\dot{E}_1 = -j4.44 f_1 k_{N1} N_1 \dot{\Phi}_1 = -\dot{I}(r_m + jX_m) = -\dot{I}_0 Z_m$$

式中：r_m——励磁电阻；

X_m——励磁电抗；

Z_m——励磁阻抗，$Z_m = r_m + jX_m$。

与变压器一样，r_m 是表征异步电动机铁心损耗的等效电阻，而异步电动机的铁心损耗主要是由于旋转磁场对静止定子的相对运动，使定子铁心感应电动势而产生涡流损耗，同时定子铁心在旋转磁场中反复磁化而产生磁滞损耗；X_m 是表征铁心磁化能力的一个参数，因气隙的存在，与同容量的变压器相比，异步电动机的 X_m 要小得多；Z_m 不是一样常数，随铁心饱和程度增加而减小，一般取额定状态时的数值为依据。

由于异步电动机空载运行时，输出的机械功率 $P_2 = 0$，只需从电网吸取很小的有功功率来平衡电动机的铁心损耗、定子绕组空载铜耗及机械损耗，因此空载电流 I_0 主要成分是建立旋转磁场的感性无功电流，即与变压器一样，空载时功率因数很低，一般 $\cos\varphi_0 < 0.2$。

总之，不论异步电动机因转子绕组开路而不动还是转子绕组闭合而空载运行，与之对应的是与变压器空载运行相似。因此，可沿用变压器的分析方法来分析异步电动机空载的电磁物理现象，为进一步分析三相异步电动机的负载运行打下基础。

2. 三相异步电动机的负载运行

(1) 负载时的气隙磁动势 F_0

转子绕组中感应电势、电流的频率为

$$f_2 = \frac{p_2(n_1 - n)}{60} - \frac{p_1(n_1 - n)}{60} = \frac{n_1 - n}{n_1} \times \frac{pn_1}{60} = sf_1$$

(2) 转子磁动势 F_2、定子磁动势 F_1

F_2 的方向：由于转子旋转磁势的旋转方向取决于转子电流的相序，所以转子旋转磁势的旋转方向与定子磁势的旋转方向一致。

F_2 相对于转子的转速：　　$\Delta n = n_1 - n = sn_1$

F_2 相对于定子的转速：$\Delta n+n=n_1 s+n=n_1\dfrac{n_1-n}{n_1}+n=n_1$

(3) 磁动势平衡方程式

$$\boldsymbol{F}_1+\boldsymbol{F}_2=\boldsymbol{F}_0$$

(4) 电势平衡方程式

$$\left.\begin{aligned}\dot{U}_1&=-\dot{E}_1+\dot{I}_1R_1+\mathrm{j}\,\dot{I}_1X_{1\sigma}=-\dot{E}_1+\dot{I}_1Z_1\\\dot{E}_{2s}&=\dot{I}_{2s}(R_2+\mathrm{j}X_{2\sigma s})=\dot{I}_{2s}Z_{2s}\\-\dot{E}_m&=\dot{I}_0Z_m=\dot{I}_0(R_m+\mathrm{j}X_m)\end{aligned}\right\}$$

(5) 转子电抗 X_{2s}

$$X_{2s}=2\pi f_2L_2=2\pi f_1 sL_2=sX_2$$

(6) 转子电流

$$I_{2s}=\frac{E_{2s}}{\sqrt{r_2^2+X_{2s}^2}}=\frac{sE_2}{\sqrt{r_2^2+(sX_2)^2}}$$

(7) 转子电路的功率因数

$$\cos\varphi_2=\frac{r_2}{\sqrt{r_2^2+(sX_2)^2}}$$

(8) 功率和转矩

输入功率：$P_1=3U_1I_1\cos\varphi_1$

定子铜损耗：$p_{\mathrm{Cu}}=3I_1^2r_1$

定子损耗：$p_{\mathrm{Fe}}=3I_0^2r_{\mathrm{m}}$

电磁功率：

$$P_{\mathrm{em}}=P_1-p_{\mathrm{Cu}}-p_{\mathrm{Fe}}=3I'^2_2\frac{r_2}{s}=m_1E'_2I'_2\cos\varphi_2=m_2E_2I_2\cos\varphi_2$$

转子铜损耗：$p_{\mathrm{Cu2}}=3I'^2_2r_2=3I'^2_2\dfrac{r_2}{s}s=sP_{\mathrm{em}}$

总机械功率：$P_{\mathrm{m}}=P_{\mathrm{em}}-p_{\mathrm{Cu2}}=3I'^2_2\dfrac{1-s}{s}r'_2=(1-s)P_{\mathrm{em}}$

(9) 转矩平衡方程式

$$\frac{P_2}{\Omega}=\frac{P_{\mathrm{m}}}{\Omega}-\frac{p_{\mathrm{m}}}{\Omega}-\frac{p_{\mathrm{s}}}{\Omega}$$

$$T_2=T-T_{\mathrm{m}}-T_{\mathrm{s}}=T-T_0$$

式中：T——电动机的电磁转矩，$T=\dfrac{P_{\mathrm{m}}}{\Omega}=\dfrac{9.55P_{\mathrm{m}}}{n}$。

3. 电动机容量选择的原则

电动机的选择一般是容量的选择，而选择电动机容量可根据以下三个基本原则进行。

① 发热：电动机在运行时，必须保证电动机的实际最高工作温度等于或略小于电动机绝缘的允许最高工作温度。

② 过载能力：决定电动机容量的主要因素不是发热而是电动机的过载能力。即所选电动机的最大转矩必须大于运行过程中可能出现的最大负载转矩和最大负载电流。

③ 起动能力：由于鼠笼式异步电动机的起动转矩一般较小，所以，为使电动机能可靠起

动，必须保证异步电动机的起动转矩大于负载转矩。

4. 电动机种类的选择

电动机类型选择的基本依据是在满足生产机械对拖动系统静态和动态特性要求的前提下，力求结构简单、运行可靠、维护方便、价格低廉。

① 对于不要求调速、起动性能亦无过高要求的生产机械，应优先考虑使用一般笼型异步电动机。若要求起动转矩大，则可选用高起动转矩的笼型异步电动机。

② 对于要求经常起、制动，且负载转矩较大、又有一定调速要求的生产机械，应考虑选用绕线式异步电动机；对于周期性波动负载的生产机械，为了削平尖锋负载，一般都采用电动、机带飞轮工作，这种情况下也应选用绕线式异步电动机。

③ 对于只需要几种速度，而不要求无极调速的生产机械，为了简化变速机构，可选用多速异步电动机。

④ 对于要求大范围无极调速，且要求经常起动、制动、正反转的生产机械，则可选用带调速装置的直流电动机或笼型异步电动机。

对于要求调速范围很宽的生产机械，最好从机械变速和电气调速二者结合起来考虑，易于收到技术和经济指标较高的效果。

五、思考与练习

1. 有一台四极三相异步电动机，电源电压的频率为 50 Hz，满载时电动机的转差率为 0.02，求电动机的同步转速、转子转速和转子电流频率。

2. 将三相异步电动机接三相电源的三根引线中的两根对调，此电动机是否会反转？为什么？

3. 三相异步电动机带动一定的负载运行时，若电源电压降低了此时电动机的转矩、电流及转速有无变化？如何变化？

4. 三相异步电动机正在运行时，转子突然被卡住，这时电动机的电流会如何变化？对电动机有何影响？

5. 三相异步电动机断了一根电源线后，为什么不能起动？而在运行是断了一线，为什么仍能继续转动？这两种情况对电动机产生什么影响？

6. 为什么线绕式异步电动机在转子串电阻起动时，起动电流减少而起动转矩反而增大？

7. 某三相笼型异步电动机的额定数据如下：$P_N=300$ kW，$U_N=380$ V，$I_N=527$ A，$n_N=1\ 450$ r/min，起动电流倍数为 7，起动转矩倍数 $K_M=1.8$，过载能力 $\lambda_m=2.5$，定子△联结。试求：

① 全压起动电流 I_{st}和起动转矩 T_{st}。

② 如果供电电源允许的最大冲击电流为 1 800 A，采用定子串电抗起动，求串入电抗后的起动转矩 T'_{st}，能半载起动吗？

③ 如果采用星三角起动，起动电流降为多少？能带动 1 250 N·m 的负载起动吗？为什么？

④ 为使起动时最大起动电流不超过 1 800 A，起动转矩不小于 1 250 N·m，而采用自耦变压器减压起动。已知起动用自耦变压器抽头分别为 55%、64%、73%三挡，则选择哪一挡

抽头电压？这时对应的起动电流和起动转矩各为多大？

8. 为什么在减压起动的各种方法中，自耦变压器减压起动性能相对最佳？

9. 三相笼型异步电动机定子回路串电阻起动和串电抗起动相比，哪一种较好？为什么？

10. 为什么绕线转子异步电动机转子串合适电阻即能减小起动电流，又能增大起动转矩？

11. 为什么在减压起动的各种方法中，自耦变压器减压起动性能相对最佳？

12. 三相笼型异步电动机定子回路串电阻起动和串电抗起动相比，哪一种较好？为什么？

13. 为什么绕线转子异步电动机转子串合适电阻既能减小起动电流，又能增大起动转矩？

14. 绕线转子异步电动机转子串电抗能改善起动性能吗？

任务三　三相异步电动机制动方式的测试与应用

一、任务分析

若要使三相异步电动机在运行中快速停车、反向或限速，就要进行电磁制动。而电磁制动的特点是产生一个与电动机转向相反的电磁转矩，且希望与起动时的要求相似，即限制了制动电流，增大制动转矩，使拖动系统有较好的制动性能。制动方法有两大类：机械制动和电力制动。本任务主要分析三相异步电动机常见的电气制动方法：能耗制动、反接制动及回馈制动的原理和应用。

二、相关知识

1. 能耗制动

(1) 能耗制动的原理

能耗制动的电路原理图如图 2-17 所示，三相异步电动机定子绕组切断三相交流电源后(1Q 断开)，同时，在定子绕组任意两相上接入直流电源，即接通开关 2Q，从而在电动机内形成一个静止的磁场。在三相交流电源切断后的瞬间，电动机转子由于机械惯性其转速 n 不能突变，而继续维持原方向旋转，因而切割磁力线在转子绕组中感应电动势(方向由右手定则判断)而产生方向相同(略转子漏抗)的电流。根据左手定则可以判断电流再与静止磁场作用产生的电磁转矩 T 是制动性质的，与转速 n 的方向相反，电动机处于制动运行状态，电动机转速迅速下降，直到转速 $n=0$。减速过程结束，电动机将停转，实现了快速制动停车。如果负载是反抗性负载，则电动机转速 $n=0$ 将停车。如果负载是位能性负载，则电动机转速 $n=0$ 时必须立即用机械抱闸，将电动机轴刹住停车。

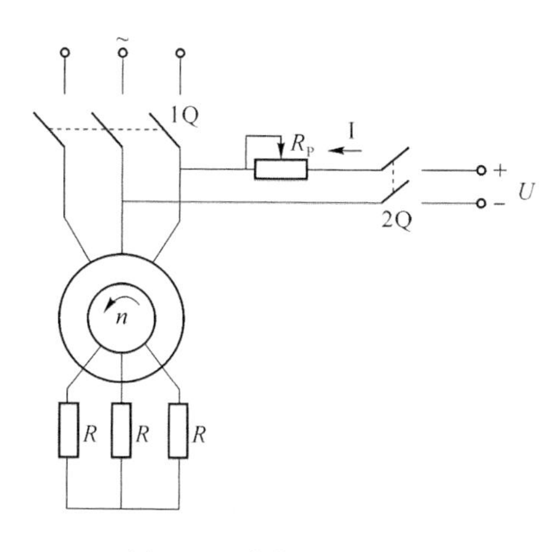

图 2-17 能耗制动接线图

由于制动过程，转轴的机械能转换成电能消耗在转子回路的电阻上，因此，称为能耗制动。

(2) 能耗制动的机械特性

当异步电动机切断三相交流电源，接入直流电源后所产生的磁场的旋转速度为零，所以机械特性由电动状态时的过同步点变成能耗制动的过原点。在能耗制动过程中，由于磁场静止不动，转子对磁场的相对速度就是电动机转速 n，其转差率为

$$s=\frac{n}{n_b}$$

式中：n_b——制动瞬间电动机转速。

当电动机刚制动时，由于惯性，转速来不及变，转速最高 $n\approx n_b$，则 $s=\frac{n}{n_b}\approx 1$；当电动机转速降为零时，则 $s=\frac{0}{n_b}=0$。由此可知，能耗制动就是倒立过来的电动状态时的机械特性(图 2-18)。图中曲线 1、3 为转子串入电阻 $R=0$ 时的特性；曲线 2 转子串入电阻 $R\neq 0$ 时的特性；曲线 4 为电动机运行的固有特性。

(3) 制动过程分析

三相异步电动机工作于电动运行状态时，采用能耗制动停车，电动机的运行点如图 2-19 所示。即 $A\to B\to 0$。改变直流电流的大小而改变制动转矩的大小，从而改变制动时间的大小。

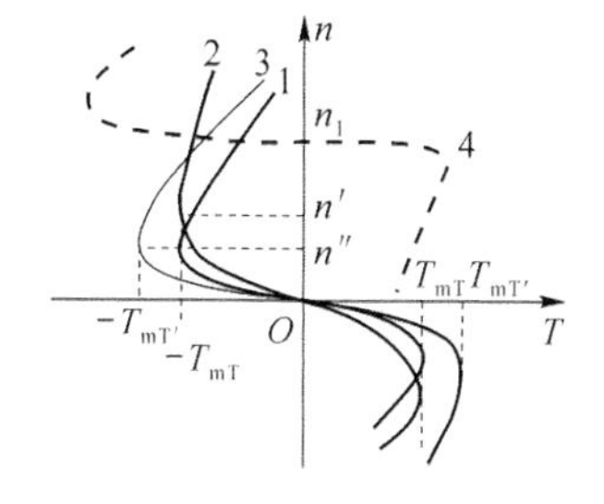

图 2-18 能耗制动的机械特性

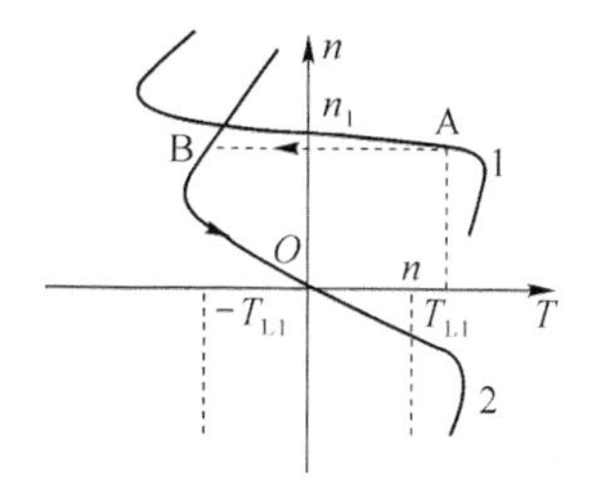

图 2-19 能耗制动过程

能耗制动广泛应用于要求平稳准确停车的场合。也可用于起重机一类带位能性负载的机械限制重物下放的速度，使重物保持匀速下降，只需改变直流电流的大小(调节电位器 R_P)或改变转子回路串电阻 R 值，则可达到目的。

2. 反接制动

三相异步电动机的反接制动分为定子电源反接的反接制动和倒拉反接制动两种。

(1) 定子电源反接的反接制动($n_1<0,n>0,s>1$)

制动原理：三相异步电动机处于正常电动运行，当改变三相电源的相序时，如图 2-20 电路接线图中 KM1 断开，KM2 闭合则改变了电源相序，电动机便进入了反接制动过程。由于电源相序改变，圆形旋转磁场反向，而转子不可能立即改变转向，因而转子感应电动势反向，电流反向，则电磁转矩也反向，电动机处于制动运行状态，电动转速迅速下降，直到转速 $n=0$，电动机将停转，从而实现了快速制动停车。

机械特性：电动机的固有特性如图 2-21 所示的曲线 1。当定子两相反接时，旋转磁场改变方向，则同步转速为 $-n_1$，转差率 $s=\frac{(-n_1-n)}{-n_1}=\frac{(n_1+n)}{n_1}>1$，反接制动机械特性变为曲线 2。对于三相绕线式异步电动机若不在转子回路串入较大的电阻器，转子铜损耗将无法消耗，将导致电动机转子绕组过热而损坏，因此，三相绕线式异步电动机转子回路必须串入大电阻 R，此时，反接制动的机械特性为曲线 3。

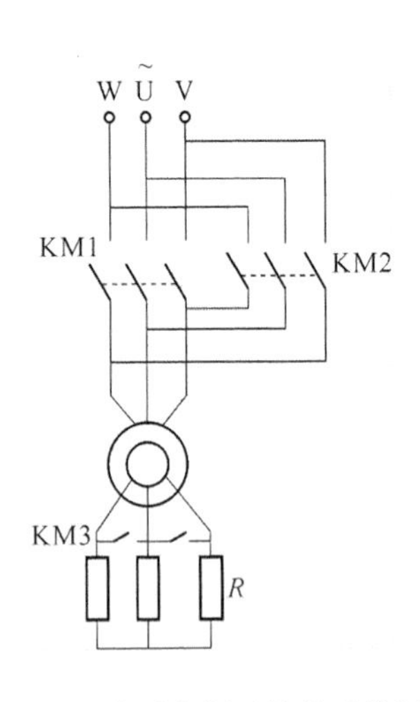

图 2-20　定子电源反接的反接制动

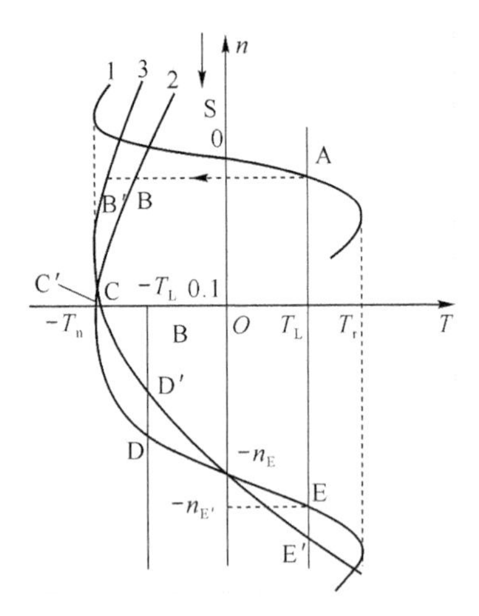

图 2-21　反接制动的机械特性

制动过程：三相绕线式异步电动机工作于电动状态时，KM1 闭合 KM2 断开。当电动机定子电源反接时，KM1 断开 KM2 闭合，同时转子回路串入大电阻，即 KM3 断开，电动机的运行点以 $A\rightarrow B'\rightarrow C'$，使得电动机快速停车。如果电动机拖动较小的反抗性恒转矩负载或位能性恒转矩负载运行，并采用定子电源反接的反接制动停车，那么必须当电动机转速 $n=0$ 时切断电源并停车，否则电动机将反向起动到 D′点。

定子电源反接的反接制动广泛用于要求迅速停车和需要反转的生产机械上，多用于三相绕线式异步电动机中。对于三相鼠笼式异步电动机由于转子回路无法串电阻，则反接制动只能用于不频繁制动的场合。

(2) 倒拉反接制动

倒拉反接制动指三相绕线式异步电动机拖动位能性恒转矩负载时，在转子回路上串入较大电阻，使机械特性变为图 2-22(b)所示的曲线 2，电动机反转运行于第Ⅳ象限的 B 点。曲线 1 为电动机的固有特性。倒拉反接制动适用于位能性恒转矩负载。例如，起重机将重物保持均匀速度下降时，使得位能性负载—重物倒过来拉着电动机反转。图 2-22(a)所示电动机定子电源断开时(即 KM1 断开 KM2 闭和)。工作运行于 A 点，即转数 $n=0$，处于停车状态。电动机按提升方向接通电源(即 KM1 闭和，并在转子回路串入电阻 R，即 KM2 断开)。由于起动转矩 T_{st} 小于负载转矩 T_L，电动机被重物拖着反转，电动机运行点由 A 点加速到 B 点，电磁转矩 $T=T_L$，电动机处于稳定的反接制动运行状态，且电动机以 $-n_B$ 的转速重物匀速下放。

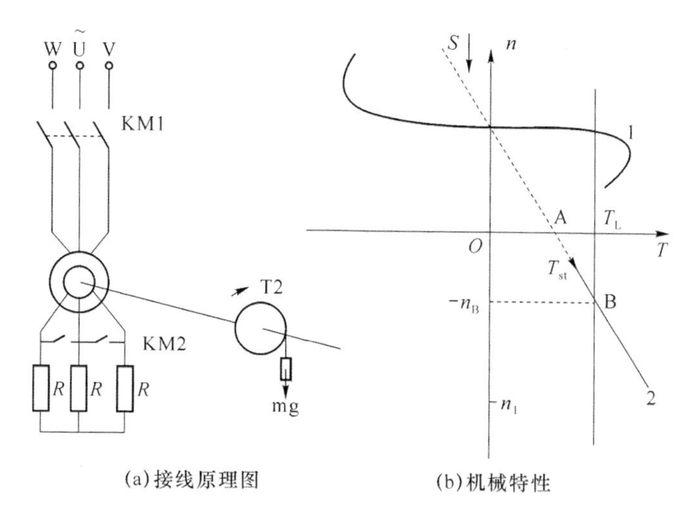

(a)接线原理图 (b)机械特性

图 2-22

三、任务实施

1. 单向运转反接制动控制

① 准备一台小容量三相绕线式异步电动机、三相交流电源及相应低压开头电器，并在其转子回路中接入适当的制动电阻，按直接起动的方式进行接线。经检查确认无误后，方可通电源。

② 按下电源开关，使电动机正常起动。

③ 断开电源，观察电动机自然停车过程。

④ 任意调换电动机两相绕组所接交流电源的相序，观察电动机在制动电阻连接和断开时反接制动的效果(电动机转速降至零时应及时切断电源，否则电动机会反转)。

⑤ 比较电动机自然停车与反接制动的效果。

2. 能耗制动控制

① 准备一台小容量三相笼型异步电动机、三相交流电源、直流电源及相应低压开关电器，并接好线路。调节制动直流电源使直流电流为电动机额定电流的 1.5 倍。

② 按下交流电源开关，使电动机正常起动。

③ 断开交流电源开关，按下直流电源开关，观察电动机能耗制动的效果。改变直流电压大小，观察不同直流电流时的制动效果。但要注意直流电压不要太高，以免损坏电流表和电动机。

四、知识拓展

1. 回馈制动

前面所述反接制动机械特性，如图 2-21 所示曲线 2 或曲线 3。当三相异步电动机拖动位能性恒转矩负载，定子电源接成负相序 W、V、U 时，电动机运行于第Ⅳ象限的 E 点(称为回馈制动运行点)，对应的电磁转矩 $T>0$，转速 $n<0$，且 $|n|>n_1$，则称为反向回馈制动运行。例如，起重机下放重物(图 2-23)，电动机利用回馈制动下放重物时，定子两相反接，这时同步转速由 $n_1\rightarrow -n_1$ 起动转矩为 $-T_{st}$(图 2-21 的 C 点)。由于转矩 $-T_{st}-T_L<0$，则 $\frac{dn}{dt}<0$，电动机将反向加速运行到 E 点。以 $-n_E$ 的转速使重物匀速下放。下放过程中，重物储存的位能不断被电动机定子绕组吸收，并转换成电能“回馈”到电网中。为防止下降转速过快，转子串电阻 R 值不宜太大。

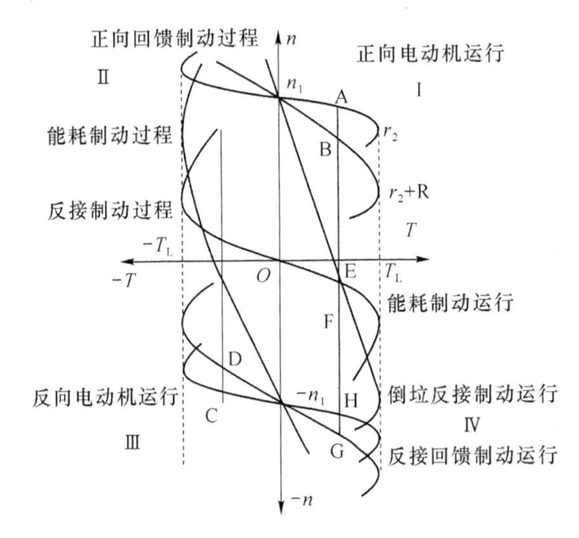

图 2-23　起重机下放重物的回馈制动

同理，正向回馈制动运行是指电动机工作于第Ⅱ象限，且电动机转速 $n>n_1$，转差率 $s=\frac{n_1-n}{n_1}<0$。电动机输入的机械功率 $P_\Omega<0$，电磁功率 $P_{em}<0$，电动机的输入功率 $P_1<0$。即正向回馈制动过程中，转子送出的电磁功率 P_{em}，除了定子绕组上的铜损耗 p_{Cu1} 外，其余的回馈给定子电源了。如变极或变频调速过程，则为正向回馈制动过程。

2. 三相异步电动机的各种运行状态

和直流电动机一样，三相异步电动机按其转矩 T 与转速 n 的方向的异同，可分为电动运行状态和制动运行状态。各种运行状态如图 2-24 所示。

(1) 电动运行状态。当 T 与 n 同方向，机械特性及其稳定运行点在第Ⅰ、Ⅲ象限。若电动机运行于第Ⅰ象限，$T>0$，$n<0$ 称为正向电动状态，其稳定运行点 A、B 称为正向电动运行点；若电动机运行于第Ⅲ象限，$T<0$，$n<0$ 称为反向电动状态，其稳定运行点 C、D 称为反向运行点。在电动状态，电动机通过定子向电网吸收电能，经过转子转换成机械能输出。

(2) 制动运行状态。当 T 与 n 反方向，机械特性及其稳定运行点在第Ⅱ、Ⅳ象限。能耗制动、反接制动、倒拉反接制动和回馈制动点等各种制动运行过程和状态根据上述分析结果绘于图 2-24 中。

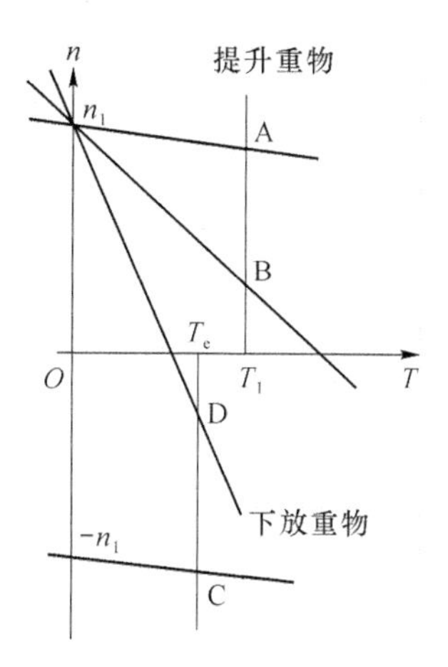

图 2-24 三相异步电动机的各种运行状态

例 2-6 某起重机吊钩由一台绕线式三相异步电动机拖动，电动机额定数据为：$P_N=40\ \text{kW}$，$n_N=1\,464\ \text{r/min}$，$\lambda=2.2$，$r_2=0.06\ \Omega$。电动机的负载转矩 T_L 的情况是：提升重物 $T_L=T_1=261\ \text{N}\cdot\text{m}$，下放重物 $T_L=T_2=208\ \text{N}\cdot\text{m}$。

(1) 提升重物，要求有低速、高速二挡，且高速时转速 n_A 为工作在固有特性上的转速，低速时转速 $n_B=0.25n_A$，工作于转子回路串电阻的特性上。求两挡转速各为多少及转子回路应串入的电阻值。

(2) 下放重物要求有低速、高速二挡，且高速时转速 n_C 为工作在负序电源的固有机械特性上的转速，低速时转速 $n_D=-n_B$，仍然工作于转子回路串电阻的特性上。求两挡转速及转子应串入的电阻值。说明电动机运行在哪种状态。

解：(1) 根据题意画出该电动机运行时相应的机械特性，如图 2-24 所示。点 A、B 是提升重物时的两个工作点。

(2) 计算固有机械特性的有关数据：

额定转差率为

$$S_N=\frac{n_1-n_N}{n_1}=\frac{1\,500-1\,464}{1\,500}=0.024$$

固有机械特性的临界转差率为

$$S_m=S_N(\lambda+\sqrt{\lambda^2-1})=0.024\times(2.2+\sqrt{2.2^2-1})=0.1$$

额定转矩为

$$T_N=9\,550\frac{P_N}{n_N}=9\,550\times\frac{40}{1\,464}\ \text{N}\cdot\text{m}=261\ \text{N}\cdot\text{m}$$

(1) 提升重物转速及转子回路串入电阻的计算

提升重物时负载转矩：

$$T_1=261\ \text{N}\cdot\text{m}=T_N$$

高速为

$$n_A = n_N = 1\,464\ \text{r/min}$$

低速时转子每相串入电阻 R_B 的计算：

低速为

$$n_B = 0.25n_A = 0.25 \times 1\,464\ \text{r/min} = 366\ \text{r/min}$$

低速时 B 点的转差率为

$$S_B = \frac{n_1 - n_B}{n_1} = \frac{1\,500 - 366}{1\,500} = 0.756$$

过 B 点的机械特性的临界转差率为

$$S_{mB} = S_B(\lambda + \sqrt{\lambda^2 - 1})$$

$$= 0.756 \times (2.2 + \sqrt{2.2^2 - 1}) = 3.145$$

低速时每相串入电阻 R_B，则

$$\frac{S_m}{S_{mB}} = \frac{r_2}{r_2 + R_B}$$

$$R_B = \left(\frac{S_{mB}}{S_m} - 1\right) r_2 = \left(\frac{3.145}{0.1} - 1\right) \times 0.06\ \Omega = 1.827\ \Omega$$

(2) 下放重物两挡速度及串入电阻的计算

下放重物时负载转矩

$$T_2 = 208\ \text{N} \cdot \text{m} = 0.8T_N$$

负载转矩为 $0.8T_N$ 在固有机械特性上运行时的转差率为

$$0.8T_N = \frac{2\lambda T_N}{\dfrac{S}{S_m} + \dfrac{S_m}{S}}$$

$$0.8 = \frac{2 \times 2.2}{\dfrac{s}{0.1} + \dfrac{0.1}{s}}$$

$$0.8s^2 - 4.4 \times 0.1s + 0.8 \times 0.1^2 = 0$$

$$s = 0.0\,188\text{(另一解不合理，舍去)}$$

相应转速降落为

$$\Delta n = sn_1 = 0.018 \times 1\,500\ \text{r/min} = 28\ \text{r/min}$$

负相序电源高速下放重物时电动机运行于反向回馈制动运行状态，其转速为

$$n_C = -n_1 - \Delta n = (-1\,500 - 28)\ \text{r/min} = -1\,528\ \text{r/min}$$

低速下放重物电动机运行于倒拉反转状态。低速下放转速为

$$n_D = -n_B = -366\ \text{r/min}$$

相应转差率为

$$S_D = \frac{n_1 - n_D}{n_1} = \frac{1\,500 - (-366)}{1\,500} = 1.244$$

过 D 点的机械特性的临界转差率为

$$S_{mD} = S_D\left[\frac{\lambda T_N}{T_2} + \sqrt{\left(\frac{\lambda T_N}{T_2}\right)^2 - 1}\right]$$

$$= 1.244 \times \left[\frac{2.2}{0.8} + \sqrt{\left(\frac{2.2}{0.8}\right)^2 - 1}\right] = 6.608$$

低速下放重物时转子每相串入电阻值为 R_D，则

$$\frac{S_{mD}}{S_m}=\frac{r_2+R_D}{r_2}$$

$$R_D=\left(\frac{S_{mD}}{S_m}-1\right)r_2=\left(\frac{6.608}{0.1}-1\right)\times 0.06\ \Omega=3.905\ \Omega$$

五、思考与练习

1. 现有一台桥式起重机，其主钩由绕线转子电动机拖动。当轴上负载转矩为额定值的一半时，电动机分别运转在 $s=2.2$ 和 $s=-0.2$，问两种情况各对应于什么运转状态？两种情况下的转速是否相等？从能量损耗的角度看，哪种运转状态比较经济？

2. 在桥式吊车的绕线转子异步电动机转子回路中串联可变电阻，定子绕组按提升方向接通电源，调节可变电阻即能使重物提升又能使重物下降，其中有无矛盾？关键何在？

3. 有一绕线转子异步电动机的有关数据为：$P_N=40$ kW，$U_N=380$ V，$n_N=1\,470$ r/min，$E_{2N}=420$ V，$I_{2N}=62$ A，过载能力 $\lambda_m=2.6$，欲将该电动机用来提升或下放重物，不计 T_0，试求：

① 若要使起动转矩为 $0.7T_N$，转子每相应串入的电阻值。

② 保持①小题所串入的电阻值，当 $T_L=0.4T_N$ 和 $T_L=T_N$ 时，电动机的转速各为多大？各对应于什么运转状态？

③ 定性画出上述的机械特性并点出稳定运行点。

4. 电动机与上题相同，假定电动机原来工作在固有机械特性上，轴上机械负载为 $T_L=0.8T_N$，用电源反接制动使电动机迅速停车，要求瞬时制动转矩为 1.5，问在转子中串接多大的电阻（不计 T_0）。

5. 上题的电动机采用电源反接制动后，定子绕组并不脱离电网，而转子绕组仍保持如上的制动电阻，问负载转矩均为 $0.8T_N$ 的反抗性负载和位能性负载两种情况中，电动机各运转在什么状态？求出相应的转速（不计 T_0）。

6. 上题的电动机用来下放 $T_L=0.9T_N$ 的重物，如果电动机工作在回馈制动状态，运行于固有机械特性上，求下放转速（不计 T_0）。

任务四　三相异步电动机调速的测试与应用

一、任务分析

大量的电力拖动系统都需要调速，直流电动机虽调速方便，性能优良。但价格高、维护复杂。而交流电动机具有价格低廉、结构简单、维护方便、过载能力强等优点。因此研究交流电动机的调速问题很有必要。

三相异步电动机是根据什么原理调速的呢？到底可以采用哪几种调速方法，前面已经

介绍过三相异步电动机转速公式为

$$n=n_1(1-s)=\frac{60f_1}{P}(1-s) \tag{2-11}$$

从上式可见，改变电源频率 f_1、电动机的极对数 P 及转差率 s，均可使电动机在同一负载下达到调速的目的。其中改变转差率的方法中又有改变定子电压、转子电阻、转子转差电动势等几种。

下面分别主要介绍三相异步电动机变极调速、变频调速等方法的基本原理、运行特点、调速性能。

二、相关知识

1. 变极调速

改变电动机的极对数 P，这种调速方法是用改变定子绕组的接线方式来改变笼型电动机定子极对数达到调速目的。

特点如下：具有较硬的机械特性，稳定性良好；无转差损耗，效率高；接线简单、控制方便、价格低；有级调速，级差较大，不能获得平滑调速；可以与调压调速、电磁转差离合器配合使用，获得较高效率的平滑调速特性。本方法适用于不需要无级调速的生产机械，如金属切削机床、升降机、起重设备、风机、水泵等。

(1) Y/YY 变极调速（星/双星）

原三相绕组是Y联结，改变极对数后，仍为Y联结，如图 2-25 所示。

Y（星形）接法：T1、T2、T3 外接三相交流电源，而 T4、T5、T6 断开，极对数为 $2P$，转速为低速 n。

YY（双星形）接法：T4、T5、T6 外接三相交流电源，而 T1、T2、T3 连接在一起极对数为 P，转速为高速 $2n$，从而实现调速。

Y/YY接法的调速方式适用于恒转矩负载。

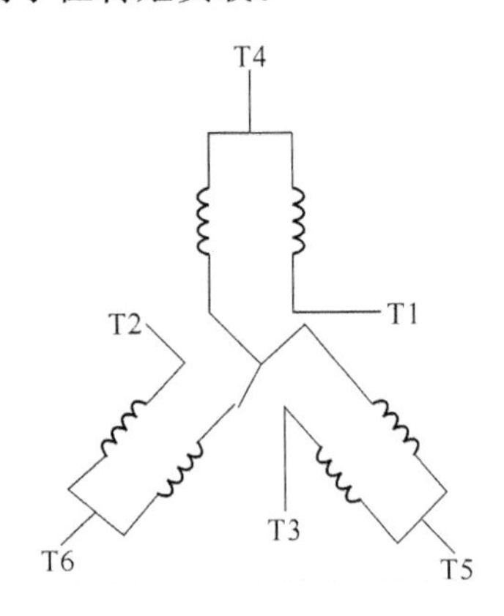

图 2-25　变极调速定子接线图

下面分析改变极对数前后的功率，设变极前后的电源线电压 U_N 通过线圈电流 I_N 都不变，其变极前后的输出功率变化如下：

Y联结：　　$P_{Y}=3\dfrac{U_N}{\sqrt{3}}I_N U_N \eta_Y \cos\varphi_Y=\sqrt{3}U_N I_N \eta_Y \cos\varphi_Y$　　(2-12)

YY联结：　$P_{YY}=3\dfrac{U_N}{\sqrt{3}}2I_N U_N \eta_{YY}\cos\varphi_{YY}=2\sqrt{3}U_N I_N \eta_{YY}\cos\varphi_{YY}$　　(2-13)

假定变极调速前后，效率 η 和功率因数 $\cos\varphi$ 近似不变，则 $P_{YY}=2P_Y$；由于Y联结时的极数是YY联结时的两倍，因此后者的同步速是前者的两倍，因此转速也近似是两倍，即 $n_{YY}=2n_{YY}$，则

$$T_Y=9.55\frac{P_Y}{n_Y}=9.55\frac{2P_Y}{2n_Y}=9.55\frac{P_{YY}}{n_{YY}}=T_{YY} \tag{2-14}$$

可见，从Y联结变成YY联结后，极数减小一半，转速增加一倍，功率增大一倍，而转矩基本上保持不变，属于恒转矩调速方式，适用于拖动起重机、电梯、运输带等恒转矩负载的调速。

(2) △/YY变极调速(三角/双星)

△(三角)接法：如图 2-26 所示，T1、T2、T3 外接三相交流电源，而 T4、T5、T6 断开极对数为 2P，转速为低速 n。

YY(双星)接法：如图 2-26 所示，T4、T5、T6 外接三相交流电源，而 T1、T2、T3 连接在一起极对数为 P，转速为高速 2n，从而实现调速。

△/YY变极调速控制如下：合上电源开关 QS 后，当 KM3 闭合而 KM1、KM2 断开时，电动机定子绕组为△接法，电动机低速。当 KM3 断开，而 KM2、KM1 闭合时，电动机的定子绕组接成YY，电动机高速。具体电路如图 2-27 所示。

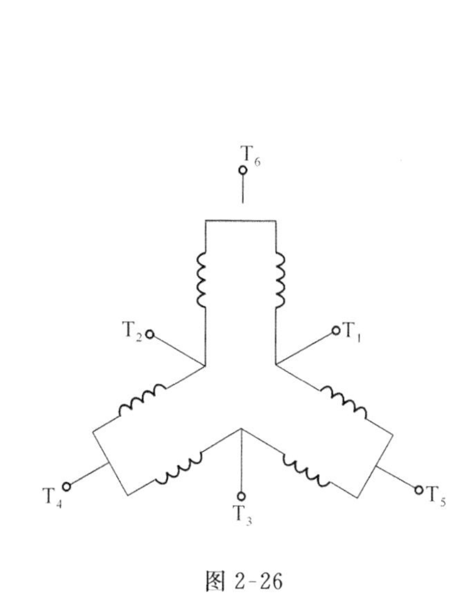

图 2-26

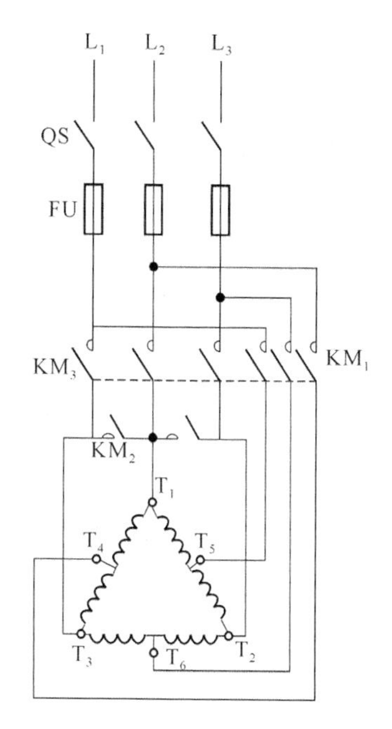

图 2-27

△/YY变级调速机械特性：△/YY接法的调速方式适用于恒功率负载，其机械特性如图 2-28所示。由机械特性知，变极调速时电动机的转速几乎是成倍的变化，因此调速的平滑性差，但是稳定性较好，特别是低速起动转矩大。

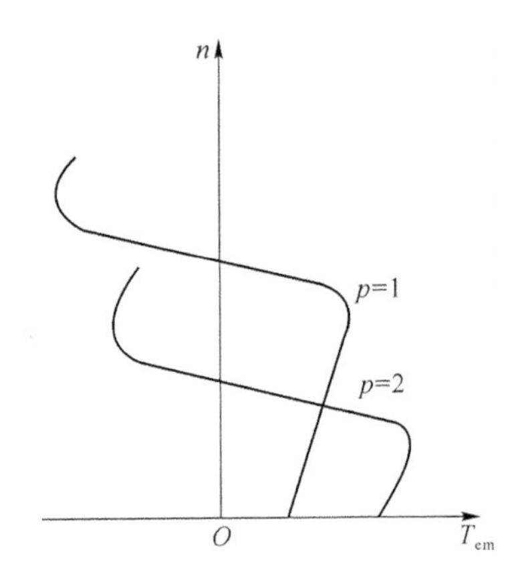

图 2-28

△/YY变极调速与前面的约定一样，电源线电压、线圈电流在变极前后保持不变，效率 η 和功率因数 $\cos\varphi$ 在变极前后近似不变，则输出功率之比为

$$\frac{P_{YY}}{P_{\triangle}}=\frac{2\sqrt{3}U_{N}I_{N}\eta_{YY}\cos\varphi_{YY}}{3U_{N}I_{N}\eta_{\triangle}\cos\varphi_{\triangle}}=\frac{2}{\sqrt{3}}\approx1.15 \tag{2-15}$$

输出转矩之比为

$$\frac{T_{YY}}{T_{\triangle}}=\frac{9.55P_{YY}/n_{YY}}{9.55P_{\triangle}/n_{\triangle}}=\frac{2}{\sqrt{3}}\times\frac{n_{\triangle}}{n_{YY}}=\frac{2}{\sqrt{3}}\times\frac{n_{\triangle}}{2n_{\triangle}}\approx0.577 \tag{2-16}$$

可见从△联结变成YY联结后，极数减半，转速增加一倍，转矩近似减小一半，功率近似保持不变(只增加15%)，因而近似为恒功率调速方式，适用于车床切削等恒功率负载的调速。如粗车时，进刀量大，转速低；精车时，进刀量小，转速高。但两者的功率是近似不变的。

2. 变极调速特点

(1) 具有较硬的机械特性，稳定性良好。

(2) 无转差损耗，效率高。

(3) 接线简单、控制方便、价格低。

(4) 有级调速，级差较大，不能获得平滑调速。

三、任务实施

三相异步电动机通过变频器接入三相交流电源。给电动机带一定的机械负载，选择恒转矩调速，保持 U_1/f_1=常数，调节电源频率，测出各不同频率下电动机相应的转速，做好记录并绘频率及转速的变化曲线。

四、知识拓展

1. 变频调速

变频调速是改变电动机定子电源的频率，从而改变其同步转速的调速方法。变频调速系统主要设备是提供变频电源的变频器，变频器可分成交流-直流-交流变频器和交流-交流变频器两大类，目前国内大都使用交-直-交变频器。其特点：效率高，调速过程中没有附加损耗；应用范围广，可用于笼型异步电动机；调速范围大，特性硬，精度高；技术复杂，造价高，维护检修困难。变频调速方法适用于要求精度高、调速性能较好场合。

（1）变频与调压的配合

为使变频时的主磁通保持不变，应有

$$\frac{U_1}{f_1}=\frac{U_1'}{f_1'}=\text{常数} \tag{2-17}$$

当变频调速时的 f_1 上升，由于 U_1 不能大于额定电压，则只能将 Φ_1 下降，这就影响电动机过载能力，所以变频调速一般在基频向下调速，要求变频电源的输出电压的大小与其频率成正比例地调节。

（2）变频调速的机械特性

在生产实际中，变频调速系统大都用于恒转矩负载，如电梯类负载。在 $\frac{U_1}{f_1}=$ 常数时，对恒转矩负载既能保持变频时主磁通 Φ_1 不变，又可保持过载能力不变（证明从略）。定性分析变频调速机械特性三个特殊点的变化规律。

① 同步点：因 $n_1=\frac{60f_1}{p}$，则 $n_1 \propto f_1$。

② 最大转矩点：因 $\frac{U_1}{f_1}=$ 常数，三相异步电动机最大转矩为

$$T_{\max}=\frac{m_1 p U_1^2}{4\pi f_1(X_1+X_2')}=C\frac{U_1^2}{f_1^2}=\text{常数}$$

因为临界转差率：$s_m \propto \frac{1}{f_1}$，但临界转速降 $\triangle n_m$ 却为 $\triangle n_m=s_m n_1=$ 常数。

③ 起动转矩点：因 $\frac{U_1}{f_1}=$ 常数，三相异步电动机起动转矩 T_{st} 为

$$T_{st}=\frac{m_1 p U_1^2 r_2'}{2\pi f_1[(r_1+r_2')^2+(X_1+X_2')^2]} \propto \frac{1}{f_1}$$

可知起动转矩随频率下降而增加。

（3）恒功率负载变频调速

因为 $P_2=T_N n_N/9.55=\frac{T_N' n_N}{9.55}=$ 常数，所以 $\frac{T_N}{T_N'}=n_N'/n \approx \frac{f_1'}{f_1}$，

整理后可得

$$\frac{U_1}{\sqrt{f_1}}=\frac{U_1'}{\sqrt{f_1'}}=\text{常数} \tag{2-18}$$

由此可见，恒功率负载采用变频调速时，无法使电动机的过载能力 λ_m 和主磁通 Φ_1 同时保持不变。

2. 变频电源简介

实现变频调速的关键是如何获得一个单独向异步电动机供电的经济可靠的变频电源。现有的可控变频电源的种类有变频机组和静止变频装置，而后者又分为交-直-交变频装置和交-交变频装置。

变频机组由直流电动机和交流发电机组成，调节直流电动机的转速就能改变交流发电

机的频率。但由于机组噪声大、效率低、不易维修，故目前广泛采用静止变频电源装置，其由多个晶闸管元件等组成。

交-直-交变频装置，是先将三相工频电源经整流器整流成直流，然后再经逆变器转换成频率与电压均可调节的变频电源。当然，也可以将三相工频电源直接经三相变频器转换成所需频率的交流电压，即交-交变频。这样比交-直-交变频少一道转换手续，损耗小，效率高，但需要更多的晶闸管元件。有关变频电源的详细请参阅有关交流调速的书籍。

变频调速平滑性好，效率高，机械特性硬调速范围宽广，只要控制端电压随频率变化的规律，可以适应不同负载特性的要求。是异步电动机尤为笼型电动机调速的发展方向。

3. 串级调速

串级调速是指绕线式电动机转子回路中串入可调节的附加电势来改变电动机的转差，达到调速的目的。大部分转差功率被串入的附加电势所吸收，再利用产生附加的装置，把吸收的转差功率返回电网或转换能量加以利用。根据转差功率吸收利用方式，串级调速可分为电动机串级调速、机械串级调速及晶闸管串级调速形式，多采用晶闸管串级调速，其特点为：可将调速过程中的转差损耗回馈到电网或生产机械上，效率较高；装置容量与调速范围成正比，投资省，适用于调速范围在额定转速 70%～90%的生产机械上；调速装置故障时可以切换至全速运行，避免停产；晶闸管串级调速功率因数偏低，谐波影响较大。本方法适合于风机、水泵及轧钢机、矿井提升机、挤压机上使用。

4. 绕线式电动机转子串电阻调速

绕线式异步电动机转子串入附加电阻，使电动机的转差率加大，电动机在较低的转速下运行。串入的电阻越大，电动机的转速越低。此方法设备简单，控制方便，但转差功率以发热的形式消耗在电阻上。属有级调速，机械特性较软。

5. 定子调压调速

当改变电动机的定子电压时，可以得到一组不同的机械特性曲线，从而获得不同转速。由于电动机的转矩与电压平方成正比，因此最大转矩下降很多，其调速范围较小，使一般笼型电动机难以应用。为了扩大调速范围，调压调速应采用转子电阻值大的笼型电动机，如专供调压调速用的力矩电动机，或者在绕线式电动机上串联频敏电阻。为了扩大稳定运行范围，当调速在 2∶1 以上的场合应采用反馈控制以达到自动调节转速目的。调压调速的主要装置是一个能提供电压变化的电源，目前常用的调压方式有串联饱和电抗器、自耦变压器以及晶闸管调压等几种。晶闸管调压方式为最佳。调压调速的特点：调压调速线路简单，易实现自动控制；调压过程中转差功率以发热形式消耗在转子电阻中，效率较低。调压调速一般适用于 100 kW 以下的生产机械。

6. 电磁调速电动机调速方法

电磁调速电动机由笼型电动机、电磁转差离合器和直流励磁电源(控制器)三部分组成。直流励磁电源功率较小，通常由单相半波或全波晶闸管整流器组成，改变晶闸管的导通角，可以改变励磁电流的大小。

电磁转差离合器由电枢、磁极和励磁绕组三部分组成。电枢和后者没有机械联系，都能自由转动。电枢与电动机转子同轴联结称主动部分，由电动机带动；磁极用联轴节与负载轴对接称从动部分。当电枢与磁极均为静止时，如励磁绕组通以直流，则沿气隙圆周表面将形成若干对 N、S 极性交替的磁极，其磁通经过电枢。当电枢随拖动电动机旋转时，由于电枢与磁极间相对运动,因而使电枢感应产生涡流,此涡流与磁通相互作用产生转矩,带动有磁极的转子按同一方向旋转,但其转速恒低于电枢的转速 n_1,这是一种转差调速方式,变动转差离合器的直流励磁电流,便可改变离合器的输出转矩和转速。电磁调速电动机的调速特点:装置结构及控制线路简单、运行可靠、维修方便;调速平滑、无级调速;对电网无谐影响;速度失大、效率低。本方法适用于中、小功率,要求平滑动、短时低速运行的生产机械。

7. 液力耦合器调速方法

液力耦合器是一种液力传动装置,一般由泵轮和涡轮组成,它们统称工作轮,放在密封壳体中。壳中充入一定量的工作液体,当泵轮在原动机带动下旋转时,处于其中的液体受叶片推动而旋转,在离心力作用下沿着泵轮外环进入涡轮时,就在同一转向上给涡轮叶片以推力,使其带动生产机械运转。液力耦合器的动力转输能力与壳内相对充液量的大小是一致的。在工作过程中,改变充液率就可以改变耦合器的涡轮转速,做到无级调速,其特点为:功率适应范围大,可满足从几十千瓦至数千千瓦不同功率的需要;结构简单,工作可靠,使用及维修方便,且造价低;尺寸小,能容大;控制调节方便,容易实现自动控制。本方法适用于风机、水泵的调速。功率适应范围大,可满足从几十千瓦至数千千瓦不同功率的需要;结构简单,工作可靠,使用及维修方便,且造价低;尺寸小,能容量大;控制调节方便,容易实现自动控制。本方法适用于风机、水泵的调速。

五、思考与练习

1. 对于绕线转子电动机,为什么采用串级调速比在转子电路中串电阻调速的效率高?
2. 当三相异步电动机采用变频调速时,在额定转速以上及以下通常分别使用何种调速方式?
3. 画出异步电动机的 M-S 曲线,说明不同转差率 S 的电动机特性及与转速 n 之间的关系。
4. 常用的生产机械转矩特性分为哪几类?举例说明。
5. 异步电动机的转速表达式是什么?常用的调速方法有几种?
6. 变极对数调速的原理是什么?画出一个变极对数调速的电路图。
7. 串电阻调速适用什么电动机?结合一个实际调速的例子说明其工作过程。
8. 串级调速的基本原理是什么?
9. 说明滑差电动机调速的原理。它有什么优缺点?

任务五 单相异步电动机的测试与应用

一、任务分析

单相异步电动机是由单相电源供电的。由于单相电动机具有电源方便、结构简单、运行可靠等优点,因此被广泛应用在家用电器、医疗器械、自动控制系统、小型电气设备中。单相异步电动机的结构与三相笼型异步电动机结构相似，但转子只采用笼型，定子只安装单相或两相绕组。

二、相关知识

1. 单相异步电动机的外形与结构

单相异步电动机中，专用电动机占有很大比例，它们的结构各有特点，形式繁多。但就其共性而言，单相电动机的结构都由固定部分(定子)、转动部分(转子)、支撑部分(端盖和轴承)等三大部分组成，具体的结构为机座 、铁心 、绕组、端盖、轴承 、离心开关或起动继电器和 PTC 起动器 、铭牌等。单相异步电动机的外形如图 2-29 所示。

图 2-29

(1) 机座

机座结构随电动机冷却方式、防护型式、安装方式和用途而异。按其材料分类，有铸铁、铸铝和钢板结构等几种。

铸铁机座带有散热筋，机座与端盖联接，用螺栓紧固；铸铝机座一般不带有散热筋；钢板结构机座是由厚为 1.5～2.5 mm 的薄钢板卷制、焊接而成，再焊上钢板冲压件的底脚。有的专用电动机的机座相当特殊，如电冰箱的电动机，它通常与压缩机一起装在一个密封的罐子里。而洗衣机的电动机，包括甩干机的电动机，均无机座，端盖直接固定在定子铁心上。

(2) 铁心

包括定子铁心和转子铁心，作用与三相异步电动机一样，是用来构成电动机的磁路。

(3) 绕组

单相异步电动机定子绕组常做成两相：主绕组(工作绕组)和副绕组(起动绕组)。两种绕组的中轴线错开一定的电角度。目的是为了改善起动性能和运行性能。定子绕组多采用高强度聚脂漆包线绕制。转子绕组一般采用笼型绕组。常用铝压铸而成。

(4) 端盖

相应于不同的机座材料、端盖也有铸铁件、铸铝件和钢板冲压件。

(5) 轴承

轴承有滚珠轴承和含油轴承。

(6) 离心开关或起动继电器和 PTC 起动器

① 离心开关的作用。除了电容运转电动机外，在起动过程中，当转子转速达到同步转

速的 70%左右时，借助于离心开关，切除单相电阻起动异步电动机和电容起动异步电动机的起动绕组，或切除电容起动及运转异步电动机的起动电容器。离心开关一般安装在轴伸端盖的内侧。

② 起动继电器。有些电动机，如电冰箱电动机，由于它与压缩机组装在一起，并放在密封的罐子里，不便于安装离心开关，就用起动继电器代替。继电器的吸铁线圈串联在主绕组回路中，起动时，主绕组电流很大，衔铁动作，使串联在副绕组回路中的动合触点闭合。于是副绕组接通，电动机处于两相绕组运行状态。随着转子转速上升，主绕组电流不断下降，吸引线圈的吸力下降。当到达一定的转速，电磁铁的吸力小于触点的反作用弹簧的拉力，触点被打开，副绕组就脱离电源。

③ PTC 起动器。PTC 起动器是一种新式的启动元件，它是能“通”或“断”的热敏电阻。PTC 热敏电阻是一种新型的半导体元件，可用做延时型起动开关。使用时，将 PTC 元件与电容起动或电阻起动电动机的副绕组串联。在起动初期，因 PTC 热敏电阻尚未发热，阻值很低，副绕组处于通路状态，电动机开始起动。随着时间的推移，电动机的转速不断增加，PTC 元件的温度因本身的焦耳热而上升，当超过居里点 T_c(即电阻急剧增加的温度点)，电阻剧增，副绕组电路相当于断开，但还有一个很小的维持电流，并有 2～3 W 的损耗，使 PTC 元件的温度维持在居里点 T_c 值以上。当电动机停止运行后，PTC 元件温度不断下降，为 2～3 min其电阻值降到 T_c 点以下，这时有可以重新起动，这一时间正好是电冰箱和空调机所规定的两次开机间的停机时间。PTC 起动器的优点：无触点、运行可靠、无噪无电火花，防火、防爆性能好，且耐振动、耐冲击、体积小、重量轻、价格低。

(7) 铭牌

铭牌包括电动机名称、型号、标准编号、制造厂名、出厂编号、额定电压、额定功率、额定电流、额定转速、绕组接法、绝缘等级等。

2. 单相异步电动机的工作原理

单相异步电动机的定子绕组中通入单相交流电后，当电流在正半周及负半周不断交变时，其产生的磁场大小及方向也在不断变化(按正弦规律变化)，但磁场的轴线则沿纵轴方向固定不动，这样的磁场称为脉动磁场。当转子静止不动时转子导体的合成感应电动势和电流为零，合成转矩为零，因此转子没有起动转矩。故单相异步电动机如果不采取一定的措施，单相异步电动机不能自行起动，如果用一个外力使转子转动一下，则转子能沿该方向继续转动下去。

分析图 2-30 绕组结构的单相异步电动机，它是由定子和转子绕组组成。定子有两个绕组，即主绕组和副绕组，它们沿圆周错开一定的空间角(一般是 90°电角度)，因此主、副绕组的电流在时间上有一定的相位差。单相异步电动机的转子为笼式绕组。

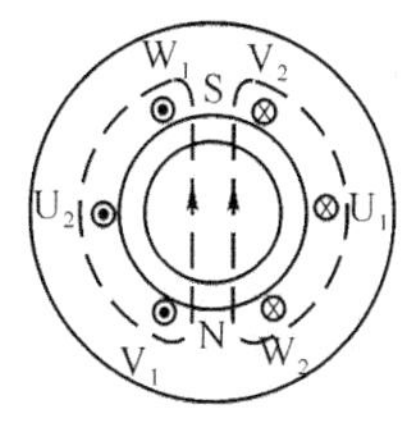

图 2-30

由于主、副绕组的匝数不同，故此它们的磁通势不相等，主绕组和副绕组分布虽能相差 90°电角度，但主、副绕组的电流在时间上有一定的相位差，所以它们的相位差不等于 90°，故运行时，一般产生椭圆形旋转磁场。如单相异步电动机只有主绕组接单相电源时，定子绕组便产生脉振磁场，它可分解成正序旋转磁场和负序旋转磁场，两者均会在转子绕组里感应电动势。笼型转子绕组是自行闭合的，电流均可流通，正、负序磁场各自产生电磁转矩。图 2-31 中 T_+ 表示正序电磁转矩，T_- 表示负序电磁转矩，T 代表合成转矩。在转速为零时，合成转矩为零，即没有起动转矩。因此，只有主绕组接电源不能自行起动。一旦起动后，便有电磁转矩。

为了获得起动转矩，单相异步电动机一般装有副绕组。采取电阻分相或电容分相的办法使主，副绕组中电流有一定的相位差，从而产生起动转矩。单相异步电动机是靠 220 V 单相交流电源供电的一类电动机，它适用于只有单相电源的小型工业设备和家用电器中。在交流电动机中，当定子绕组通过交流电流时，建立了电枢磁动势，它对电动机能量转换和运行性能都有很大影响。所以单相交流绕组通入单相交流产生脉振磁动势，该磁动势可分解为两个幅值相等、转速相反的旋转磁动势和，从而在气隙中建立正传和反转磁场和。这两个旋转磁场切割转子导体，并分别在转子导体中产生感应电动势和感应电流。该电流与磁场相互作用产生正、反电磁转矩。正向电磁转矩企图使转子正转；反向电磁转矩企图使转子反转。这两个转矩叠加起来就是推动电动机转动的合成转矩。

不论是还是不是，它们的大小与转差率的关系和三相异步电动机的情况是一样的。若电动机的转速是，则对正转磁场而言，转差率为

$$s_+ = \frac{n_1 - n}{n_1} \tag{2-19}$$

对反转磁场而言，转差率为

$$s_- = \frac{-n_1 - n}{-n_1} = 2 - s_+ \tag{2-20}$$

因此由 T-s 曲线图 2-31 可知单相异步电动机的主要特点有：

(1) $n=0, s=1, T=T_+ + T_- = 0$，说明单相异步电动机无起动转矩，如不采取其他措施，电动机不能起动。

(2)当 $s \neq 1$ 时，$T \neq 0$，T 无固定方向，它取决于 s 的正、负。

(3)由于反向转矩存在，使合成转矩也随之减小，单相异步电动机的过载能力较低。

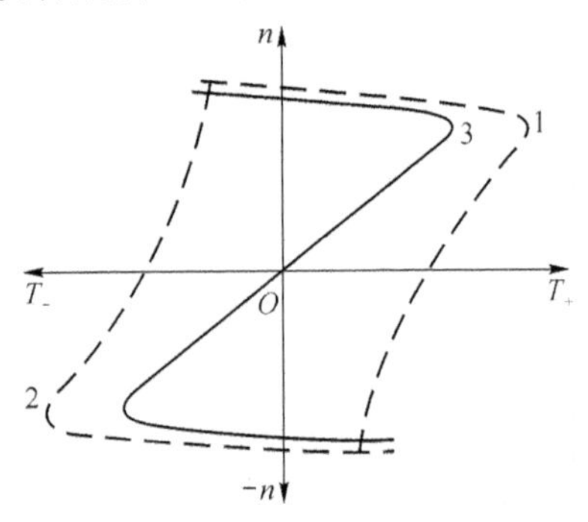

图 2-31

三、任务实施

1. 单相异步电动机常见起动方法

单相异步电动机根据起动方法和运转方式不同主要分为单相电阻起动、单相电容起动、单相电容运转、单相电容起动和运转、单相罩极式等几种类型，而以单相电容起动和运转异

步电动机为最常用。

2. 单相异步电动机常见故障及原因分析

单相异步电动机具有结构简单、成本低廉、噪声小、只需单相交流电源供电等优点，在农村得到广泛应用。在农村，由于电网的供电质量较差、使用不当等原因，单相电动机故障率较高，主要表现为电动机严重发热、转动无力、起动困难、烧熔丝等。单相电容异步电动机常见故障及原因主要有：

故障一：电源正常，通电后电动机不能起动。

原因是：电动机引线断路；主绕组或副绕组开路；离心开关触点合不上；电容器开路；轴承卡住；转子与定子碰擦。

故障二：空载能起动，或借助外力能起动，但起动慢且转向不定。

原因是：副绕组开路；离心开关触点接触不良；起动电容开路或损坏。

故障三：电动机起动后很快发热甚至烧毁绕组。

原因是：主绕组匝间短路或接地；主、副绕组之间短路；起动后离心开关触点断不开；主、副绕组相互接错；定子与转子摩擦。

故障四：电动机转速低，运转无力。

原因是：主绕组匝间轻微短路；运转电容开路或容量降低；轴承太紧；电源电压低。

故障五：烧熔丝。

原因是：绕组严重短路或接地；引出线接地或相碰；电容击穿短路。

故障六：电动机运转时噪声太大。

原因是：绕组漏电；离心开关损坏；轴承损坏或间隙太大；电动机内进入异物。

3. 三相同步电动机的异步起动

① 选配电器元件，并检查元件质量。

② 根据三相同步电动机的异步起动的控制电路图在控制板上合理布置和牢固安装电器元件。

③ 安装电动机。

④ 进行正确接线。

⑤ 接线完毕，采用自检、互检的方式进行检查，有问题时，由指导教师现场指导。

⑥ 检查无误后通电试车。其具体操作如下：

- 根据励磁绕组电阻的阻值调节变阻器 R1 和 R2 的阻值。
- 把变阻器 R1 接入励磁绕组。接通三相同步电动机电源进行异步起动。
- 观察电压表 V 和电流表 A1 的读数变化情况，用转速表测量其转速。
- 当电动机转速接近同步转速时(约 1 425 r/min)，同步电动机励磁绕组加入直流励磁，牵入同步运行，异步起动过程结束。

四、知识拓展

1. 单相异步电动机

单相单绕组异步电动机不能自行起动，要使单相异步电动机像三相异步电动机那样能够自行起动，就必须在起动时建立一个旋转磁场。常用的方法时采用分相式或罩极式。定子通入电流以后，部分磁通穿过短路环，并在其中产生感应电流。短路环中的电流阻碍磁通的变化，致使有短路环部分和没有短路环部分产生的磁通有了相位差，从而形成旋转磁场，使转子转起来。

(1) 单相罩极式单相电动机

单相罩极式单相电动机，按磁极形式的不同分为凸极式和隐极式两种，其中凸极式结构最为常见。下面以凸极式为例，介绍凸极式罩极单相异步电动机，罩极式单相异步电动机的结构如图 2-32 所示。

这种电动机的定、转子铁心用 0.5 mm 的硅钢片叠压而成，定子凸极铁心上安装单相集中绕组，即主绕组。在每个磁极极靴的 1/4～1/3 处开有一个小槽，槽中嵌入短路铜环将小部分极靴罩住。转子均采用笼型转子结构。

当罩极式单相异步电动机的定子绕组通单相交流电流时，将产生一个脉振磁场，其磁通的一部分通过磁极的未罩部分，另一部分磁通穿过短路环通过磁极的罩住部分。由于短路环的作用，穿过短路环中的磁通发生变化时，短路环中会产生感应电动势和电流，根据楞次定律，该电流的作用总是阻碍磁通的变化，造成磁场的中心线发生移动，于是在电动机内部就产生一个旋转磁场，并产生一个起动转矩，电动机的转子在旋转磁场的起动转矩作用下便旋转起来。

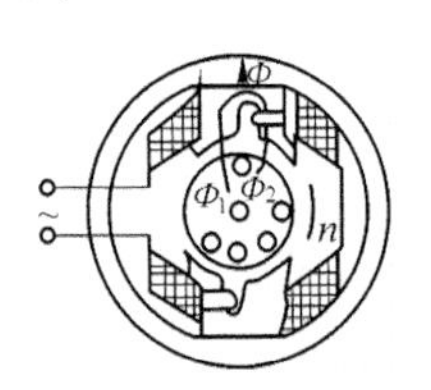

图 2-32　罩极式单相异步电动机的结构图

图 2-32 中电动机的转动方向：顺时针旋转。因为没有短路环部分的磁通比有短路环部分的磁通领先。在磁极一侧开一小槽，用短路铜环罩住磁极的一部分。磁极的磁通 Φ 分为两部分，即 Φ_1 与 Φ_2，当磁通变化时，由于电磁感应作用，在罩极线圈中产生感应电流，其作用是阻止通过罩极部分的磁通的变化，使罩极部分的磁通 Φ_2 在相位上滞后于未罩部分的磁通 Φ_1，这种在空间上相差一定角度，在时间上又有一定相位差的两部分磁通，合成效果与前面所述旋转磁场相似，即产生一个由未罩部分向罩极部分移动的磁场，从而在转子上产生一个起动转矩，使转子转动。

(2) 单相电容起动电动机

单相电容起动电动机是在电动机上安放两相绕组，这两相绕组在空间相位相差 90°电角。起动时开关 S 闭合，使两绕组电流 $\dot{I}_U$、$\dot{I}_V$ 相位差约为 90°，从而产生旋转磁场，电动机转起来；转动正常以后开关 S 断开，启动绕组被切断，电动机投入正常运行。电容分相式电动机原理图如图 2-33 所示。

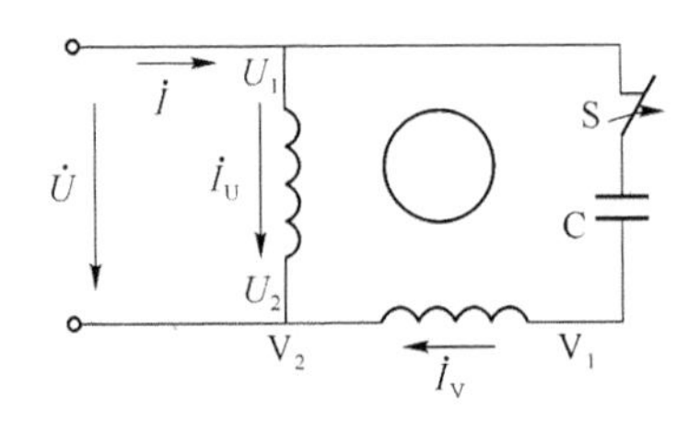

图 2-33

（3）单相异步电动机的特点

单相异步电动机具有结构简单、成本低廉、噪声小、功率小，只需单相交流电源供电等优点，主要制成小型电动机。它的应用非常广泛，如家用电器（洗衣机、电冰箱、电风扇）、电动工具（如手电钻）、医用器械、自动化仪表等。但它比三相异步电动机效率低，体积也大。因而单相电动机只做成小型的，其功率从零点几千瓦到几千瓦。

单相异步电动机起动特点：① 在脉动磁场作用下的单相异步电动机没有起动能力，即起动转矩为零；② 单相异步电动机一旦起动，它能自行加速到稳定运行状态，其旋转方向不固定，完全取决于起动时的旋转方向。

（4）单相异步电动机的分类

① 按起动与运行方式分类。电动机按起动与运行方式可分为电容起动式单相异步电动机、电容运转式单相异步电动机、电容起动运转式单相异步电动机和分相式单相异步电动机。

② 按用途分类。电动机按用途可分为驱动用电动机和控制用电动机。驱动用电动机又分为电动工具用电动机（包括钻孔、抛光、磨光、开槽、切割、扩孔等工具）、家电用电动机（包括洗衣机、电风扇、电冰箱、空调器、录音机、录像机、影碟机、吸尘器、照相机、电吹风、电动剃须刀等）及其他通用小型机械设备用电动机（包括各种小型机床、小型机械、医疗器械、电子仪器等）。

2. 三相同步电动机

在交流电动机中，转子的转速始终保持与同步转速相等的一类电机称为同步电机。按功率转换关系，同步电机主要有三种运行方式，即作为发电机、电动机和补偿机运行。作为发电机运行是同步电机最主要的运行方式，作为电动机运行是同步电机的另一种重要的运行方式。同步电动机的功率因数可以调节，在不要求调速的场合，应用大型同步电动机可以提高运行效率。近年来，小型同步电动机在变频调速系统中开始得到较多地应用。同步电机还可以接于电网作为同步补偿机。这时电机不带任何机械负载，靠调节转子中的励磁电流向电网发出所需的感性或者容性无功功率，以达到改善电网功率因数或者调节电网电压的目的。

（1）三相同步电机的基本结构

同步电机的结构形式有两种，一种是旋转电枢式，即把三相绕组装在转子上，磁极装在定子上；另一种是旋转磁极式，它与前者相反，把磁极装在转子上，三相绕组装在定子上。后一种结构的同步电机，由于磁极装在转子上，其电压和容量常比电枢小得多，所以电刷和集电环的负荷和工作条件就大为减轻和改善，因而广泛用于大、中型同步电机中，已成为同步电机的基本结构形式。

在旋转磁极式中，按照磁极的形状又可分为隐极式和凸极式两种。隐极式的转子上没有明显凸出的磁极，其气隙是均匀的，转子成圆柱形。凸极式的转子上有明显凸出的磁极，气隙不均匀，极弧下气隙较小，极间部分气隙较大。

（2）三相同步发电机的工作原理

同步发电机主要是由定子和转子两部分组成。同步发电机的定子上装有一套在空间上彼此相差 120°电角度的三相对称绕组（图中绕组均画在各相绕组轴线上）；转子磁极（简称主极）上装有励磁绕组，由直流电励磁。当励磁绕组中通有直流电流时，就在气隙中产生恒定的主极磁场。若用原动机拖动发电机转子恒速旋转时，主极产生的恒定磁场就随着转子的转动在气隙中形成旋转磁场。该磁场切割定子三相绕组时，在定子绕组中就会感应出交

变电势。设气隙磁场沿圆周在空间按正弦规律分布，则各相绕组中产生的交变电势也随时间按正弦规律分布，即

$$e=E_m\sin\omega t$$

式中：E_m——绕组相电势的最大值；

ω——交变电势的角频率，$\omega=2\pi f$。其中 f 即为电势的频率，单位为赫。

由于三相绕组在空间彼此互差 120°电角度，因此，定子三相电势大小相等，相位彼此相差 120°电角度。设 U 相的初相角为零，则三相电势的瞬时值为

$$e_u=E_m\sin\omega t$$
$$e_v=E_m\sin(\omega t-120^\circ)$$
$$e_w=E_m\sin(\omega t-240^\circ)$$

这样，在同步发电机的定子绕组中就产生了三相对称电势，若定子绕组接上负载，则同步发电机就会向负载输出三相交流电流，从而将转子上的机械能转换为电能输出。

三相电势的频率可以这样决定：当转子为一对极时，转子旋转一周，绕组中的感应电势就正好交变一次（一个周波）；当电机有 P 对极时，则转子旋转一周，感应电势交变 P 次（即 P 个周波）；设转子每分钟转数为 n，则转子每秒钟旋转 $\frac{n}{60}$ 转，因此感应电动势每秒交变 $\frac{Pn}{60}$ 次，即电势的频率为

$$f=\frac{Pn}{60}$$

从上式可以看出，同步发电机输出电压的频率等于电机的极对数 P 与转子每秒钟转速 $\frac{n}{60}$ 的乘积。我国国家标准规定工业交流电的频率为 50 Hz，因此电机的极对数和转速成反比关系。例如：在汽轮发电机中，如果 $n=3\ 000$ r/min，则电机为一对极；$n=1\ 500$ r/min，电机为两对极。所以电机的转速越低，则极对数越多。

(3) 同步电动机功率因数的调整

与异步电动机相似，同步电动机接至电网运行时，其外接电源电压由定子绕组产生的反电势和内阻抗压降来平衡。当忽略定子绕组电阻时，定子绕组电流将滞后于电抗压降 90°。

电势与外加电压之间的夹角称为同步电动机的功角；电压与电流之间的夹角即为功率因数角。

更深入的分析表明：在外加电压一定，并忽略定子绕组电阻时，同步电动机的电磁功率与反电势和功角的正弦的乘积成正比，即

$$P_{em}=KE_0\sin\theta$$

式中：K——与电机结构和外加电压有关的常数。

下面，我们进一步分析当外加电压一定、电动机的机械负载一定时，同步电动机的无功功率随励磁电流变化的规律。

当同步电动机的负载功率不变时，如果忽略定子绕组的电阻的影响，则电动机的电磁功率、输入功率均为常数，改变励磁电流的大小，可使同步电动机处于正常励磁、过励和欠励三种励磁状态。

同步电动机正常励磁时，定子电流与电压同相，为纯有功电流，同步电动机仅从电网吸取有功功率，电动机表现为电阻性负载。

若在正常励磁的基础上，增大励磁电流，则电动机将处于过励状态，这时 $\dot{I}$ 将超前于 $\dot{U}$，电动机除向电网吸取一定的有功功率外，同时还向电网吸取一定的容性无功功率，电动机表现为电容性负载。

若在正常励磁的基础上，减小励磁电流使电动机处于欠励状态，这时，电流将滞后于电压一个角度，电动机除向电网吸取有功功率外，还向电网吸取一定的感性无功功率，电动机表现为电感性负载。

综上所述可知，改变同步电动机的励磁电流，即可改变其功率因数。正常励磁时，电动机为电阻性负载。功率因数为 1；欠励时，电动机为感性负载，功率因数小于 1，要向电网吸取一定的感性无功功率，这是很不利的，同步电动机一般不允许欠励运行。过励时，电动机为容性负载，向电网吸取一定的容性无功功率，换句话说，即电动机向电网输出感性无功功率，这一点对电网十分有利，因为电网上通常有大量的感性负载，需要吸收大量的感性无功功率，使输电线的电流增大，增加了线路损耗。如果在同一工厂中或附近工厂中，使用了大容量的同步电动机，而且令其在过励状态下工作，则同步电动机能向附近的感性负载提供感性无功功率，使负载所需的感性无功功率不必从发电厂送来，于是减小了输电线的电流，降低了线路损耗，充分发挥了发电机的利用率。

(4) 同步补偿机

同步电动机在过励状态下运行，可以输出感性的无功功率，提高电网的功率因数。根据这一特性，人们专门制造了一种同步电动机，使其在过励状态下运转而不带任何机械负载，用来向电网输出感性无功功率，专门吸收超前的无功电流，用来改善(补偿)电网的功率因数。这种同步电动机就称为同步补偿机，又称同步调相机。由此来看，同步补偿机实际上就是一台在空载情况下运行的同步电动机。它从电网吸收的有功功率仅提供给电机本身的损耗，因此同步补偿机总是在接近于零的电磁功率和零功率因数的情况下运行。

其补偿原理如下：忽略补偿机的全部功耗，过励时，电流 $\dot{I}$ 超前 $\dot{U}90°$，而欠励时，电流 $\dot{I}$ 滞后 $\dot{U}90°$。所以只要调节励磁电流，就能灵活地调节它的无功功率的性质和大小。电网中的负载大部分为感性负载，例如电动机变压器等。当负载变化较大时，功率因数也会发生较大的变化，将在电网中引起较大的电压波动，造成许多设备不能正常工作。如果在用户端接入同步补偿机，在电网感性负载较大引起电网电压下降时，同步补偿机工作在过励状态，提高电网功率因数，维持负载端电压基本不变；在电网轻载时，同步补偿机工作在欠励状态，以抵消电网线路电容效应造成的电压升高。

例 2-7　如何解决同步电动机不能自行起动的问题？

解：由于同步电动机没有起动转矩，所以不能自行起动。这给使用带来极大的不方便。为了解决起动的问题，主要采用两种方法：一种是辅助电动机起动法，这种方法由于需要一台起动用的辅助电动机，设备多，操作复杂，故已基本不采用；另一种是异步起动法。这种方法不需另加设备，操作简单，而在生产中被广泛采用。在同步电动机设计和制造时，在转子上加装一套笼型起动绕组。这样，当同步电动机定子绕组接到电源上时，由起动绕组的作用，产生起动转矩，使电动机能自起动，此过程和异步电动机的起动过程完全一致。一般起动的最终转速达同步转速的 95%左右，然后给同步电动机的励磁绕组通入直流电流，转子即刻自动牵入同步，以同步转速运转。

例 2-8 同步电动机的制动控制是如何实现的？

解：同步电动机的制动均采用能耗制动。制动时，首先切断运转的同步电动机定子绕组的交流电源，然后将定子绕组接入一组外接电阻 R（或频敏变阻器）上，并保持转子励磁绕组的直流励磁。这时，励磁绕组电流产生的恒定磁场，继续随着转子的惯性转动在气隙中形成旋转磁场，该磁场切割定子三相绕组时，在定子绕组中产生感应电动势及电流，该电流在固定磁场作用下产生电磁力矩，此力矩与转子转动方向相反，从而使转子较快的停止转动。同步电动机能耗制动时，将转动的机械能变换成电枢中的电能，最终变为热能消耗在电阻 R 上。

五、思考与练习

1. 叙述单相罩极式异步电动机是否可以用调换电源的两根线端来使电动机反转？为什么？
2. 单相异步电动机主要由哪几部分组成？
3. 简单叙述单相异步电动机的工作原理？
4. 为什么单相异步电动机启动时不采取一定的措施，不能自行起动？一般采用什么措施才能使其旋转？
5. 单相异步电动机由哪几种类型？
6. 单相异步电动机常见的故障有哪些？
7. 单相异步电动机在使用时要注意些什么？
8. 罩极式单相异步电动机的结构？槽中嵌入短路铜环的作用是什么？

项目三 控制电机

任务一　控制电机的控制和应用

一、任务分析

控制电机是指在自动控制系统中传递信息、变换和执行控制信号用的电机。控制电机的电磁过程及所遵循的基本电磁规律，与常规的旋转电机没有本质上的差别，但是控制电机与常规的旋转电机用途不同，性能的指标要求也就不一样。常规的旋转电机主要是在电力拖运系统中，用来完成机电能量的转换，对它们的要求着重于起动和运转状态的力能指标。而控制电机主要是在自动控制系统和计算装置中，完成对机电信号的检测、解算、放大、传递、执行或转换，对它们的要求主要是运行高可靠性、特性参数高精度及对控制信号的快速响应等。

二、相关知识

1. 伺服电动机

伺服电动机在自动控制系统中用作执行元件，又称执行电动机。它将接收到的控制信号转换为转轴的角位移或角速度。改变控制信号的极性和大小，便可改变伺服电动机转向和速度。

自动控制系统对伺服电动机的性能要求可概括为：无自转现象、空载始动电压低、机械特性和调节特性的线性度好、快速响应好。

常用的伺服电动机有两大类：直流伺服电动机和交流伺服电动机。

直流伺服电动机的优点：精确的速度控制，转矩速度特性很硬，原理简单、使用方便，价格优势。缺点：电刷换向，速度限制，附加阻力，产生磨损微粒（对于无尘室）。

交流伺服电动机的优点：良好的速度控制特性，在整个速度区内可实现平滑控制，几乎无振荡，效率可高达 90%以上，不发热，可高速控制，高精确位置控制（取决于何种编码器），额定运行区域内，实现恒力矩，低噪声，没有电刷的磨损，免维护，不产生磨损颗粒，没有火花，适用于无尘间易暴环境。缺点：控制较复杂，驱动器参数需要现场调整 PID 参数整定，需要更多的连线。

(1) 交流伺服电动机

① 交流伺服电动机的结构和基本工作原理。交流伺服电动机定子的构造基本上与电容分相式单相异步电动机相似，如图 3-1 所示。其定子上装有两个位置互差 90°的绕组，一个是励磁绕组 N_f，它始终接在交流电压 U_f 上；另一个是控制绕组 N_C，连接控制信号电压 U_C。所以交流伺服电动机又称两个伺服电动机。

交流伺服电动机的工作原理与单相异步电动机相同。在定子上有两个相空间位移 90°电角度的励磁绕组和控制绕组接一恒定交流电压，利用施加到控制绕组上的交流电压或相位的变化，达到控制电动机运行的目的。但前者的转子电阻比后者大得多，所以伺服电动机与单机异步电动机相比，有三个显著特点：起动转矩大、运行范围较宽、无自转现象。

② 交流伺服电动机的机械特性。交流伺服电动机在不同的控制电压 U_C 下得到的转速 n 转速与控制电压之间的函数关系称为交流伺服电动机的控制特性，它的函数表达式为 $n=f(U)$。其机械特性曲线图如图 3-2 所示。

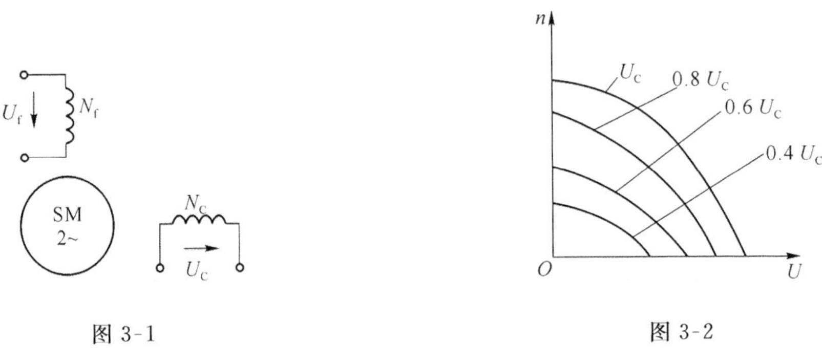

图 3-1　　图 3-2

由图可见，在一定负载转矩下，控制电压越高，转差率越小，电动机的转速就越高，不同的控制电压对应着不同的转速。

③ 交流伺服电动机的控制方法。交流伺服电动机的控制方法有三种：幅值控制、相位控制、幅值一相位控制。

实际生产应用中幅值控制用的最多，下面只讨论幅值控制法。

图 3-3 为幅值控制的接线图，从图中可以看出，两相绕组接于同一单相电源，选择适当电容 C，使 U_f 与 U_C 相角差 90°，改变 R 的大小，即改变控制电压 U_C 的大小，可以得到图 3-2 所示的不同控制电压下的机械特性曲线簇。由图可见，在一定负载转矩下，控制电压越高，转差率越小，电动机的转速就越高，不同的控制电压对应着不同的转速。

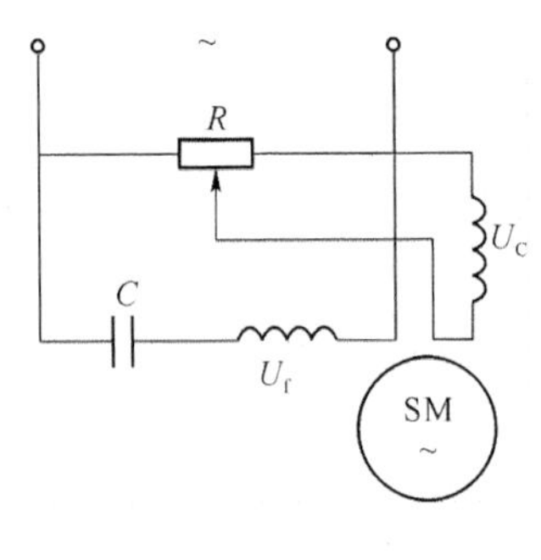

图 3-3

(2) 直流伺服电动机

① 直流伺服电动机的结构和基本工作原理。直流伺服电动机的结构和一般直流电动机一样，只是为了减小转动惯量而做得细长一些。它的励磁绕组和电枢绕组分别由两个独立电源供电。也有永磁式的，即磁极是永久磁铁。通常采用电枢控制，就是励磁电压 U_f 一定，建立的磁通量 Φ 也是定值，而将控制电压 U_C 加在电枢上，其接线图如图 3-4 所示。

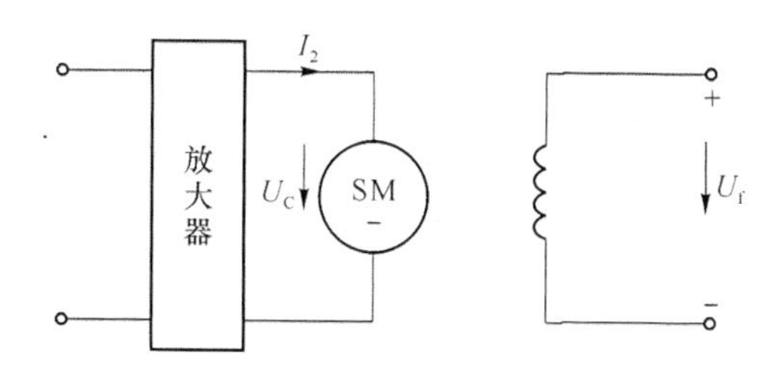

图 3-4

电枢控制方式直流伺服电动机的工作原理：首先在励磁绕组上加恒励磁电压 U_f 后，再将控制电压 U_C 施加于电枢绕组，通电后的伺服电动机绕组便会产生旋转磁场，电枢绕组在旋转磁场中将受到电磁力的作用，电枢绕组在这个力的作用下便旋转起来。改变电枢 U_C 的大小可改变电动机的旋转速度。

② 直流伺服电动机的机械特性。直流伺服电动机的机械特性与他励直流电动机的人为机械特性相似。

$$n=\frac{U_C}{C_e\Phi}-\frac{R_a}{C_eC_T\Phi^2}T$$

可得 $T=f(n)$ 为

$$T=\frac{C_T\Phi U_C}{R_a}-\frac{C_eC_T\Phi^2}{R_a}n$$

式中：C_T——转矩常数；

C_e——电动势常数；

R_a——电枢回路电阻。

直流伺服电动机的磁路一般不饱和，当不计电枢反应的去磁作用时，主磁通 Φ 即由励磁电流决定。此时

$$\Phi\propto I_f\propto U_f \text{ 或 } \Phi=C_\phi U_f$$

图 3-5 是直流伺服电动机在不同的控制电压 U_C 下的机械特性曲线。

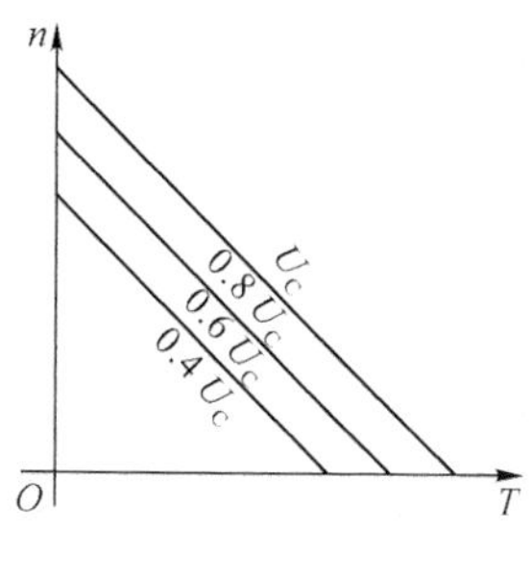

图 3-5

由此可见，在一定负载转矩下，当磁通不变时，如果升高电枢电压，电动机的转速就升高；反之，降低电枢电压，转速就下降；当 $U_C=0$ 时，电动机立即停转。要电动机反转，可改变电枢电压的极性。

2. 测速发电机

测速发电机是一种测速元件，它将输入的机械转速转换为电压信号输出。在自动控制及计算装置中，测速发电机可以为检测元件、阻尼元件、计算元件和角加速信号元件。

按照测速发电机输出信号的不同，可分为直流、交流两大类。

(1) 直流测速发电机

直流测速发电机实际就是一种微型直流发电机，按定子磁极的励磁方式分为电磁式和永磁式。直流测速发电机的工作原理与一般直流发电机相同如图 3-6 所示，在恒定的磁场 Φ_0 中，外部的机械转轴带动电枢以转速 n 旋转，电枢绕组切割磁场从而在电刷间产生感应电动势为

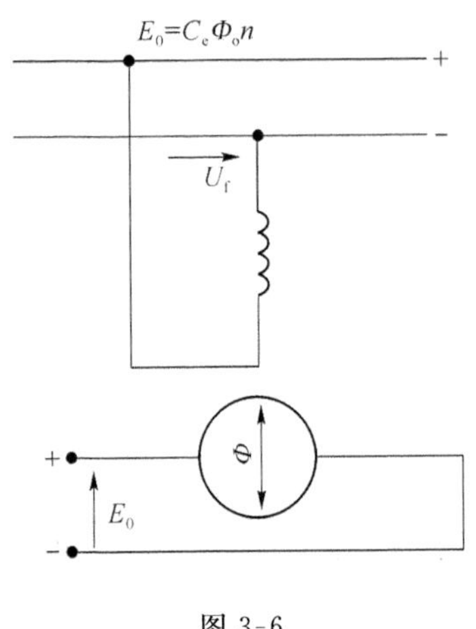

图 3-6

在空载时，直流测速发电机的输出电压就是电枢感应电动势：$U_0=E_0$，输出电压 U_0 与 n 成正比。

测速发电机用途：测速发电机的输出电压与转速成正比，因而可以用做测量转速，故称为测速发电机；如果以转子旋转角度为参变量，则可作为机电微分、积分器。

负载时，直流测速发电机的输出电压将满足下式：

$$U=E_0-I_aR_a$$

式中 R_a——电枢电阻和电刷接触电阻。

电枢电流为

$$I_a=\frac{U}{R_a}$$

由以上三式整理可得

$$U=\frac{C_e\Phi_0}{1+\frac{R_0}{R_L}}n$$

式中 R_L——负载电阻。上式是有负载时直流测速发电机的输出特性方程。

由上式可知，若 C_e 电枢系数和电枢电阻 R_a 和负载电阻 R_L、Φ_0 都能保持常数(即理想状态)，则直流测速发电机在有负载时的输出电压与转速之间仍然是线性关系。但实际上，由于电枢反应及温度变化的影响，输出特性曲线不完全是线性的。同时还可分析出，负载电阻越小和转速越高，输出特性曲线弯曲得越厉害，因此，在精度上要求高的场合，负载电阻必须选得大些，转速也应工作在较低得范围内。

(2) 交流测速发电机

交流同步测速发电机分为永磁式、感应式和脉冲式。交流异步测速发电机的结构与交

流伺服电动机的结构一样。为了提高系统的快速性和灵敏度，减少转动惯量，目前广泛应用的交流异步测速发电机的转子都是空心杯形结构。交流异步测速发电机有空间相差 90°电角度的两相绕组：励磁绕组、输出绕组。

交流异步测速发电机的工作原理：励磁绕组接于恒定的单相交流电源励磁 U_1，输出绕组则输出与转速大小成正比的电压信号 U_2。频率为 f_1 的电压加在励磁绕组以后，励磁绕组中便有励磁电流 I_f，产生直轴脉振磁场。

当转子不动时，励磁绕组产生的磁通在转子绕组上感应电势，产生电流。转子磁势不与输出绕组交链，所以，输出绕组不感应电势，即输出电压为零。

当转子转动以后，杯形转子中除了感应有电动势外，同时杯形转子切割磁通，则在转子中感应产生一个旋转电动势，其方向由右手定则判断。在旋转电动势的作用下，转子绕组中将产生交流电流。

通过分析，交流异步测速发电机输出绕组中感应电动势与转速成正比；感应电动势的频率与励磁电源的频率相同，而与转速的大小无关，使负载阻抗不随转速的变化而变化；在理想状态下，交流异步测速发电机的输出电压也应与转速成正比；若转子反转，则转子中的旋转电动势、电流及其所产生的磁通的相位均随之反相，而输出电压的相位也反相。

交流异步测速发电机的误差主要有：

非线性误差：由于直轴磁通变化使测速发电机产生非线性误差。

剩余电压：实际运行中，转子静止时，测速发电机输出一个较小的电压。

相位误差：由于励磁绕组的漏抗、空心杯转子的漏抗使输出电压与励磁电压的相位不同。

(3) 直流测速发电机与交流测速发电机的性能比较

① 交流测速发电机的主要优点是：不需要电刷和换向器，因而结构简单，维护容易，惯量小，无滑动接触，输出特性稳定，精度高，摩擦转距小，不产生无线电干扰，工作可靠，正、反向旋转时输出特性对称。

其主要的缺点是存在剩余电压和相位误差，且负载大小和性质会影响输出电压的幅值和相位。

② 直流测速发电机的主要优点是：没有相位波动。没有剩余电压，输出特性的斜率比异步测速发电机的大。

其主要的缺点是由于有电刷和换向器，因而结构复杂，维护不便，摩擦转距大，有换向火花，产生无线电干扰信号，输出特性不稳定，且正、反向旋转时，输出特性不对称。

3. 步进电动机

步进电动机是将电脉冲信号转变为角位移或线位移的开环控制元件。在非超载的情况下，电动机的转速、停止的位置只取决于脉冲信号的频率和脉冲数，而不受负载变化的影响，即给电动机加一个脉冲信号，电动机则转过一个步距角。这一线性关系的存在，加上步进电动机只有周期性的误差而无累积误差等特点。使得在速度、位置等控制领域用步进电动机来控制变的非常的简单。

常用的有三种步进电动机：①反应式(磁阻式)步进电动机。反应式步进电动机结构简单，生产成本低，步距角小；但动态性能差。②永磁式步进电动机。永磁式步进电动机出力大，动态性能好；但步距角大。③混合式步进电动机。混合式步进电动机综合了反应式、永磁式步进电动机两者的优点，它的步距角小，出力大，动态性能好，是目前性能最高的步进电动机。它有时也称作永磁感应子式步进电动机。

(1) 反应式步进电动机结构和工作原理

① 结构:步进电动机转子均匀分布着很多小齿,定子齿有三个励磁绕阻,其几何轴线依次分别与转子齿轴线错开,相差 0、1/3t、2/3 t(相邻两转子齿轴线间的距离为齿距以 t 表示),即 U 与齿 1 相对齐,V 与齿 2 向右错开 1/3 t,W 与齿 3 向右错开 2/3 t,U′与齿 1 相对齐,以此类推。图 3-7 是步进电动机定子、转子的展开图。

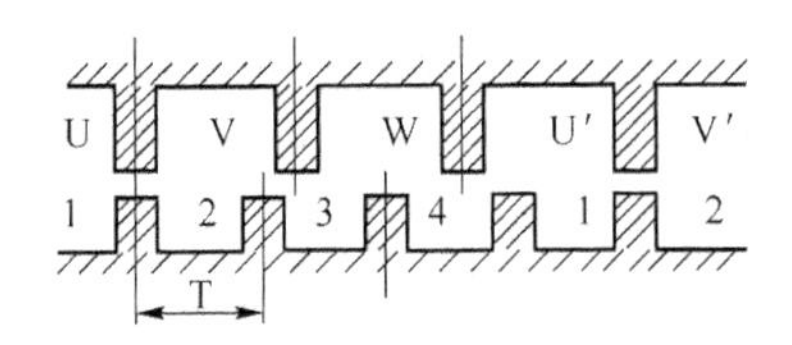

图 3-7

② 工作原理:设 U 相通电,V、W 相不通电时,由于磁场作用,齿 1 与 U 对齐(转子不受任何力,以下均同)。如 V 相通电,U、W 相不通电时,齿 2 应与 V 对齐,此时转子向右移过 1/3 t,此时齿 3 与 W 偏移为 1/3 t,齿 4 与 U 偏移(t－1/3 t)＝2/3 t。

如 W 相通电,U、V 相不通电,齿 3 应与 W 对齐,此时转子又向右移过 1/3 t,此时齿 4 与 U 偏移为 1/3 t 对齐。

如 U 相通电,V、W 相不通电,齿 4 与 U 对齐,转子又向右移过 1/3 t,这样经过 U、V、W、U 分别通电状态,齿 4 移到 U 相,电动机转子向右转过一个齿距,如果不断地按 U、V、W、U……通电,电动机就每步(每脉冲)1/3 t,向右旋转。如按 U、W、V、U……通电,电动机就反转。

控制绕组从一种通电状态变换到另一种通电状态称做“一拍”,每一拍转子转过一个角度,这个角度称做步距角 θ_s。

上述三相依次单相通电方式,称为“三相单三拍运行”,“三拍”是指三次换接通电为一个循环,第四次换接通电重复第一次情况。

由此可见,电动机的位置和速度由导电次数(脉冲数)和频率成一一对应关系。而方向由导电顺序决定。

不过,出于对力矩、平稳、噪声及减少角度等方面考虑。往往采用 U-UV-V-VW-W-WU-U(即“三相六拍”)这种导电状态,这样将原来每步 1/3 t 改变为 1/6 t。甚至于通过二相电流不同的组合,使其 1/3 t 变为 1/12 t,1/24 t,这就是电动机细分驱动的基本理论依据。

不难推出,电动机定子上有 m 相励磁绕阻,其轴线分别与转子齿轴线偏移 $1/m$,$2/m$……$(m-1)/m$,1。并且导电按一定的相序电动机就能正反转被控制——这是步进电动机旋转的物理条件。

(2) 步进电动机的静态指标术语

① 相数:产生不同对极 N、S 磁场的励磁绕组对数。常用 m 表示。

② 拍数:完成一个磁场周期性变化所需脉冲数或导电状态用 N 表示,或指电动机转过一个齿距角所需脉冲数。

③ 步距角:对应一个脉冲信号,电动机转子转过的角位移用 θ_s 表示。$\theta_s=360°/($转子齿数 $z_r\times$运行拍数 $N)$,以三相转子齿为 40 齿电动机为例。三相单三拍运行时步距角为

$\theta_s = 360°/(40 \times 3) = 3°$，三相六拍运行时步距角为 $\theta_s = 360°/(40 \times 3) = 1.5°$。步进电动机的转速为：$n = \frac{60f}{Nz_r}$，与电压和负载无关。

④ 定位转矩：电动机在不通电状态下，电动机转子自身的锁定力矩（由磁场齿形的谐波以及机械误差造成的）。

⑤ 静转矩：电动机在额定静态电作用下，电动机不作旋转运动时，电动机转轴的锁定力矩。此力矩是衡量电动机体积（几何尺寸）的标准，与驱动电压及驱动电源等无关。虽然静转矩与电磁励磁安匝数成正比，与定子转子间的气隙有关，但过分采用减小气隙，增加励磁安匝数来提高静力矩是不可取的，这样会造成电动机的发热及机械噪声。

（3）步进电动机动态指标及术语

① 步距角精度：步进电动机每转过一个步距角的实际值与理论值的误差。用百分比表示：误差/步距角×100%。不同运行拍数其值不同。

② 失步：电动机运转时运转的步数，不等于理论上的步数，称为失步。

③ 失调角：转子齿轴线偏移定子齿轴线的角度，电动机运转必存在失调角，由失调角产生的误差，采用细分驱动是不能解决的。

④ 最大空载起动频率：电动机在某种驱动形式、电压及额定电流下，在不加负载的情况下，能够直接起动的最大频率。

⑤ 最大空载的运行频率：电动机在某种驱动形式，电压及额定电流下，电动机不带负载的最高转速频率。

三、任务实施

1. 交流伺服电动机的特性测定

（1）两相互成 90°电角度电源的构成

实验所需要的两相正弦电源可用下述方法获得：对于三相四线制交流电源，若一相的相电压 $\dot{U}_U$ 供交流伺服电动机的一个绕组，则另外两相的线电压 $\dot{U}_{VW}$ 必与 $\dot{U}_U$ 互差 90°电角度，如图 3-8 所示，$\dot{U}_{VW}$ 可供交流伺服电动机的另一个绕组。

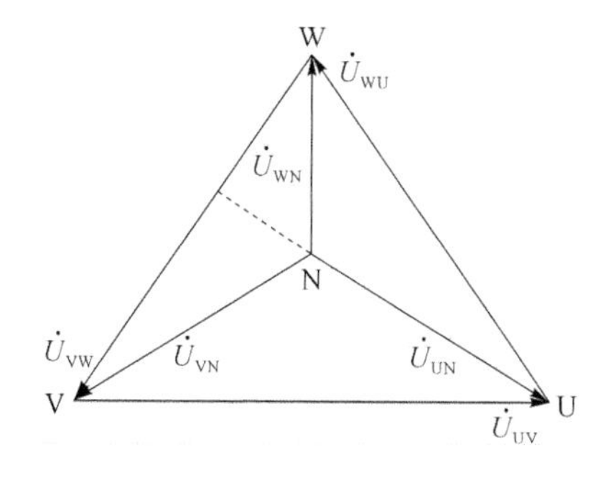

图 3-8 三相电源线电压和相电压的相量关系

（2）当交流伺服电动机空载运转时，迅速将控制绕组两端开路或将调压器输出电压迅速调节至零，观察电动机有无“自转”现象，并比较这两种方法电动机停转速度。将控制电压和相位改变 180°电角度，注意电动机转向有无改变。

(3) 幅值控制按图 3-9 接线。起动三相电源,调节调压器,使 U_f=220 V,再调节单相调压器,同时让电动机不要转动,记录电压 V_2 和弹簧秤 F 读数。

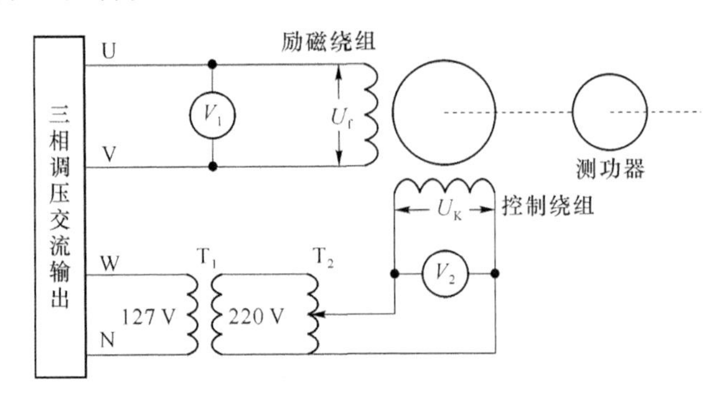

图 3-9　交流伺服电动机幅值控制接线图

(4) 相位控制

按图 3-10 接线。起动三相电源,调节调压器,使 U=220 V,再调节单相调压器,使 V_2 电压为 50 V,同时让电动机不要转动,调节可变电容器的容量,记录电容量和弹簧秤 F 读数。

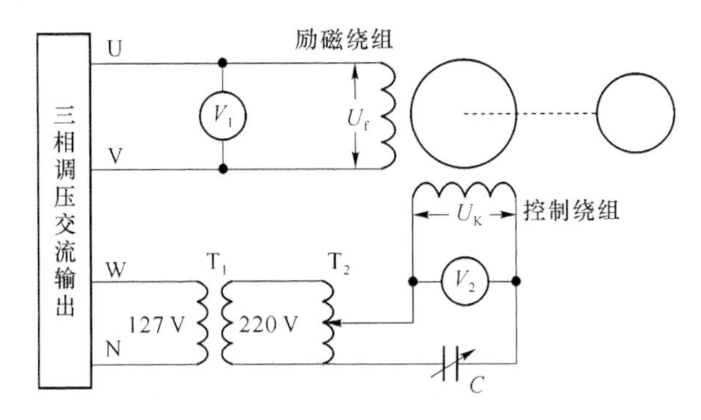

图 3-10　伺服电动机的相位控制

2. 步进电动机特性测定

图 3-11 为步进电动机控制器和步进电动机实验台之间的连线图。

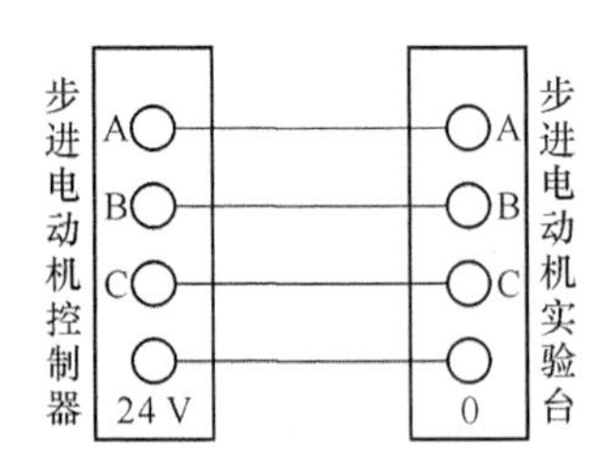

图 3-11　步进电动机实验连线图

(1) 单步运行状态

接通电源,将控制器系统设置于单步运行状态,或复位后,按执行键,步进电动机走一步距角,绕组相应的发光管发亮,再不断按执行键,步进电动机转子也不断步进运动。改变电动机转向,电动机作反向步进运动。

(2) 角位移和脉冲数的关系

控制系统接通电源,设置好预置步数,按执行键,电动机运转,观察并记录电动机偏转角度，再重设置另一置数值，按执行键，观察并记录电动机偏转角度，并利用公式计算电机偏置较大与实际值是否一致。

(3) 空载突跳频率的测定

控制系统置连续运行状态，按执行键，电动机连续运转后，调节速度调节旋钮使频率提高至某频率(自动指示当前频率)。按设置键让步进电动机停转，再从新启动电(按执行键)，观察电动机能否运行正常，如正常，则继续提高频率，直至电动机不失步启动的最高频率，则该频率为步进电动机的空载突跳频率。

(4) 空载最高连续工作频率的测定

步进电动机空载连续运转后，缓慢调节速度调节旋钮使频率提高，仔细观察电动机是否不失步，如不失步，则再缓慢提高频率，直至电动机能连续运转的最高频率，则该频率为步进电动机空载最高连续工作频率。

(5) 转子振动状态的观察

步进电动机空载连续运转后，调节并降低脉冲频率，直至步进电动机声音异常或出现电动机转子来回偏摆即为步进电动机的振荡状态。

(6) 定子绕组中电流和频率的关系

在步进电动机电源的输出端串联一只直流电流表(注意＋、－端)使步进电动机连续运转，由低到高逐渐改变步进电动机的频率，读取并记录六组电流表的平均值、频率值。

(7) 平均转速和脉冲频率的关系

接通电源，将控制系统设置于连续运转状态，再按执行键，电动机连续运转，改变速度调节旋钮，测量频率 f 与对应的转速 n，即 $n=f(f)$。

(8) 矩频特性的测定及最大静力矩特性的测定

置步进电动机为逆时针转向，试验架坐端挂 20N 的弹簧秤，右端挂 30N 的弹簧秤，两秤下端的弦线套在带轮的凹槽内，控制电路工作于连续方式，设定频率后，使步进电动机起动运转，旋转棘轮机构手柄，弹簧秤通过弦线对带轮施加制动力矩，仔细测定对应设定频率的最大输出动态力矩(电动机失步前的力矩)。改变频率，重复上述过程得到一组与频率 f 对应的转矩 T，即为步进电机的矩频特性 $T=f(f)$。

(9) 静力矩特性 $T=f(I)$

关闭电源，控制电路工作于单步运行状态，将可调电阻箱的两只 90 Ω 电阻并接(阻值为 45 Ω，电流 2.6 A)，把可调电阻及一只 5 A 直流电流表串入 A 相绕组回路(注意＋、－端)，把弦线一端串在带轮边缘上的小孔并固定，另一端盘绕皮带轮凹槽几圈后结在 30N 弹簧秤下端的钩子上，弹簧秤的另一端通过弦线与定滑轮、棘轮机构连接。

接通电源，使 U 相绕组通过电流，缓慢旋转手柄，读取并记录弹簧秤的最大值即为对应电流 I 的最大静力矩 T_{max}，改变可调电阻并使阻值逐渐增大，重复上述过程，可得一组电流 I 值及对应 I 值的最大静力矩 T_{max} 值，即为 $T_{max}=f(I)$ 静力矩特性。

3. 直流伺服电动机出现的故障

(1) 过流和过载

在机床上正常使用的电动机突然出现该故障时有以下一些原因：

① 机械负载过大，是机械上原因造成的，在排除故障后对电动机不会有影响，但电动机经常在过流状况下运行，会造成电动机损坏。

② 电动机电刷和其他部分对地短路或绝缘不良。

③ 控制器的输出功率元件和相关部分有故障。

(2) 转矩减小,无力,稍加阻力就有报警

该类故障的原因如下:

① 电动机有退磁可能。

② 电刷接触电阻过大,或接触不良。

③ 电刷弹簧烧坏,压力变小,造成电刷下火花过大。

④ 控制器有故障。

(3) 电动机旋转有噪声或异常声

其原因如下:

① 电动机内有异物或磁体脱开;机械连接部分安装不正确。

② 换向器粗糙或已烧毛。

③ 轴承损坏或其他机械故障。

(4) 电动机旋转时振动

其原因如下:

① 换向器有短路。

② 换向器表面烧坏,高低不平。

③ 油渗入了电刷或在换向器表面粘有油污。

(5) 制动器故障

在垂直轴上使用的电动机大多数都带制动器,制动器出现故障时会使电动机过流、过热和产生其他故障。对带制动器的电动机修理应先使制动器脱开,常用的方法是将电源直接接入制动器线圈,使其脱开,如带机械松开装置的更加方便。有些制动器带整流器,在有故障时要检查一下。

4. 常见的直流伺服电动机故障处理

故障1:机床在使用中有时出现尺寸不准,并有“过流”报警出现。

分析:尺寸不准的原因有间隙过大、导轨无润滑等因素,但有时还出现“过流”,则与电动机有关。用兆欧表测量电动机的绝缘,电动机有短路现象。

处理:拆开电动机检查,发现因电刷磨损过度,碳粉堆积,造成对外壳无规则短路,清除干净并修理后,测量绝缘符合要求,装上后使用正常。

该故障在换向器端面结构并垂直安装时出现的机会较多,电刷过软和换向器表面粗糙极易出现,因此对电动机最好能定时保养,或定时用干净的压缩空气将电刷粉吹去。

故障2:加工中心的 X 轴在移动中有时出现冲击,并发出较大的声响,随即出现驱动报警。

分析:移动时产生振动或冲击是由控制器或电动机引起。检查 X 轴在快速移动时故障频繁,经更换控制板故障仍时有发生,所以确定故障在电动机中。

处理:开始仅将电刷拆开检查,电刷、换向器表面较光滑,因此认为无故障,但装上后开机故障仍有,所以将整个电动机拆开检查,发现在换向器两边部分表面上有被硬擦过的痕迹。仔细查看,认为是因安装不正确造成电刷座与换向器相擦,引起短路,当电动机转速高时引起转速失控。将电刷高起部分锉去,修理换向器上的短路点,故障排除。

故障3:加工中心在使用中出现“误差”报警,经检查驱动器已跳开。查看控制器上有“过流”报警指示。

分析:出现“误差”报警是给旋转指令,但电动机不转,有“过流”报警时,故障大多在电动

机内部。

处理:将电动机电刷拆下检查,发现电刷的弹簧已烧坏,由于电刷的压力不够,引起火花增大,并将换向器上的部分换向片烧伤。弹簧烧坏的原因是因电刷连接片和刷座接触不好,使电流从弹簧上通过发热烧坏。根据故障情况将烧伤的换向器进行车削修理,同时改善电刷与刷座的接触面。按以上处理后试车,但电动机出现抖动现象,再次检查,原来是因车削时方法不对,造成换向器表现粗糙,因此重新修去换向片毛刺和下刻云母片,并经打磨光滑后使用正常。

在对电动机的换向器进行车削修理时要注意方法,一般的原则是光出即可,车削时吃刀深度和进刀量不要过大,进刀量在 0.05～0.1 mm/r 较好,吃刀深度在 0.1 mm 以下,速度采用 250～300 m/r,分几次切削,并使用相应的刀具。换向器的车削修理有一定的限度,大部分单边最多不要超过 2 mm,车掉过多会影响使用性能,最好查看一下所用电动机的说明书。

故障 4:加工中心的转台在回转时有“过流”报警。

分析:有“过流”报警故障先检查电动机,用万用表测量绕组对地电阻已很小,判定是电动机故障。

处理:拆开电动机检查,因冷却水流入,造成短路过流。检查电动机磁体有退磁现象,更换一台电动机后正常。

直流伺服电动机在使用中出现故障是比较多的,大部分在电刷和换向器上,所以,如有条件,进行及时的保养和维护是减少故障的唯一办法。

在对直流伺服电机动进行检查时,测量电流是常用的检查方法,由于使用一般的电流表测量很麻烦,所以最好使用直流钳形表。

四、知识拓展

1. 步进电动机运行特性

(1) 步进电动机静态矩角特性

描述步进电动机静态时电磁转矩 T 与失调角之间关系的特性曲线称为矩角特性,如图 3-12所示。

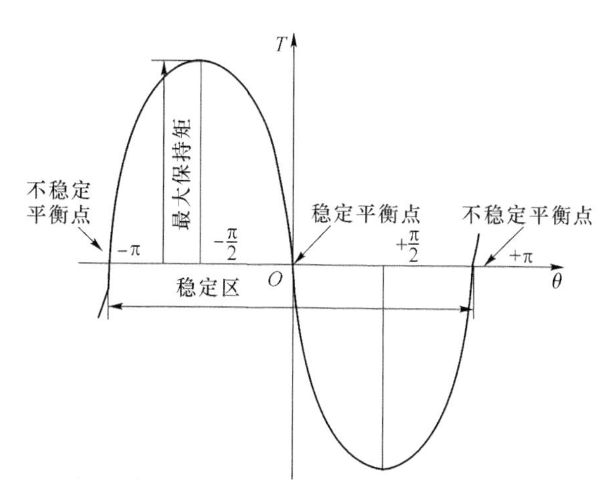

图 3-12　步进电动机矩角特性

（2）最大静态转矩特性

矩角特性上电磁转矩的最大值称为最大静态转矩。它与通电状态及绕组内电流的值有关。在一定通电状态下，最大静转矩与绕组内电流的关系，称为最大静转矩特性。当控制电流很小时，最大静转矩与电流的平方成正比地增大，当电流稍大时，受磁路饱和的影响，最大转矩 T_{max} 上升变缓，电流很大时，曲线趋向饱和，如图 3-13 所示。

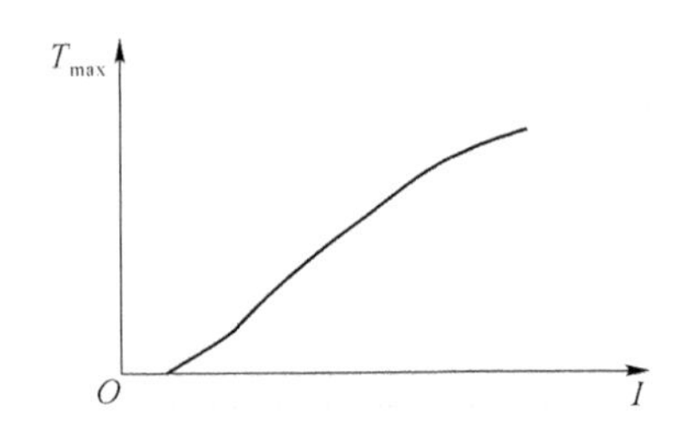

图 3-13　步进电动机最大静转矩特性

（3）步进运行状态时的动特性

开始时，步进电动机的矩角特性为曲线①所示，若电动机空载，则转子稳定在 O_1 点处。加一个脉冲，通电状态改变，矩角特性曲线变成曲线②，转子将稳定在新的稳定点 O_2。若电动机带负载，先假设负载转矩为 T_1，则在初始状态时电动机的稳定位置是曲线①上的 O'_1 点。在改变通电状态的瞬间，转子位置还未来得及改变，而其受到的电磁转矩已是矩角特性曲线②上的 O'_2，如果开始负载转矩相当大，如图中 T_2，则转子起点为曲线①的 O''_1 点。当通电状态改变时，O''_2 为新稳定点运动，T_{max} 为步进电动机的最大静转矩。曲线①和曲线②的交点转矩 T_{st} 是步进电动机能带动的负载转矩极限值，有时称 T_{st} 为步进电动机的起动转矩。在最大静转矩相同的条件下，相数增大时，因曲线的交点 T_{st} 较高，步进电动机带负载能力也相应增大，如图 3-14 所示。

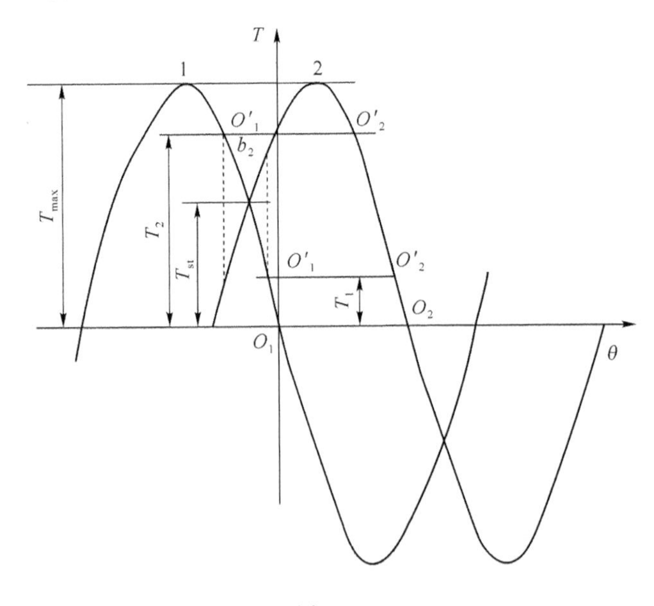

图 3-14

(4) 步进电动机连续运行状态时的动特性

当控制绕组的电脉冲频率增高，相应的时间间隔也减小，以至小于电动机机电过渡过程所需的时间。若电脉冲的间隔小于图 3-15 中的时间 T_1，当脉冲由绕组 A 相切换到 B 相，再切换到 C 相，这时转子从定子 A 极起动，移到定子 B 极，还来不及回转，C 相已经通电，这样转子将继续按原方向转动，形成连续运行状态。实际上，步进电动机大都是在连续运行状态下工作的。在这样运行状态下电动机所产生的转矩称为动态转矩。

如图 3-16 所示，步进电动机的最大动态转矩和脉冲频率的关系，即 $T=f(f)$，称为矩频特性。

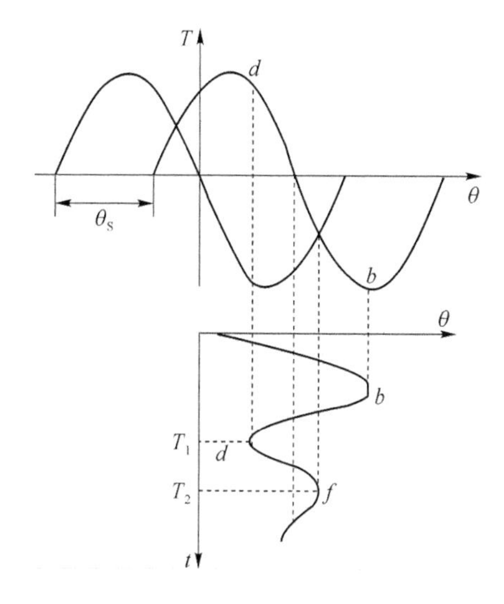

图 3-15 步进电动机转子运动的过渡过程

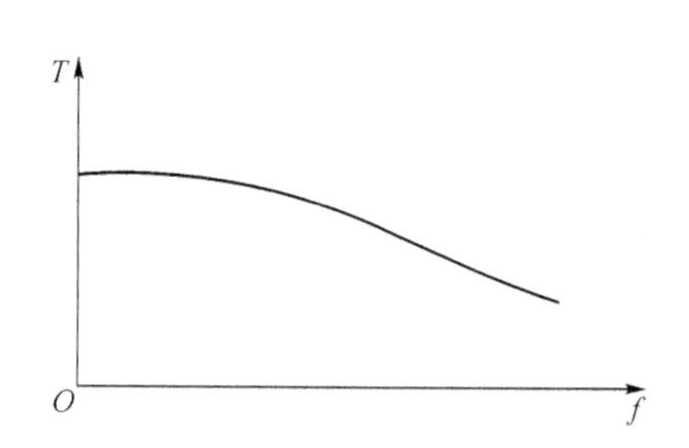

图 3-16 步进电动机矩频特性

2. 步进电动机的选择

步进电动机有步距角(涉及相数)、静转矩及电流三大要素组成。一旦三大要素确定，步进电动机的型号便确定下来了。

(1) 步距角的选择

电动机的步距角取决于负载精度的要求，将负载的最小分辨率(当量)换算到电动机轴上，每个当量电动机应走多少角度(包括减速)。电动机的步距角应等于或小于此角度。

(2) 静力矩的选择

步进电动机的动态力矩一下子很难确定，往往先确定电动机的静力矩。静力矩选择的依据是电动机工作的负载，而负载可分为惯性负载和摩擦负载两种。单一的惯性负载和单一的摩擦负载是不存在的。直接起动时(一般由低速)两种负载均要考虑，加速起动时主要考虑惯性负载，恒速运行进只要考虑摩擦负载。一般情况下，静力矩应为摩擦负载的 2～3 倍，静力矩一旦选定，电动机的机座及长度便能确定下来(几何尺寸)。

(3) 电流的选择

静力矩一样的电动机，由于电流参数不同，其运行特性差别很大，可依据矩频特性曲线图，判断电动机的电流(参考驱动电源、及驱动电压)。

综上所述，选择电动机一般应遵循以下步骤：

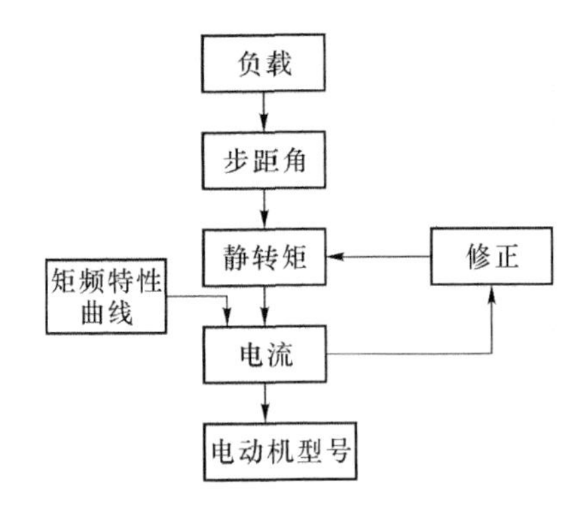

(4) 步进电动机应用中的注意事项

① 步进电动机应用于低速场合—每分钟转速不超过 1 000 转，最好在 1 000～3 000 转间使用。如速度太大，可通过减速装置使其在此间工作，此时电动机工作效率高，噪声低。

② 步进电动机最好不使用整步状态，整步状态时振动大。

③ 由于历史原因，只有标称为 12 V 电压的电动机使用 12 V 外，其他电动机的电压值不是驱动电压伏值，可根据驱动器选择驱动电压(建议：57BYG 采用直流 24V—36V，86BYG 采用直流 50 V，110BYG 采用高于直流 80 V)，当然 12 V 的电压除 12 V 恒压驱动外也可以采用其他驱动电源，不过要考虑温升。

④ 转动惯量大的负载应选择大机座号电动机。

⑤ 电动机在较高速或大惯量负载时，一般不在工作速度起动，而采用逐渐升频提速，一电动机不失步，二可以减少噪声同时可以提高停止的定位精度。

⑥ 高精度时，应通过机械减速、提高电动机速度，或采用高细分数的驱动器来解决，也可以采用 5 相电动机，不过其整个系统的价格较贵，生产厂家少，其被淘汰的说法是外行话。

⑦ 电动机不应在振动区内工作，如若必须可通过改变电压、电流或加一些阻尼的解决。

⑧ 电动机在 600PPS(0.9 度)以下工作，应采用小电流、大电感、低电压来驱动。

⑨ 应遵循先选电动机后选驱动的原则。

五、思考与练习

1. 有一台直流伺服电动机，当电枢控制电压 $U_c=110$ V 时，电枢电流 $I_a=0.05$ A，转速 $n_1=3\,000$ r/min；加负载后，电枢电流 $I_a=1$ A，转速 $n_2=1\,500$ r/min。试做出其机械特性 $n=f(T)$。

2. 一台直流测速发电机，已知 $R_a=180\ \Omega$，$n=3\,000$ r/min，$R_L=2\,000\ \Omega$，$U=50$ V，求该转速下的输出电流和空载输出电压。

3. 有一台交流伺服电动机，若加上额定电压，电源频率为 50 Hz，极对数 $P=1$，试问理想空载转速是多少？

4. 何谓“自转”现象？交流伺服电动机是怎样克服这一现象，使其当控制信号消失时能迅速停止？

5. 有一台直流伺服电动机，电枢控制电压和励磁电压均保持不变，当负载增加时，电动机的控制电流、电磁转矩和转速如何变化？

6. 为什么多数数控机床的进给系统宜采用异步起动？

7. 交流测速发电机在理想的情况下为什么转子不动时没有输出电压？转子转动后，为什么输出电压与转子转速成正比？

8. 直流测速发电机与交流测速发电机各有何优、缺点？

9. 叙述步进电动机的工作原理。什么是步距角？它与哪些因素有关？其转速与哪些因素有关？

10. 常用的步进电动机的性能指标有哪些？其含义是什么？

11. 什么是小惯量直流电动机？什么是大惯量直流电动机？它们的结构和性能各有什么特点？

12. 交流伺服电动机有哪几种控制方法？画出其电路原理图和向量图。

13. 为什么交流伺服电动机当其控制信号消失时能迅速停止，而普通的感应电动机往往不能？

14. 为什么多数数控机床的进给系统宜采用大惯量直流电动机？

15. 数控机床伺服系统对伺服驱动元件有哪些要求？

16. 选用步进电动机注意哪些事项？

项目四 常用低压电器

任务一 接触器的测试与应用

一、任务分析

低压电器通常指工作在交流电压 1 200 V、直流电压 1 500 V 以下的电路中的电气设备。常用的低压控制电器的分类形式有很多，根据低压电器在电路中所起作用的不同，可分为控制电器和保护电器。控制电器主要控制电路的接通或断开，如刀开关、接触器等。保护电器主要的作用是使得电源、设备等不工作在短路或过载等非正常状态，例如热继电器、熔断器等都属于保护电器。

本模块将介绍一些常用的低压电器的原理、功能等知识。

二、相关知识

1. 电磁式低压电器基本知识

(1) 触点

触点是电器的执行部分，起接通和分断电路的作用。应具有良好的导电、导热性能。

触点一般用铜制成，也有些电器如继电器和小容量电器，其触点常采用银质材料，银质触点具有较低的和稳定的接触电阻。

如图 4-1 所示，触点的结构形式有：

① 桥式触点：如图 4-1(a)、(b)所示，两个触点串于同一条电路中，电路的通断由两个触点完成。点接触形式适用于触点压力小，电流不大的情况；面接触形式适用于电流较大的场合。

② 指形触点：如图 4-1(c)所示，触点接通时，压力较大。产生滚动摩擦，有利于消除铜表面因高温而生成的氧化铜厚膜层。这种形式适用于电流大、接触次数多的场合。

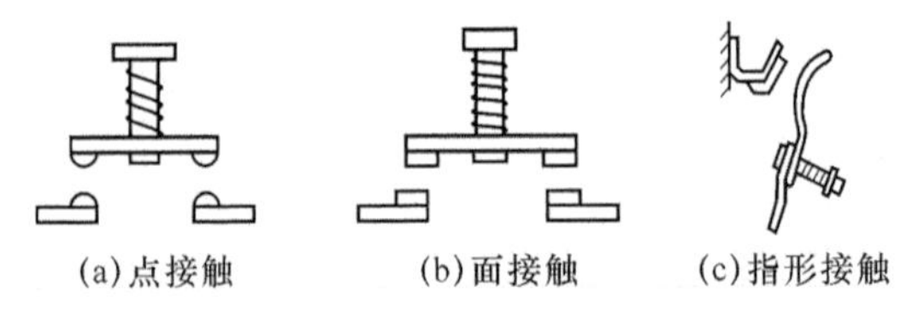

(a)点接触　(b)面接触　(c)指形接触

图 4-1　触点的结构形式

(2) 电弧

开关电器切断电流电路时，触头间电压大于 10 V，电流超过 80 mA 时，触点间会产生蓝色的光柱，即电弧。电弧延长了电路切断的时间；还会烧坏触点，缩短电器的使用寿命；另外形成飞弧会造成电源短路事故。因此要采取适当的措施熄灭电弧。常用的灭弧装置有：

① 磁吹式灭弧装置。其原理如图 4-2 所示。

② 灭弧栅。灭弧栅灭弧原理如图 4-3 所示。

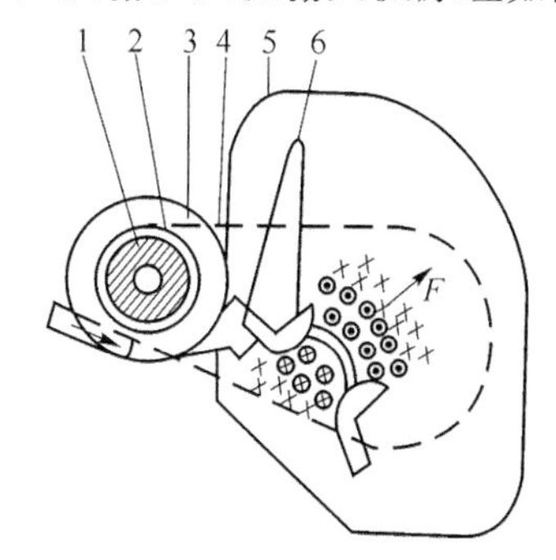

图 4-2 磁吹式灭弧装置

1—铁心；2—绝缘管；3—吹弧线圈；
4—导磁颊片；5—灭弧罩；6—熄弧角

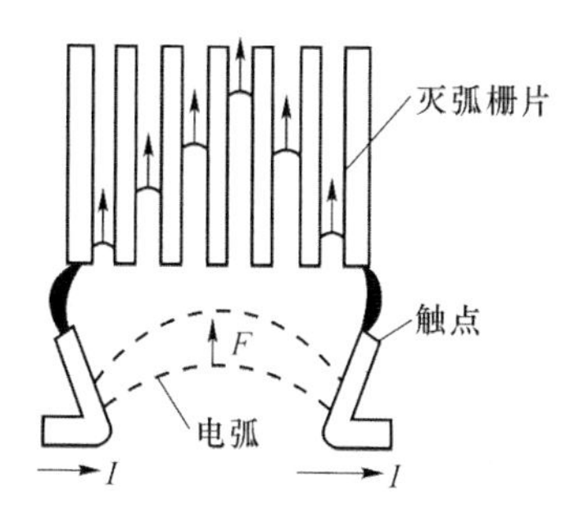

图 4-3 灭弧栅灭弧装置

③ 灭弧罩。比灭弧栅更为简单的是采用一个用陶土和石棉水泥做的耐高温的灭弧罩，用以降温和隔弧。

④ 多断点灭弧。在交流电路中也可采用桥式触点，如图 4-4 所示。

(3) 电磁机构

电磁机构是接触器的主要组成部分之一，它将电磁能转换成机械能，带动触点使之闭合或断开。电磁机构由吸引线圈和磁路两部分组成。磁路包括铁心、衔铁、铁轭和空气隙。当线圈得电后，磁通通过铁心，衔铁受到电磁力作用，朝铁心方向运动。衔铁在受到磁力作用的同时受到弹簧的反作用力，当电磁力大于弹簧反作用力时，衔铁吸合，反之衔铁释放。

在交流电磁机构中，电磁力呈周期性变化时常会产生振动，发出噪声。为了消除这种现象，常在铁心的端部开一个槽，槽内嵌入短路环，如图 4-5 所示。当励磁线圈通入交流电时，铁心有磁通 Φ_1 通过，短路环中有感应电流产生，该电流又产生磁通 Φ_2。这两个磁通不同时为零。使线圈得电时电磁力始终大于弹簧作用力，从而消除振动和噪声。

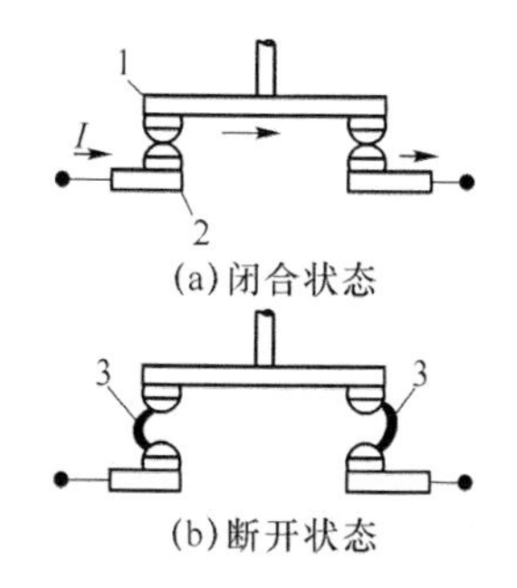

图 4-4 桥式触点

1—动触点；2—静触点；3—电弧

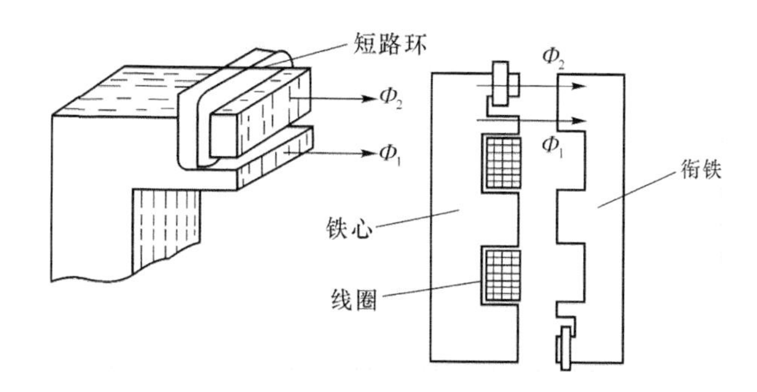

图 4-5 交流电磁铁的短路环

2. 接触器

接触器是一种自动的、电磁式开关，利用电磁力作用下的吸合和反向弹簧力作用下的释放，使触点闭合和分断，从而控制电路的通断。接触器还具有失电压、欠电压保护作用。

接触器的结构较为复杂，主要包括电磁系统、触点系统和灭弧装置。电磁系统由吸引线圈、静铁心和动铁心(也称衔铁)组成。为减小振动和噪声，铁心上装有短路环。

触点系统按动作方式分，有常开与常闭；按所允许的电流大小来分，有主触点和辅助触点之分。

灭弧装置是接触器的重要组成部分，用以减小分断电流时电弧对主触点的伤害，并避免造成相间短路。按其主触点通过电流的种类不同，可分为直流接触器和交流接触器。

(1) 交流接触器

交流接触器常用于远距离接通和分断电压至 660 V、电流至 600 A 的交流电路，以及频繁起动和控制交流电动机的场合。交流接触器的外形如图 4-6 所示。

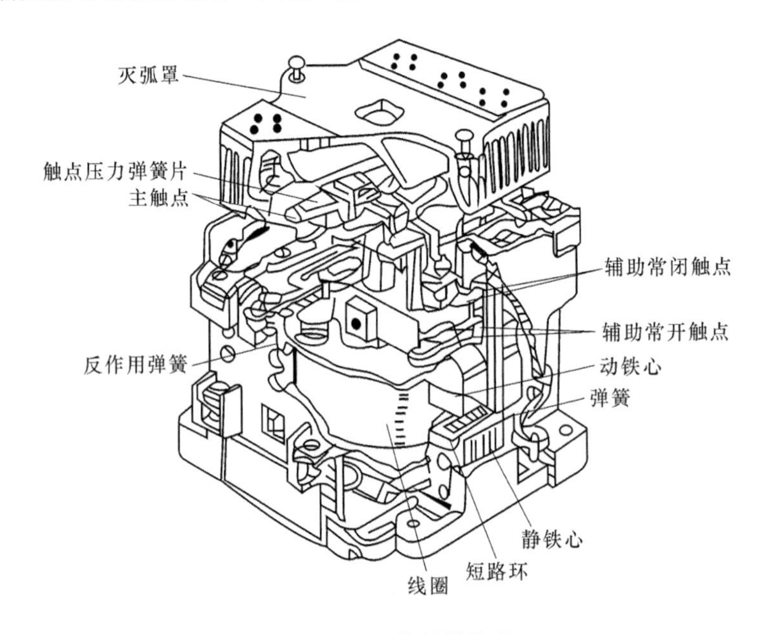

图 4-6　交流接触器外形

交流接触器的结构如图 4-7(a)所示。其工作原理为当给交流接触器的线圈通入交流电时，在铁心上会产生电磁吸力，克服弹簧的反作用力，将衔铁吸合；衔铁的动作带动动触点的运动，使静触点闭合。当电磁线圈失电后，铁心上的电磁吸力消失，衔铁在弹簧的作用下回到原位，各触点也随之回到原始状态。交流接触器的型号有 CJ0、CJ12、CJ20 等系列。C 代表接触器，J 代表交流。

交流接触器的触点分为主触点和辅助触点两种。主触点的接触面较大，允许通过较大的电流；辅助触点的接触面积较小，只能通过较小的电流。主触点通常是三对常开触点，通常接在主电路中；接触器的辅助触点通常是两对常开触点和两对常闭触点，通常接在控制电路中。

接触器的线圈和触点的符号如图 4-7(b)所示。

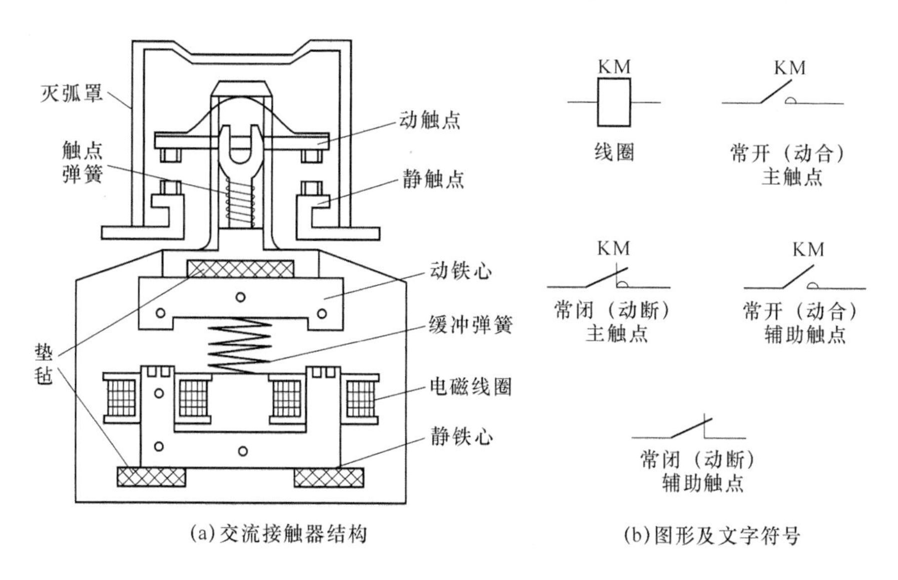

(a)交流接触器结构　　(b)图形及文字符号

图 4-7　交流接触器结构和符号

(2) 直流接触器

直流接触器常用于远距离接通和分断直流电压至 440 V、直流电流至 600 A 的电路，并适用于直流电动机的频繁起、停、反转或反接制动的场合。

图 4-8 为直流接触器的结构原理图。直流接触器的结构和原理与交流接触器基本相同。也是由电磁机构、触点系统和灭弧装置等部分组成。但也有不同之处，电磁机构的铁心中磁通变化不大，故可用整块铸铁做成，其主触点常采用滚动接触的指形触点，通常为一对或两对。由于直流电弧比交流电弧难以熄灭，故在直流接触器中常采用磁吹灭弧装置。直流接触器常用的型号有 CZ0、CZ18 系列。符号与交流接触器一样。

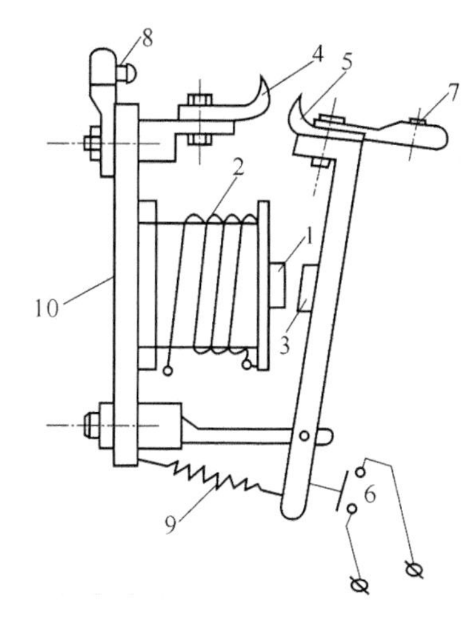

图 4-8　直流接触器的结构原理图

1—铁心；2—线圈；3—衔铁；4—静触点；5—动触点；6—辅助触点；7、8—接线柱；9—反作用弹簧；10—底板

三、任务实施

1. 接触器的选用

接触器的选用，主要考虑以下几个方面：

① 类型的选择。交流负载应选用交流接触器，直流负载应选用直流接触器。如果整个控制系统中直流负载较小、交流负载较大，也可全部选用交流接触器，只是触点的额定电流应大些。

② 主触点的额定电压、额定电流不应小于被控线路的实际电压、电流值。

③ 根据控制回路的电压，合理选择接触器吸引线圈的电压。当两者不相等时，可采用变压器进行变压。

④ 接触器触点的数量、种类应能满足控制电路的要求。

2. 接触器常见故障及修整

触点是接触器的易磨损件，吸合时必须保持压力适当、接触良好。若触点表面有油污、灰尘等，可用汽油进行擦洗；若触点氧化生成绿色氧化铜，应用小刀轻轻括去(注意：不得用砂纸进行打磨)；如若触点表面烧毛，形成坑点，应用小锉或小刀修整毛面，但触点不得磨削过多，也不必锉得过分光滑。当触点发生熔焊或磨损到只剩下原厚度的 1/2～2/3 时，就需要更换触点。

为保证触点接触良好、触点动作灵活，动、静触点间的弹簧必须有合适的初压力和终压力。

压力过大，衔铁不能完全吸合；压力过小，复位性能差。在调整触点压力时，可用纸条凭经验来测定触头的压力，如图 4-9 所示。

将一张比触点稍宽的纸条夹在动触点与支架之间，如图 4-9(a)所示。纸条在弹簧作用下被压紧，这时在动触点上装一弹簧秤，一手拉弹簧秤，一手轻轻拉纸条，当纸条刚可拉出时，弹簧秤的读数即是初压力。

当触点在电器通电吸合后，将纸条夹在动、静触点间，用同样的方法拉弹簧秤和纸条，如图 4-9(b)所示，当纸条可拉出时，弹簧秤的读数即是终压力。正常情况下，若触点额定电流较小，稍微用些力即可拉出；若触点容量较大，纸条被拉出后有撕裂现象。若纸条很易被拉出，说明触点压力不够；若纸条被拉断，说明触点压力太大。

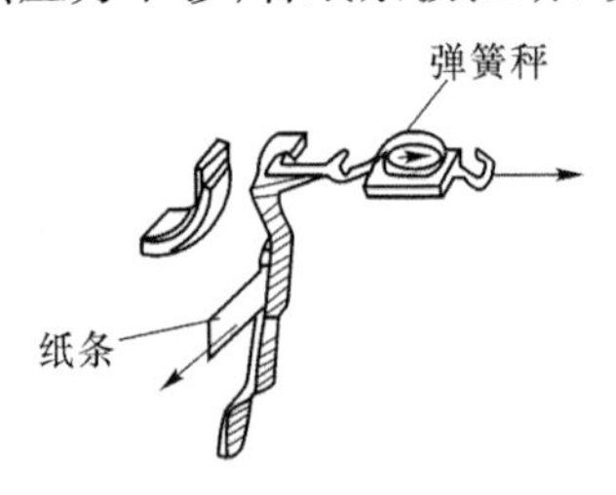

(a)初压力测定

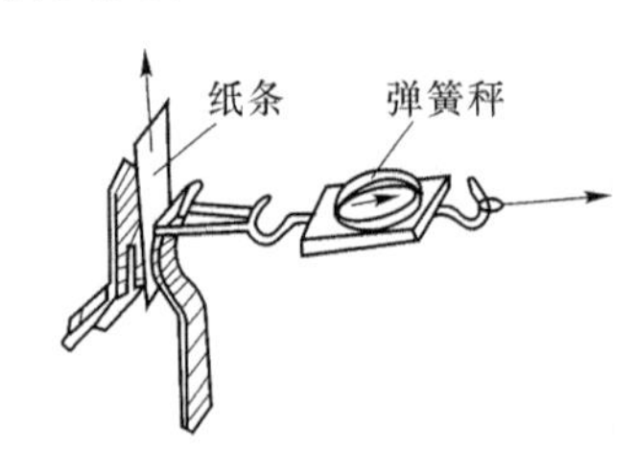

(b)终压力测定

图 4-9　触点压力的测定

触点的初、终压力应符合下式计算值：

$$F_{终} = 22.5 I_N / 100 \text{ (N)} \qquad F_{初} = 0.5 F_{终} \text{ (N)}$$

式中 I_N——触点的额定电流。

接触器工作时，如噪声大，则应检查动、静铁心的接触面是否良好或歪斜，运动部件是否受卡阻使衔铁不能完全吸合，短路环是否损坏，电源电压是否过低，等等。

造成吸引线圈过热的原因有：匝间短路；动、静铁心间因有间隙而不能完全密合；频繁起动等。

四、知识拓展

常用低压电器的形式各异，种类繁多，要一一加以识别并正确使用，需要长期的工作积累。

低压电器的识别除从外形上加以考察外，主要从型号上加之区别。我国目前编制的低压电器产品共12大类，即：转换开关(H)、熔断器(D)、控制器(K)、接触器(C)、启动器(Q)、继电器(J)、主令电器(L)、电阻器(Z)、变压器(B)、调整器(T)、电磁铁(M)和其他类(A)。

低压电器型号的组成形式为：

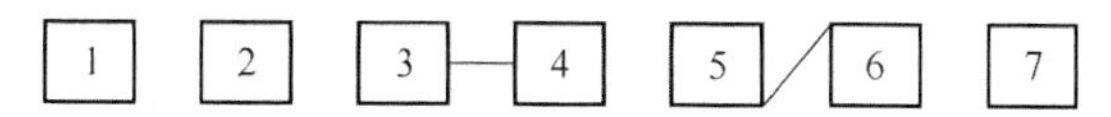

其中，第1项为类组代号，以汉语拼音表示，最多为三个，如转换开关为"H"，交流接触器为"CJ"、主令电器中的按钮为"LA"等。

常见类、组代号及其意义如表4-1所示。

第2项为设计代号，以数字表示，位数不限，如"9"表示船用，"8"表示防爆用，"6"表示农业用等。

第3项为派生代号，以汉语拼音表示，一般不用。

第4项为基本规格代号，以数字表示，位数不限。

第5项为通用派生代号，以汉语拼音表示，如开启式为"K"。

第6项为辅助规格代号，以数字表示。

第7项为特殊环境条件派生代号，以汉语拼音表示，如高原为"G"。下面举例说明。

型号：HK1-30，其中"H"表示开关类，"K"表示开启式(如闸刀开关)，"1"为设计序号，"30"为额定电流(A)。

型号：HH4-60/3，其中第二个"H"表示封闭式(如铁壳开关)，"60"为额定电流(A)，"3"为相数。

型号：HZ10-10/3，其中"Z"表示转换开关(组合开关)，第一个"10"为设计序号，第二个"10"为额定电流(A)，"3"为相数。

型号：DZ5-20/330，其中"DZ"表示自动空气断路器，"5"为设计序号，"20"为额定电流(A)，第一个"3"表示相数，第二个"3"表示脱扣器为复式(0、1、2、3分别表示无、热、电磁、复式脱扣器)，"0"表示无辅助触头("2"表示有辅助触点)。

型号：LA10-2H，其中"L"表示主令电器，"A"表示按钮，"10"为设计序号；"2"表示2对常开、常闭触头，"H"表示结构形式为保护式。

型号：RL1-30/20，其中"R"表示熔断器，"L"表示螺旋式，"1"为设计序号，"30"为熔断器额定电流(A)；"20"为熔断体额定电流。

型号:CJ10-60,其中“C”表示接触器,”J”表示交流,“60”为主触点额定电流。

各种型号电器的详细参数可从“电工手册“或其他技术资料中查得。

表 4-1　常见低压电器型号的类、组代号及意义(选)

类代号＼组代号	A	C	D	H	J	K	L	M	S	U	W	X	Y	Z
转换开关 H			刀开关	负荷开关		开启式							其他	组合式
熔断器 R		插入式		汇流排式			螺旋式	密封管式	快速式			限流式	其他	
断路器 D							照明	灭磁	快速式		框架式	限流	其他	型壳式
接触器 C					交流				时间				其他	直流
继电器 J							电流		时间		温度		其他	中间
主令电器 L	按钮					控制器			主令开关	旋钮	万能转换	行程开关	其他	

五、思考与练习

1. 电弧有何危害?低压电器的主要灭弧方法有哪些?

2. 接触器是如何工作的?

3. 接触器选用的原则是什么?

4. 接触器除具有接通和断开电路的功能外,还具有哪些保护功能?

5. 交流接触器噪声大的原因是什么?如何修整?

6. 接触器的常见故障现象有哪些?是何原因?如何排除?

7. 什么样的电磁机构要用短路环?为什么?

8. 常用的灭弧装置有哪些?

9. 接触器的用途是什么?分几种类型?有哪几部分组成?

10. 交流接触器铁心上的短路环起什么作用?

11. 交流电磁线圈误接入直流电源或者直流电磁线圈误接入交流电源,分别会发生什么问题?为什么?

任务二　继电器的测试与应用

一、任务分析

继电器是一种根据外来电信号使其触点闭合或断开，从而接通或断开电路，以实现对电路的控制和保护作用的自动切换电器。继电器一般不直接控制主电路，其反映的是控制信号。继电器的种类很多，根据用途可分为控制继电器和保护继电器；根据反映的不同信号可分为电压继电器、电流继电器、中间继电器、时间继电器、热继电器、速度继电器、温度继电器和压力继电器等。现介绍其中的几种。

二、相关知识

使继电器动作的信号可以是各种电的或者非电的物理量，例如电压、电流、时间、温度、速度、压力等。继电器的触点容量很小，一般只能接在控制电路中，不能接在主电路中，这是继电器和接触器的主要区别。

1. 热继电器

热继电器是利用发热元件感受到的热量而动作的一种保护继电器，主要对电动机实现过载保护、断相保护、电流不平衡运行保护等。

（1）热继电器的结构与工作原理

热继电器的工作原理示意图如图 4-10(a)所示。热继电器的发热元件(电阻丝)绕在具有不同热胀系数的双金属片上，下层金属热胀系数大，上层的热胀系数小。当主电路中电流超过容许值而使双金属片受热时，双金属片的自由端便向上弯曲与扣板脱离接触，扣板在弹簧的拉力下将常闭触点断开。触点是接在电动机的控制电路中的，控制电路断开便使接触器的线圈失电，从而断开电动机的主电路，达到保护的目的。热继电器的型号有 JR0、JR15、JR20 等系列。

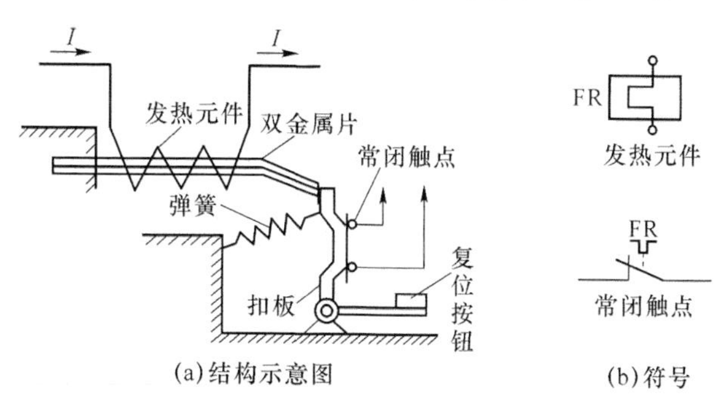

图 4-10　热继电器

（2）符号：符号如图 4-10(b)所示。

2. 时间继电器

时间继电器是在感受到外界信号后，其执行部分需要延迟一定时间才动作的一种继电器。时间继电器按延时方式可分为通电延时和断电延时两种。其型号为 JS23、JS11、JS18、JS20 等系列。按工作原理分类有电磁式、电动式、电子式和空气阻尼式等。

(1) 时间继电器的结构与工作原理

图 4-11 为空气阻尼式时间继电器的结构原理图。如图 4-11(a)所示当线圈通得后，将动铁心和与之固定在一起的推板吸下压合微动开关 16(也称瞬时开关)的常闭触点瞬时断开，常开触点瞬时闭合。同时活塞杆失去推板的支持，在释放弹簧的作用下向下移动。而与活塞杆相连的橡皮膜跟着下移时受到空气的阻尼作用，经过一定时间的延时后活塞杆才能移到最下端，这时杠杆压动微动开关 15(也称延时开关)，使其动断触点断开，动合触点闭合，起到通电延时的作用。线圈失电后，电磁力消失，衔铁依靠恢复弹簧的作用而复原。微动开关的各对触点瞬时复位。它有两对延时触点：一对延时断开的常闭触点；一对延时闭合的常开触点；还有两对瞬时触点：一对常闭触点；一对常开触点。这是通电延时型时间继电器。

只要改变电磁机构的安装方向，就可以得到断电延时型时间继电器如图 4-11(b)所示。它有两对延时触点：一对延时闭合的常闭触点；一对延时断开的常开触点；还有两对瞬时触点：一对常闭触点；一对常开触点。

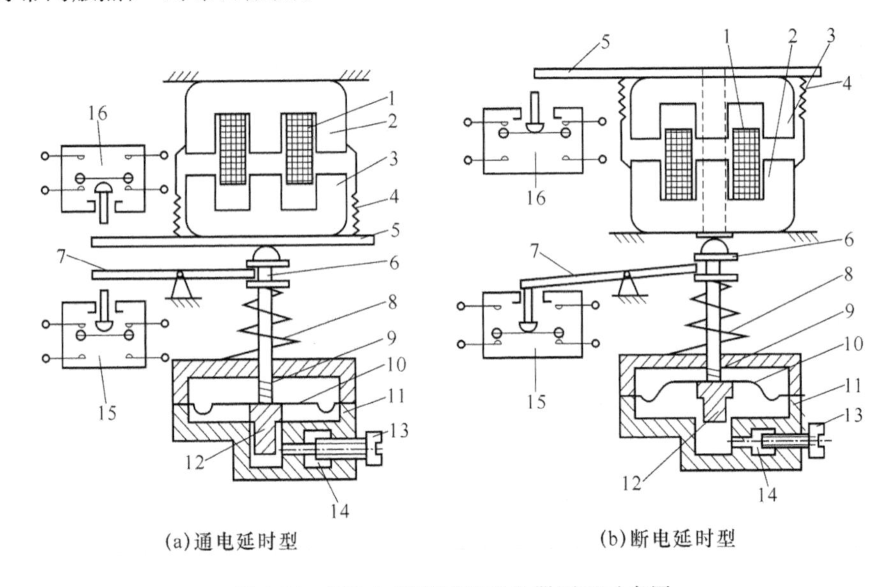

图 4-11 JS7-A 系列时间继电器原理示意图

1—线圈；2—铁心；3—衔铁；4—反力弹簧；5—推板；6—活塞杆；7—杠杆；8—塔形弹簧；9—弱弹簧；10—橡皮膜；11—空气室壁；12—活塞；13—调节螺杆；14—进气孔；15、16—微动开关

(2) 符号：时间继电器的符号如图 4-12 所示。

3. 速度继电器

速度继电器也称转速继电器。它是一种用来反映转速和转向变化的继电器。它的工作方式是依靠电动机转速的快慢作为输入信号，通过触点的动作信号传递给接触器，再通过接触器实现对电动机的控制。它主要用于反接制动电路中。

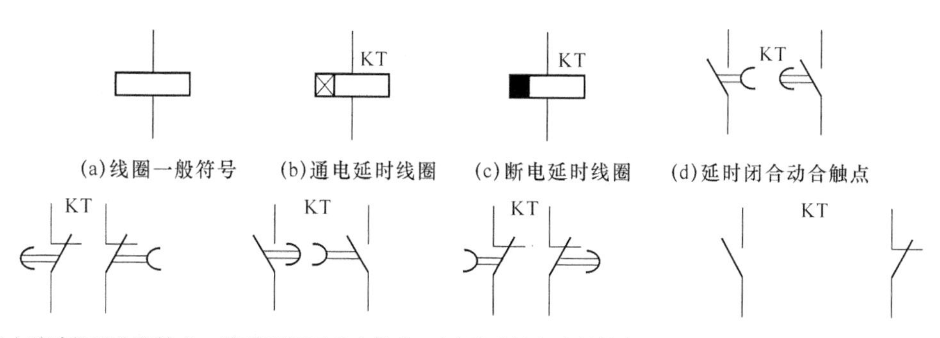

(a)线圈一般符号　(b)通电延时线圈　(c)断电延时线圈　(d)延时闭合动合触点

(e)延时断开动断触点　(f)延时断开动合触点　(g)延时闭合动断触点　(h)瞬时动合触点　(i)瞬时动断触点

图 4-12　时间继电器的符号

(1) 速度继电器的结构与工作原理

速度继电器是根据电磁感应原理制成的。其外形如图 4-13 所示。结构示意图如图 4-14 所示。当电动机旋转时，与电动机同轴的速度继电器转子也随之旋转，此时笼型导条就会产生感应电动势和电流，此电流与磁场作用产生电磁转矩，圆环 10 带动摆杆 8 在此电磁转矩的作用下顺着电动机偏转一定角度。这样，使速度继电器的常闭触点断开，常开触点闭合。当电动机反转时，就会使另一对触点动作。当电动机转速下降到一定数值时，电磁转矩减小，返回杠杆 7 使摆杆 8 复位，各触点也随之复位。

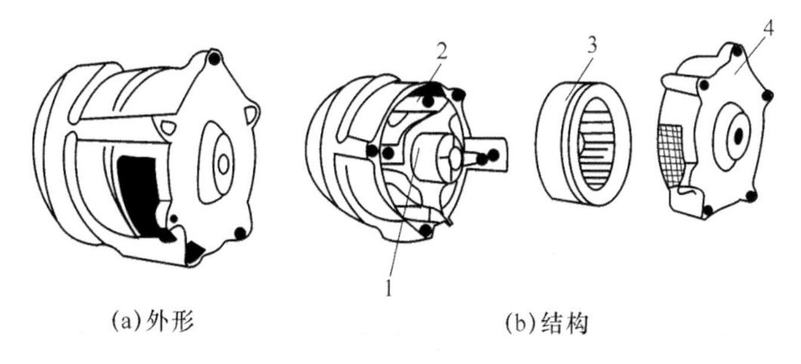

(a)外形　(b)结构

图 4-13　速度继电器的外形

1—转子；2—可动支架；3—定子；4—端盖

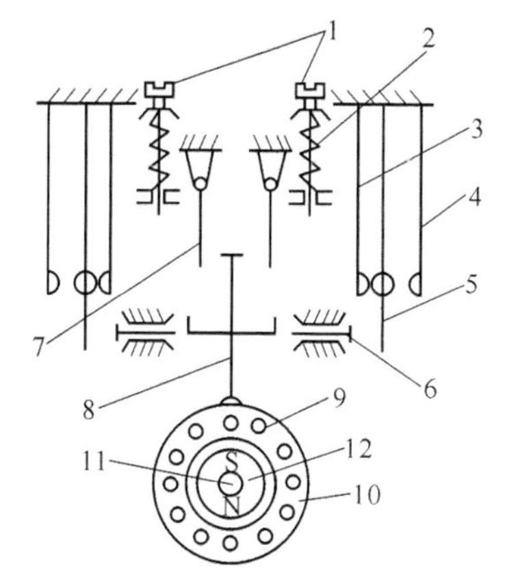

图 4-14　速度继电器的结构示意图

1—调节螺钉；2—反力弹簧；3—常闭触点；4—常开触点；5—动触点；6—推杆；7—返回杠杆；8—摆杆；9—笼型导条；10—圆环；11—转轴；12—永磁转子

(2) 其符号如图 4-15 所示。

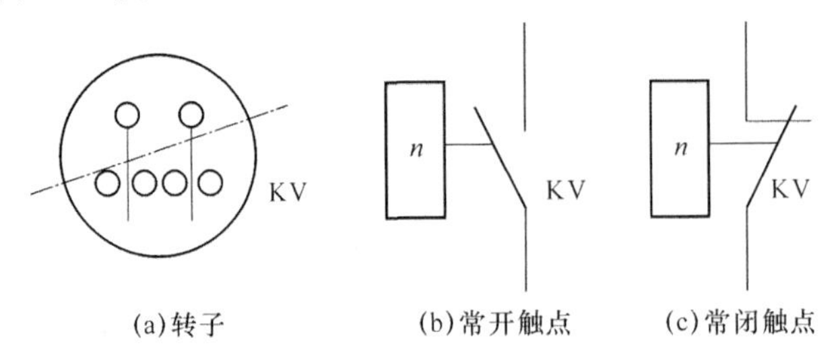

图 4-15　速度继电器的符号

4. 电磁式继电器

电磁式继电器是使用最多的一种继电器,其基本结构和动作原理与接触器基本相同只是其电磁系统小一些,触点多一些而已。但电磁式继电器是用于切换小电流的控制和保护电器,其触点种类和数量较多,体积较小,动作灵敏,无须灭弧装置。其原理图如图 4-16 所示。

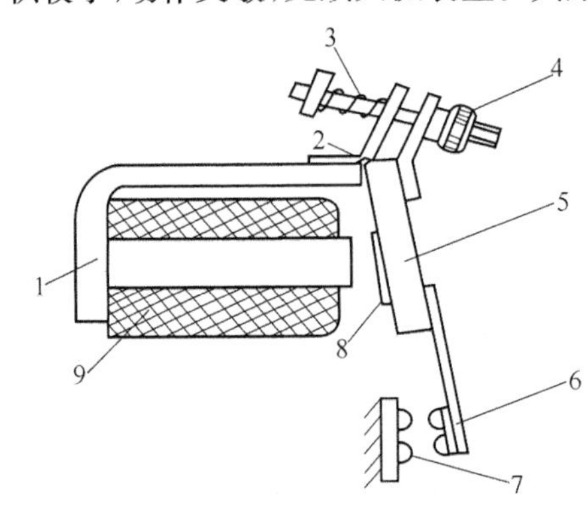

图 4-16　电磁式继电器原理图

1—铁心;2—旋转棱角;3—释放弹簧;4—调节螺母;5—衔铁;6—动触点;7—静触点;8—非磁性垫片;9—线圈

(1) 电流继电器

电流继电器的线圈与被测电路(负载)串联,以反映电路的电流大小。为不影响电路的工作情况,电流继电器的线圈应匝数少、导线粗、阻抗小。触点的动作与线圈中的电流大小直接有关。按线圈电流种类有交流电流继电器和直流电流继电器。按吸合电流大小又可分为过电流继电器和欠电流继电器。

① 过电流继电器。在电路正常工作时继电器不动作,当负载电流超过某一整定值时,衔铁吸合、触点动作。

在电力拖动系统中,常采用过流继电器来做电路的过流保护。交流过流继电器的吸合电流为 1.1～3.5 倍的线圈额定电流,直流过流继电器的吸合电流为 0.75～3 倍的线圈额定电流。图 4-17(a)所示为过电流继电器的符号。

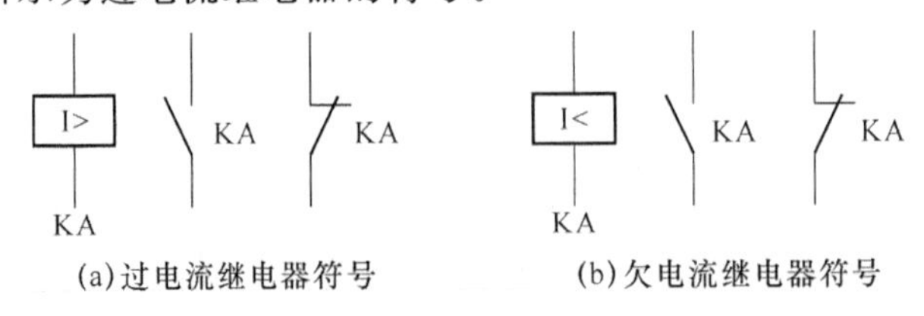

图 4-17　电流继电器符号

② 欠电流继电器。正常工作时，衔铁是吸合的。当负载电流降至继电器的释放电流时，则衔铁释放，使触点动作。

直流欠电流继电器吸合电流为 0.3～0.65 倍的线圈额定电流，释放电流为 0.1～0.2 倍的线圈额定电流。欠电流继电器常被串入直流电动机励磁电路中对直流电动机实现弱磁保护。图 4-17(b)所示为欠电流继电器的符号。

(2) 电压继电器

电压继电器的线圈与被测电路(负载)并联，以反映电路的电压大小。电压继电器的线圈匝数多、导线细、阻抗大。触点的动作与线圈上的电压大小直接有关。按线圈电压种类有交流电压继电器和直流电压继电器。按吸合电压大小又可分为过电压继电器和欠电压继电器。

① 过电压继电器。在电路正常工作时继电器不动作，当线圈电压高于某一整定值时，衔铁吸合、触点动作。当电路电压降到继电器的释放电压时，衔铁才返回释放状态。

直流电路一般没有过电压，所以没有直流过电压继电器。交流过电压继电器在电压达到 1.05～1.2 倍的额定电压以上时动作，对电路进行过电压保护。图 4-18(b)所示为过电压继电器的符号。

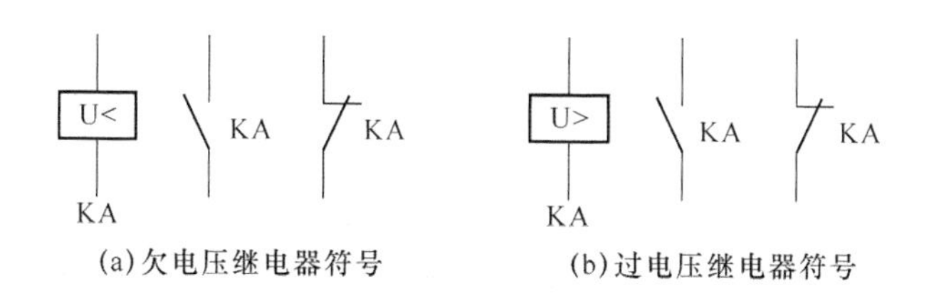

(a)欠电压继电器符号　(b)过电压继电器符号

图 4-18　电压继电器符号

② 欠电压继电器。在电路正常工作时继电器不动作，当线圈电压低于某一整定值时，衔铁吸合、触点动作。当电路电压降到继电器的释放电压时，衔铁才返回释放状态。

直流欠电压继电器在电压为 0.3～0.5 倍的额定电压时触点动作，对电路进行欠电压保护，在电压为 0.07～0.2 倍的额定电压时衔铁释放。交流欠电压继电器在电压达到 0.6～0.85 倍的额定电压时触点动作，对电路进行欠电压保护，在电压为 0.1～0.35 倍的额定电压时衔铁释放。图 4-18(a)所示为欠电压继电器的符号。

(3) 中间继电器

中间继电器常用于传递信号以及用于当其他继电器或接触器触点数量不够时，可利用中间继电器来切换多条控制电路同时控制多个电路，也可直接用于小容量电动机(额定电流小于 5A)或其他电气的执行元件。

① 中间继电器的结构与工作原理。如图 4-19(a)所示，中间继电器与交流接触器的结构基本相同，只是其电磁系统小一些触点多一些，其工作原理也与接触器相同。

② 符号：电路符号如图 4-19(b)所示，文字符号 KA。

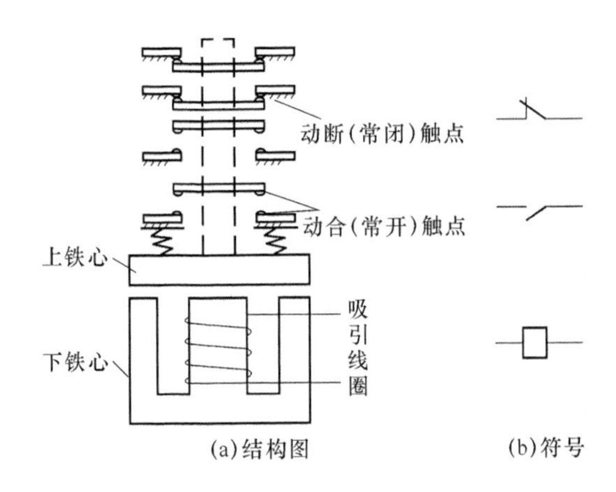

图 4-19　中间继电器的结构和符号示意图

三、任务实施

1. 热继电器的选择与使用

常用的热继电器有 JR2、JR0、JR15、JR16。JR16 系列还带有断相保护装置。

(1) 选择

① 类型的选择。当电动机绕组是Y形接法时，选用两相结构或三相结构的热继电器；如果电动机绕组是△形接法时，采用三相结构带断相保护的热继电器。

② 整定电流的选择。一般情况下，热元件的整定电流为电动机额定电流的 0.95～1.05 倍；若电动机拖动的是冲击性负载或起动时间较长及拖动设备不允许停电的场合，热继电器的整定电流可取电动机额定电流的 1.1～1.5 倍；若电动机过载能力较差，热继电器的整定电流可取电动机额定电流的 0.6～0.8 倍。

(2) 热继电器的使用

① 安装方向必须与产品说明书中规定的方向相同，误差不超过 5°。当它与其他电器安装在一起时，应注意将其安装在其他发热电器的下方，以免受到其他电器发热的影响。

② 整定电流必须按电动机的额定电流进行整定，绝对不允许弯折双金属片。

③ 置于手动复位的位置上，若需要自动复位时，可将复位调节螺钉以顺时针方向向里旋紧。

④ 进、出线的连接导线，应按电动机的额定电流正确选择导线的截面积，尽量采用铜导线。

⑤ 自动复位需要 5 min，手动复位需要 2 min。

(3) 热继电器接入电动机定子电路方式

① 电动机定子绕组星形接法：

带断电保护和不带断电保护的热继电器均可接在线电路中。

② 电动机定子绕组三角形接法：

- 带断电保护接在线电路中。
- 不带断电保护热继电器的热元件必须串接在电动机每相绕组上。

图 4-20 所示为热继电器接入电动机定子电路的方式。

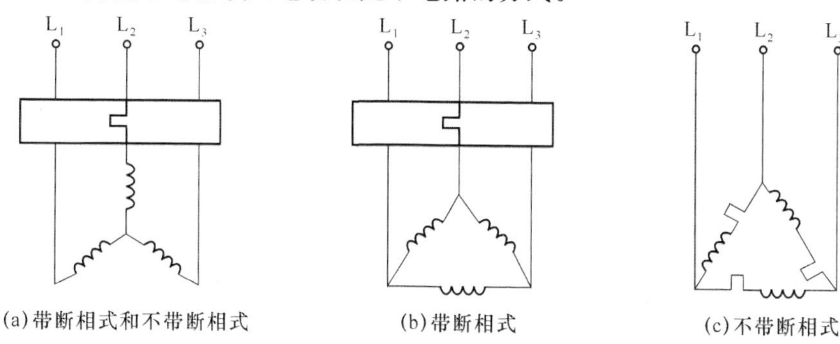

图 4-20　热继电器接入电动机定子电路的方式

2. 时间继电器的选用

对于延时要求不高的场合，一般选用电磁阻尼或空气阻尼式时间继电器，同时要注意其线圈电压等级和电流种类应与控制电路相同；

按控制电路要求选择通电延时型或断电延时型以及触点延时形式（是延时闭合还是延时断开）和数量。

最后考虑操作频率是否符合要求。

3. 速度继电器的选择

速度继电器主要根据电动机的额定转速进行选择。

4. 电磁式继电器的选用与安装

(1) 过流继电器的选用：保护中、小容量直流电动机和绕线转子异步电动机时，线圈的额定电流一般可按电动机长期工作的额定电流来选择；对于频繁起动的电动机，线圈的额定电流可选大一级。过电流继电器的整定值，应考虑到动作误差，可按电动机最大工作电流的 1.7～2.0 倍来选用。

(2) 中间继电器主要根据被控制电路的电压等级，所需触点数量、种类、容量等要求来选择。

(3) 电磁式继电器的安装

① 安装电流继电器时，需将线圈串联在主电路中，常闭触点串联在控制电路中与接触器线圈连接，起过电流保护作用。

② 中间继电器的安装与接触器相似。它在使用时没有主辅触点之分，由于其容量较小，与接触器的辅助触点相似，大多用于控制电路。

四、知识拓展

1. 固态继电器

固态继电器是一种全部由固态电子元件组成的无触点开关，它利用电子元器件的特点、磁和光特性来完成输入与输出的可靠隔离，利用大功率三极管、大功率场效应管、单向晶闸管和双向晶闸管等器件的开关特性，来达到无触点、无火花地接通和断开被控电路。

由于固态继电器的接通和断开没有机械接触部件，具有控制功率小、开关速度快、工作频率高、使用寿命长等特点，在许多自动控制装置中得到了广泛应用。固态继电器与传统的继电器相比，其不足之处有漏电流大，触点单一，使用温度范围窄，过载能力差等。

固态继电器是四端器件，有两个输入端和两个输出端，中间采用光电器件，以实现输入与输出之间的电气隔离。

固态继电器有多种产品，按切换负载性质分，有直流固态继电器和交流固态继电器；按输入与输出之间的隔离分，有光电隔离固态继电器和磁隔离固态继电器；按控制触发信号方式分，有过零型和非过零型、有源触发型和无源触发型。

固态继电器在使用时应注意：选择时应根据负载类型（阻性、感性）来确定，并且要采用有效的过压吸收保护；过电流保护应采用专门保护半导体器件的熔断器或动作时间小于 10 ms 的自动开关。

固态继电器的原理图如图 4-21 所示。

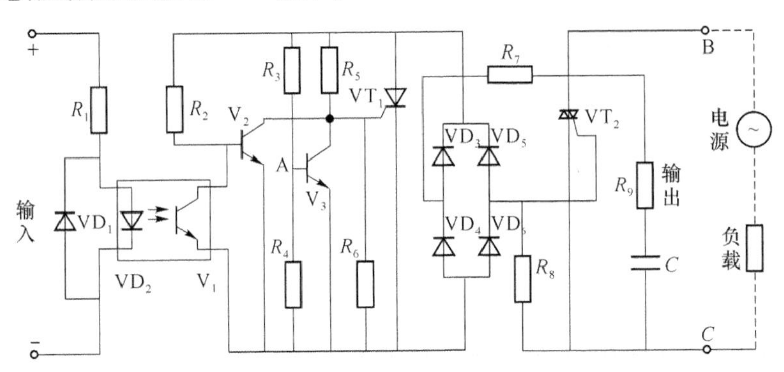

图 4-21　固态继电器的原理图

2. 热敏电阻式温度继电器

温度继电器又称温度开关，用于当测量点的温度达到设定值时给出一个控制信号。一个热敏电阻只能检测一相电动机绕组的温度，因此，一台三相电动机至少需要三个热敏电阻。每相绕组的各部分温升不会完全相同，热敏电阻应埋在温升最高的绕组端部，当发生匝间、相间的断路或接地故障时，绕组各处的温差很大，如果埋设的热敏电阻并非处于过热部位，则保护就会失效。因此对于大中型电动机和某些特种电动机，可在每相绕组的几个地方埋设热敏电阻。热敏电阻并联组成的温度继电器电路如图 4-22 所示。

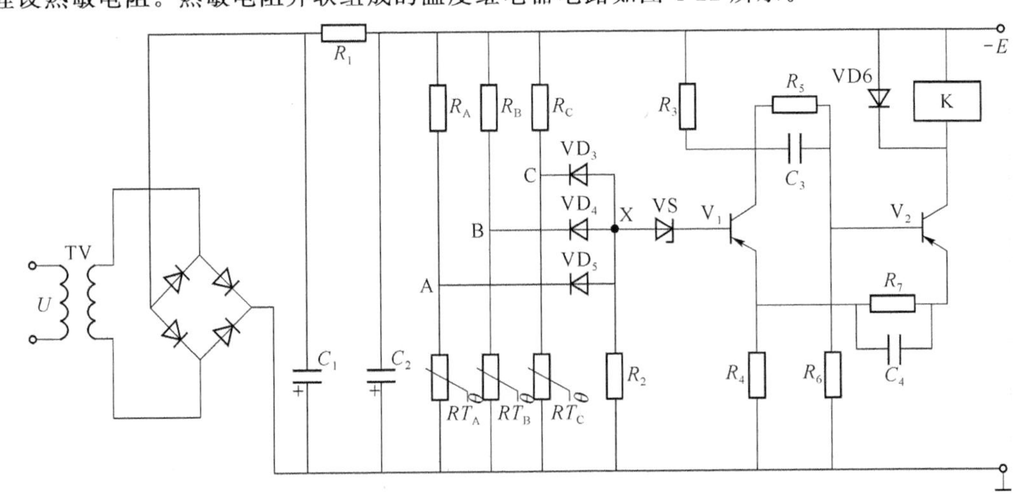

图 4-22　热敏电阻并联组成的温度继电器

五、思考与练习

1. 什么是失电压、欠电压保护？利用哪些电器元件可以实现失电压、欠电压保护？
2. 速度继电器触点的动作与电动机的转速有何关系？
3. 如何选用热继电器？
4. 如何选用时间继电器？
5. 交流电磁式继电器和直流电磁式继电器以什么来区别？
6. 交流过电流继电器与直流过电流继电器吸合电流调整范围是多少？
7. 直流欠电流继电器吸合电流和释放电流调整范围是多少？
8. 中间继电器和电压继电器在结构上有哪些异同？在电路中各起什么作用？
9. 热继电器如何接入电动机定子电路？
10. 如何选用过流继电器和中间继电器？

任务三　开关电器的测试与应用

一、任务分析

常用的主要类型有开启式负荷开关、封闭式负荷开关、组合开关、熔断器式刀开关等。要正确使用这些开关，就要掌握其作用、工作原理、符号等知识。

低压开关是一种非自动电器，用来隔离、转换及接通或断开电路。大多作为机床电路的电源开关、局部照明电路的控制，有时也可用于小容量电动机的起停和正反转控制。低压开关主要用做隔离、转换。

二、相关知识

1. 刀开关

刀开关是一种手动电器，用来接通或断开电路。刀开关可分为开启式负荷开关、封闭式负荷开关、组合开关、熔断器式刀开关等。

(1) 开启式负荷开关

开启式负荷开关又称闸刀开关，其外形如图 4-23(a)所示。闸刀开关没有灭弧装置，仅以上、下胶盖为遮护以防止电弧伤人。通常作为隔离开关，也用于不频繁地接通或断开的电路中。闸刀开关的型号有 HK1、HK2 等系列。

符号如图 4-23(b)所示。

(2) 封闭式负荷开关

封闭式负荷开关又称铁壳开关，其结构如图 4-24 所示。它与闸刀开关基本相同，但在铁壳开关内装有速断弹簧，它的作用是使闸刀快速接通和断开，以消除电弧。另外，在铁壳开关内还设有连锁装置，即在闸刀闭合状态时，开关盖不能开启，以保证安全。铁壳开关的型号有 HH10、HH11 等系列。

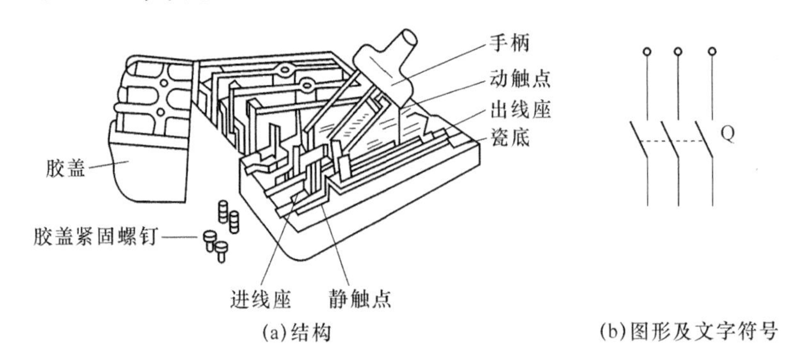

(a)结构　　(b)图形及文字符号

图 4-23　开启式负荷开关结构及符号

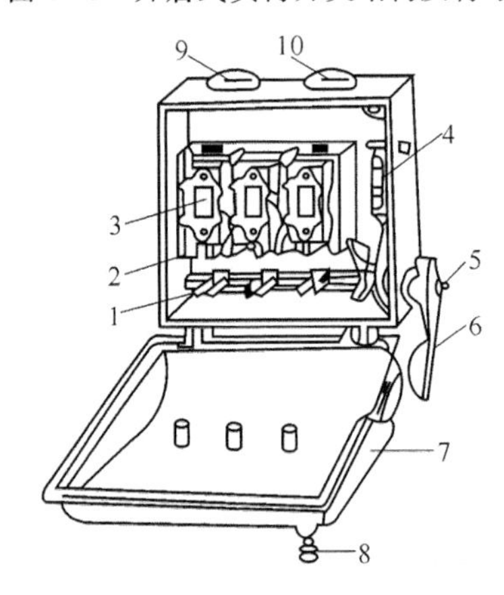

图 4-24　封闭式负荷开关

1—U 形动触刀；2—静夹座；3—瓷插式熔断器；4—速断弹簧；5—转轴；6—操作手柄；7—开关盖；8—开关盖锁紧螺栓；9—进线孔；10—出线孔

2. 组合开关

组合开关又称为转换开关。组合开关的外形如图 4-25(a)所示。其结构原理如图 4-25(b)、(c)所示，它的刀片(动触片)是转动的，能组成各种不同的线路。动触片装在有手柄的绝缘方轴上，方轴可 90°旋转，动触片随方轴的旋转使其与静触片接通或断开。组合开关的型号有 HZ5、HZ10、HZ15 等系列。

符号如图 4-25(d)所示。

3. 万能转换开关

万能转换开关通常简称转换开关，主要用于控制小容量电动机的起动、制动、反转，双速电动机的调速控制，各种控制电路的转换，电气测量仪表的转换以及高压断路器、低压空气断路器等配电设备的远距离控制等。因为万能转换开关的触点挡级多、转换的电路多、用途广泛，因此被称为“万能转换开关”。

万能转换开关的分类：按手柄分为有旋钮的、普通手柄的、带定位可取出钥匙的和带指示灯的等；按定位形式分为复位式和定位式。定位角式分为 30°、45°、60°、90°等数种。按被控制的接触器系统挡级分，如 LW5 分为 1～16 等 16 种单列转换开关。

万能转换开关的结构：转换开关由多组相同结构的触点组件叠装而成，它由操作机构、定位装置和触点装置三部分组成。以 LW5 系列转换开关为例，其外形和结构图如图 4-26(a)、(b)所示。

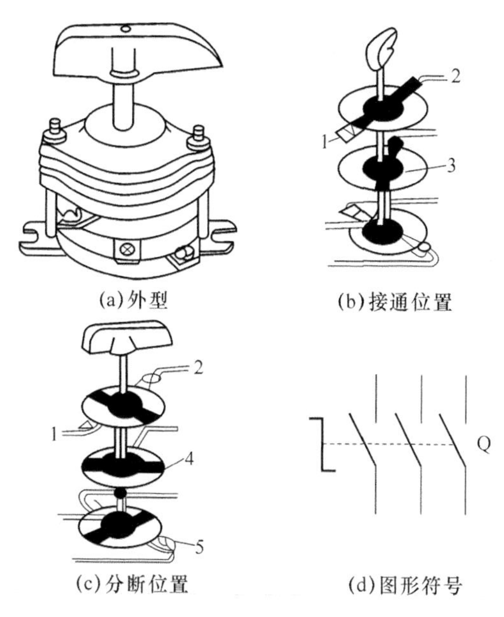

(a)外型　(b)接通位置

(c)分断位置　(d)图形符号

图 4-25　组合开关

1、2—动触点；3—静触点；4—转轴；5—接线柱

万能转换开关的原理：当操作转换开关时，手柄带动转轴和凸轮一起转动，手柄处于不同位置，通过凸轮控制动触点与静触点的分与合，从而达到电路断开或接通的目的。图 4-26(c)为转换开关触点通断展开实例图，纵向虚线表示手柄位置，图中有三个位置Ⅰ、0、Ⅱ横向圆圈表示各对触点(图中有六对触点)，纵横交叉处圆黑点为手柄在此位置对应的触点接通，图中Ⅰ位：1、4、6 触点通，0 位：2、3、5 触点通，Ⅱ位：3、4、5 触点通。文字符号为 Q。

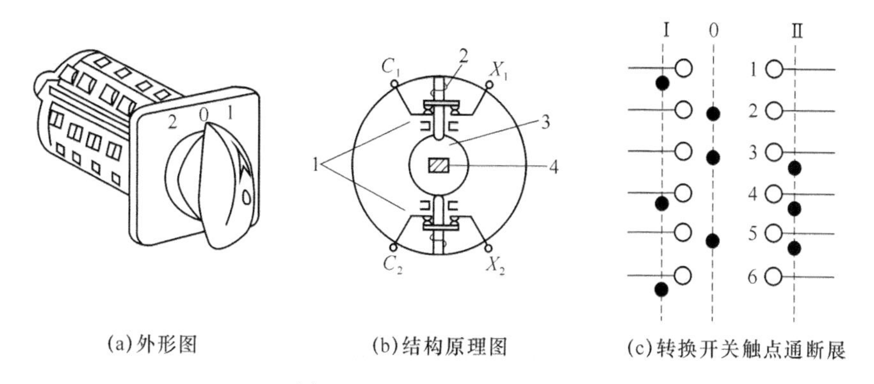

(a)外形图　(b)结构原理图　(c)转换开关触点通断展

图 4-26　LW5 系列转换开关

1—触点；2—触点弹簧；3—凸轮；4—转轴

4. 自动空气断路器

自动空气断路器俗称空气开关，它是刀开关、熔断器、热继电器和欠电压继电器的组合。在电路中能起到欠压、失压、过载、短路等保护作用。它既能自动控制，也能手动控制。

自动开关的结构如图 4-27(a)所示。欠电压脱扣器 6 上的线圈与电源电压并联。如果电源电压下降到额定数值以下时，电磁吸力小于弹簧的拉力，而使衔铁在弹簧力的作用下撞击杠杆，使搭钩2被顶开，锁键带动三相触点1在弹簧的作用下向左运动，使电源与电动机分开，达到保护作用。

热脱扣器5与电路串联。当电动机过载时，电路中电流增加，热脱扣器5发热，使双金属片弯曲，碰撞杠杆，使搭钩2被顶开，锁键带动三相触点向左运动，电动机断电。

电路短路时，电路中的电流急剧增加，过电流脱扣器3上线圈的电流增加，电磁吸力增加，克服衔铁的自重力，使其向上运动，碰撞杠杆，把搭钩2顶开，三相触点把电源和负载断开。

符号如图4-27(b)所示。

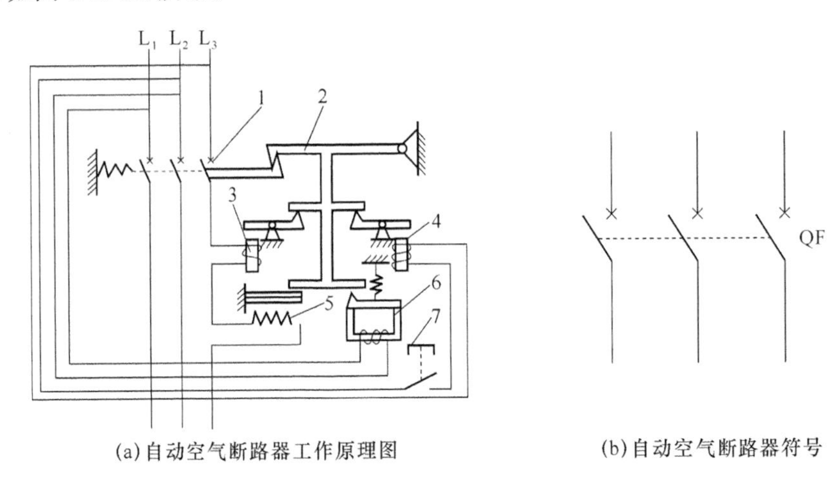

(a)自动空气断路器工作原理图　　(b)自动空气断路器符号

图4-27　自动空气断路器的结构和符号

1—主触点；2—自由脱口机构；3—过电流脱扣器；4—分励脱扣器；5—热脱扣器；6—欠电压脱扣器；7—按钮

三、任务实施

1. 刀开关的选用

① 按用途和安装位置选择合适的型号和操作方式。

② 额定电压和额定电流必须符合电路要求。

③ 校验动稳定性和热稳定性。

2. 刀开关的安装

① 应垂直安装，操作把柄向上合为接通电源，向下拉为断开电源，不允许采用平装或倒装，以防止产生误合闸。

② 刀开关安装后应检查闸刀和静插座的接触是否成直线和紧密。

③ 电源线应接在静触点上，负荷线接在和闸刀相连的端子上，若有熔丝的刀开关，负荷线应接在闸刀下侧熔丝的另一端，以保证刀开关切断电源后，闸刀和熔丝不带电。

3. 组合开关的选用

① 用于一般电热、照明电路时，其额定电流应等于或大于所控制电路中负载电流的总和。

② 用于控制电机时，其额定电流一般取电动机额定电流的1.5～2.5倍。

4. 组合开关的安装及使用

① 安装时应使手柄保持水平旋转位置为宜。

② 其通断能力较低，不能用来分断故障电流。

③ 用作电动机正反转控制时，必须在电动机完全停止转动后，才允许反向接通。

④ 当负载的功率因数较低时，其容量应降低使用，否则会影响开关寿命。若功率因数小于0.5时，由于熄弧困难，不宜采用HZ系列组合开关。

5. 万能转换开关的选择原则

① 根据额定电压和额定电流等参数选择合适的系列。

② 根据操作需要选择手柄型式和定位特征。

③ 选择面板型式和标法。

④ 根据控制定位确定触点的数量和接线图编号。

⑤ 因转轴开关本身不带任何保护，故必须与其原保护电器配合使用。

6. 低压断路器的选用应注意参数

① 低压断路器型号。

② 额定工作电压。

③ 脱扣器的额定电流。

④ 壳架等级额定电流的选择。

⑤ 额定短路分断能力的校验。

7. 低压断路器的安装

(1) 安装前

应检查外观、技术指标、绝缘电阻，并清除灰尘和污垢，擦净极面防锈油脂。

(2) 安装时

① 断路器底板应垂直于水平位置，固定后，断路器应安装平整，不应有附加机械应力。

② 电源进线应接在断路器的上母线上，而接往负荷的出线则应接在下母线上。

③ 为防止发生飞弧，安装时应考虑到断路器的飞弧距离，并注意到在灭弧室上方接近飞弧距离处不跨接母线。

④ 设有接地螺钉的产品，均应可靠接地。

四、知识拓展

1. 漏电保护自动开关

漏电保护自动开关又称漏电断路器是一种最常用的漏电保护电器。它既能控制电路的通与断，又能保证其控制的线路或设备发生漏电或人身触电时迅速自动掉闸，切断电源，从而保证线路或设备的正常运行及人身安全。

漏电保护自动开关有单极、两极、三极和四极之分。单极和两极用于照明电路，三极用于三相对称负载，四极用于动力照明线路。从工作原理上看有电磁式和电子式两大类。电磁式漏电保护自动开关又分为电压型和电流型，电流型性能更优越，故现在一般使用的都是电流型的。它主要由自动开关、零序电流互感器和漏电脱扣器三部分组成。

2. 选用漏电保护自动开关时应注意：

① 漏电保护自动开关的额定电压应与电路的工作电压相适应。

② 漏电保护自动开关的额定电流必须大于电路的最大工作电流。

③ 漏电动作电流和动作时间应按分级保护原则和线路泄露电流的大小来选择。

五、思考与练习

1. 组合开关的选用应注意哪些方面？
2. 低压断路器的选用应注意哪些参数？
3. 自动开关是哪几种元件的组合？它在电路中具有哪些保护功能？
4. 自动空气断路器有哪些作用？
5. 如何安装低压断路器？
6. 选用漏电保护自动开关时应注意什么？

任务四　熔断器的测试与应用

一、任务分析

熔断器俗称保险丝。它主要由熔断体和放置熔断体的绝缘管或绝缘座组成，熔断体（熔丝）是熔断器的核心部分。熔断器应与电路串联，它的主要作用是作短路或严重过载保护。熔断器可分为瓷插式熔断器、螺旋式熔断器、管式熔断器等。

熔断器是最常见的短路保护电器，串接在被保护的电路中。熔断器中的熔片或熔丝统称为熔体，一般有电阻率较高而熔点较低的合金制成，在电流较大的电路中也有用细铜丝制成的。线路在正常工作时，熔断器的熔体不会熔断，一旦发生短路，熔体立即熔断，及时切断电路，以达到保护线路和电气设备的目的。

二、相关知识

以下为几种常用的熔断器：

1. 瓷插式熔断器

瓷插式熔断器结构如图 4-28(a)所示。因为瓷插式熔断器具有结构简单、价廉、外形小、更换熔丝方便等优点，所以它被广泛地用于中、小容量的控制系统中。瓷插式熔断器的型号为 RC1A 系列。熔断器的符号如图 4-28(b)所示。

2. 螺旋式熔断器

螺旋式熔断器的外形和结构如图 4-29 所示。在熔断管内装有熔丝，并填充石英砂，作熄灭电弧之用。

熔断管口有色标，以显示熔断信号。当熔断器熔断的时候，色标被反作用弹簧弹出后自动脱落，通过瓷帽上的玻璃窗口可看见。

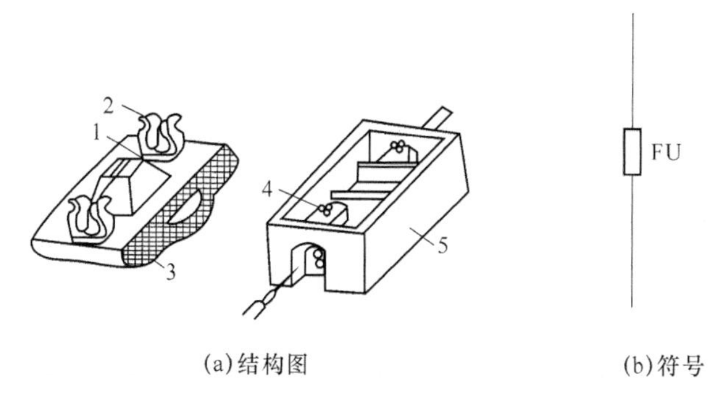

(a)结构图　　(b)符号

图 4-28　瓷插式熔断器

1—熔丝；2—动触点；3—瓷盖；4—静触点；5—瓷体

螺旋式熔断器的型号有 RL1、RL7 等系列。

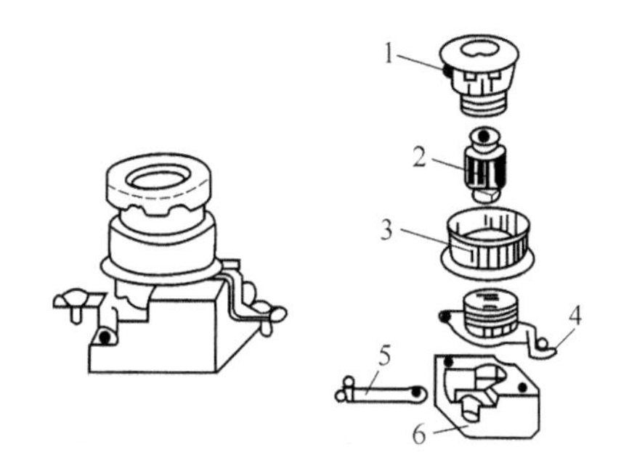

图 4-29　螺旋式熔断器

1—瓷帽；2—熔断管；3—瓷套；4—上接线盒；5—下接线盒；6—瓷座

3. 管式熔断器

管式熔断器分为有填料式和无填料式两类。有填料管式熔断器的结构如图 4-30 所示。有填料管式熔断器是一种分断能力较大的熔断器，主要用于要求分断较大电流的场合。常用的型号有 RT12、RT14、RT15、RT17 等系列。

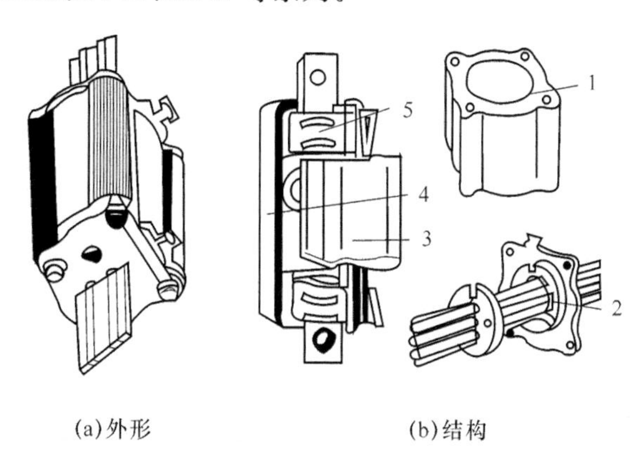

(a)外形　　(b)结构

图 4-30　有填料管式熔断器

1—管体；2—熔体；3—熔断体；4—瓷底座；5—弹簧夹

三、任务实施

1. 熔断器的选用

熔断器的选用主要考虑以下几个方面：

(1) 所选择的熔断器的形式必须符合线路要求和安全条件。

(2) 熔断器的额定电压不应小于其实际工作电压；熔断器的额定电流应不小于所装熔体的额定电流。

(3) 熔体额定电流的选择：

对电热性负载，熔体的额定电流 I_{NFU} 不应小于各负载额定电流 I_{NL} 之和，即

$$I_{NFU} \geqslant \sum I_{NL}$$

对于单台电动机线路，I_{NFU} 不应小于(1.5～2.5)倍电动机的额定电流 I_{NM}，即

$$I_{NFU} \geqslant (1.5 \sim 2.5)\ I_{NM}$$

对于多台电动机线路，I_{NFU} 不应小于(1.5～2.5)倍最大电动机的额定电流 I_{NMm} 与其他所有电动机的额定电流之和，即

$$I_{NFU} \geqslant (1.5 \sim 2.5)\ I_{NMm} + \sum I_{NM}$$

2. 熔断器的安装

① 安装前检查型号、额定电压、额定电流、极限分断能力等参数是否符合规定要求。

② 安装时除了保证足够的电气距离之外，还应保证足够的间距，以保证拆卸、更换熔体方便。

③ 安装熔体必须保证良好接触，不能有机械损伤。

④ 安装引线有足够的截面积，拧紧接线螺钉。

⑤ 运行中应经常注意熔断器的指示器，防止缺相运行。如发现熔体损坏，更换同型号规格的熔断器。

⑥ 工业用熔断器的更换由专职人员更换，更换时应切断电源。

⑦ 使用时应经常清除熔断器表面的灰尘和污垢。

四、知识拓展

熔断器上下级的配合：一般要求上一级熔断器的熔断时间至少是下一级的三倍，不然将会发生超级动作，扩大停电范围。所以，当上下级选用同一型号的熔断器时，其电流等级以相差两级为宜；若上下级所用的熔断器型号不同，则应根据保护特性上给出的熔断时间来选取。

五、思考与练习

1. 熔断器可分为哪几类？
2. 如何选用熔断器？
3. 在电动机线路中，为什么安装了热继电器还要安装熔断器？

4. 电路的上下级间的熔断器如何配合？
5. 安装熔断器的时候应注意哪些方面？

任务五 主令电器的测试与应用

一、任务分析

主令电器主要用来切换控制电路，用以控制电力拖动系统的起动和停止，以及改变系统的工作状态如正传和反转等。由于它是一种专门发送控制命令的电器，所以称主令电器。

主令电器应用广泛，种类繁多，按其作用分为按钮、行程开关、接近开关、万能转换开关以及其他如脚踏开关、倒顺开关、纽子开关等。下面介绍常用的几种。

二、相关知识

1. 按钮

按钮的结构及原理

按钮是一种手动操作接通或断开控制电路的主令电器，它主要控制接触器和继电器，也可作为电路中的电气联锁。按钮的结构如图 4-31 所示。常态(未受外力)时，静触点 1、2 通过桥式动触点 5 闭合，所以称 1、2 为常闭(动断)触点。静触点 3、4 分断，所以称之为常开(动合)触点。当按下按钮帽 6 时，桥式动触点在外力的作用下向下运动，使 1、2 分断，3、4 闭合。此时，复位弹簧 7 为受压状态。当外力撤销后，桥式动触点在弹簧的作用下回到原位，静触点 1、2 和 3、4 也随之恢复到原位，此过程称为复位。

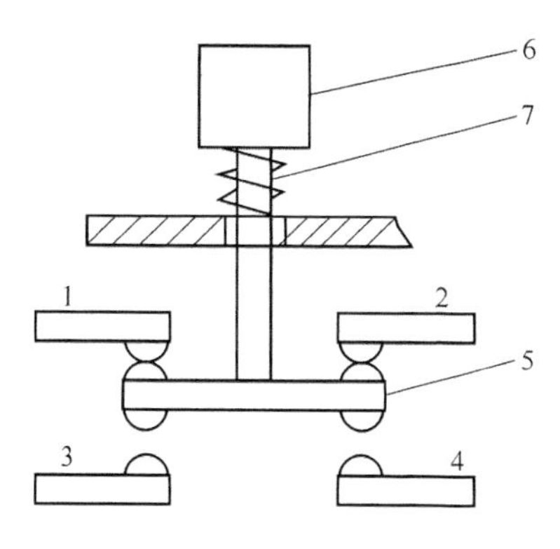

图 4-31 按钮的结构示意图

1、2、3、4—静触点；5—桥式动触点；6—按钮帽；7—复位弹簧

按钮的种类较多。按钮按触点的分合状况，可分为常开按钮(或起动按钮)、常闭按钮(或停止按钮)和复合按钮。按钮可以做成单个的(称单联按钮)、两个的(称双联按钮)和多个的。按钮的外型和符号如图 4-32 所示。按钮的型号有 LA10、LA20、LA25 等系列。

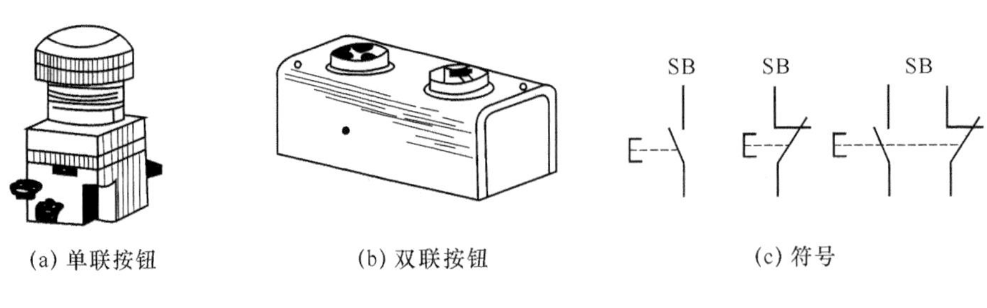

(a) 单联按钮　(b) 双联按钮　(c) 符号

图 4-32　按钮的外形及符号

2. 行程开关

行程开关,又称限位开关,它主要用于限制机械运动的位置,同时还能使机械设备实现自动停止、反向、变速或自动往复等运动。行程开关的动作原理与按钮相似,二者的区别在于:按钮是用手来操作的,而行程开关是靠机械的运动来实现其动作的。

行程开关可分为按钮式和旋转式,旋转式又可分为单轮旋转式和双轮旋转式两种,它们的外形分别如图 4-33(a)、(b)、(c)所示,符号如图 4-33(d)所示。行程开关的型号有 JLXK、LX19 等系列。

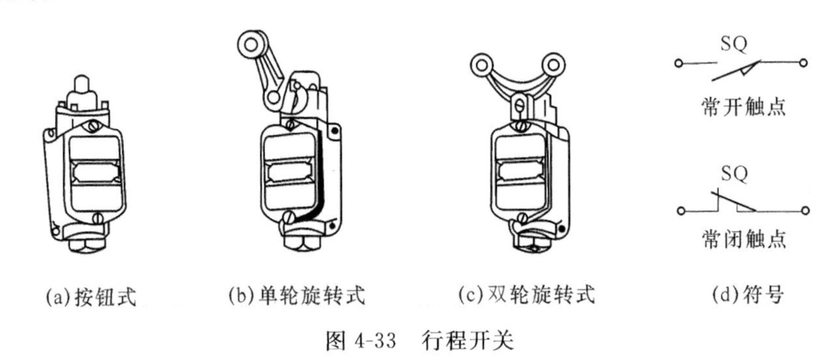

(a)按钮式　(b)单轮旋转式　(c)双轮旋转式　(d)符号

图 4-33　行程开关

三、任务实施

1. 按钮的选用

选择按钮时,应根据控制要求确定所需触点数目、是否需要复位,根据使用场合与环境,确定按钮的结构形式(元件式、保护式、防水式、钥匙式、带指示式等)和颜色。

2. 行程开关的选用

行程开关的在选用时,主要依据机械位置对开关型式的要求和控制线路对触点的数量要求以及电压电流等级确定其型号。

3. 行程开关的安装与维护

应牢固安装在安装板和机械设备上,不得有晃动现象。安装时,应将挡块和传动杆滚轮的安装距离调整在适当的位置上。

四、知识拓展

1. 接近开关

为了克服有触点行程开关可靠性差、使用寿命短和操作频率低的缺点,可采用无触点式行程开关即接近开关。电子接近开关是一种毋需与运动部件进行机械接触而可以操作的位置开关，当物体接近开关的感应面达到动作距离时，不需要机械接触及施加任何压力即可使开关动作，从而驱动交流或直流电器或给计算机装置提供控制指令。电子接近开关是一种无触点开关，它既有行程开关、微动开关的特性，同时具有传感性能，且动作可靠，性能稳定，频率响应快，应用寿命长，抗干扰能力强等、并具有防水、防震、耐腐蚀等特点。产品有电感式、电容式、霍尔式、交流型、直流型。

电子接近开关又称无触点接近开关，是理想的电子开关量传感器。当金属检测体接近开关的感应区域，开关就能无接触，无压力、无火花、迅速发出电气指令，准确反映出运动机构的位置和行程，即使用于一般的行程控制，其定位精度、操作频率、使用寿命、安装调整的方便性和对恶劣环境的适用能力，是一般机械式行程开关所不能相比的。

它在自动控制系统中可作为限位、计数、定位控制和自动保护环节。

电子接近开关由三大部分组成：振荡器、开关电路及放大输出电路。振荡器产生一个交变磁场。当金属目标接近这一磁场，并达到感应距离时，在金属目标内产生涡流，从而导致振荡衰减，以至停振。振荡器振荡及停振的变化被后级放大电路处理并转换成开关信号，触发驱动控制器件，从而达到非接触位置检测目的。

目前应用较为广泛的接近开关按工作原理可以分为以下几种类型：①高频振荡型：用以检测各种金属体；②电容型：用以检测各种导电或不导电的液体或固体；③光电型：用以检测所有不透光物质；④超声波型：用以检测不透过超声波的物质；⑤电磁感应型：用以检测导磁或不导磁金属。

接近开关按供电方式可分为：直流型和交流型，按输出型式又可分为直流两线制、直流三线制、直流四线制、交流两线制和交流三线制。

电感式接近开关属于一种有开关量输出的位置传感器，它由 LC 高频振荡器和放大处理电路组成，利用金属物体在接近这个能产生电磁场的振荡感应头时，使物体内部产生涡流。这个涡流反作用于接近开关，使接近开关振荡能力衰减，内部电路的参数发生变化，由此识别出有无金属物体接近，进而控制开关的通或断。这种接近开关所能检测的物体必须是金属物体。

图 4-34 LJ2 系列电感式晶体管接近开关的电路图。开关的振荡器为电容耦合型，由晶体管 V_1、电感振荡线圈 L 及电容 C_1-C_3 组成。

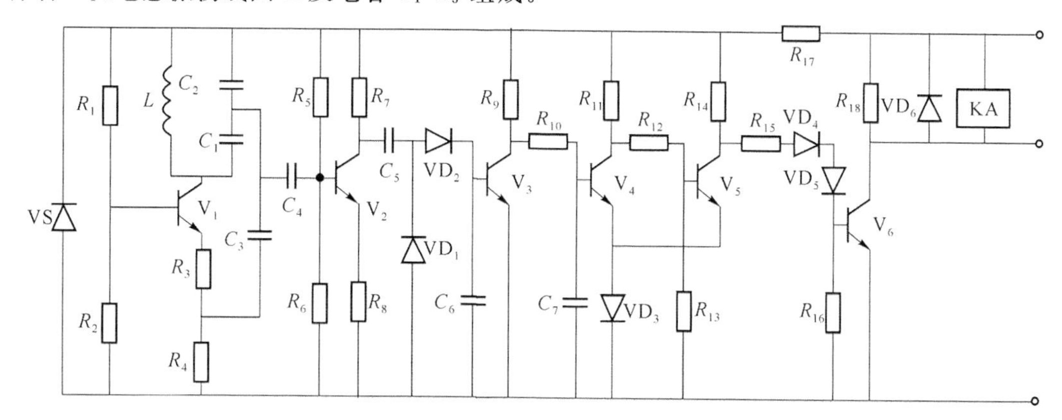

图 4-34　LJ2 系列晶体管接近开关电路

五、思考与练习

1. 行程开关与按钮有何相同之处与不同之处？

2. 按钮和行程开关中的动断触点和动合触点是否同时动作？如不是动作的顺序是怎样的？

3. 接近开关与触点行程开关相比有什么优点？

4. 如何选用按钮？

5. 如何选用行程开关？

6. 什么是万能转换开关？它有什么特点？

7. 主令控制器适用于什么场合？常用的主令电器有哪些？

项目五 电气控制线路基础

任务一　三相异步电动机起动控制线路的设计与应用

一、任务分析

继电接触器控制是由各种低压电器组成的控制电路，具有结构简单、易于掌握、维护方便、价格低廉等优点，所以广泛用于对生产机械中的电力拖动系统进行起动、制动、反转和调速的控制。由于各种生产机械的工艺过程不同，其控制电路也不同，但不管怎么改变，每个控制电路都遵循一定的原则和规律，也都是由一些比较简单的基本控制环节组合起来的。我们要从电动机的起动开始了解其控制电路。

电动机的起动控制方式有直接起动和降压起动两种。在起动时，加在电动机定子绕组上的电压是额定电压的，都属于直接起动（或称全压起动）。直接起动的优点是电气设备少，电路简单、可靠、经济，维修和维护方便。但直接起动的起动电流一般为额定电流的 5～7 倍，会影响到同一电网其他设备的工作。所以，直接起动电动机的容量受到一定的限制，可以根据电动机容量、电动机起动次数、电网容量等方面来考虑。一般电动机的额定功率在 10 kW 以下，均可采用直接起动。

二、相关知识

1. 三相异步电动机的直接起动控制线路

（1）点动控制

在某些生产机械中，除了要求电动机正常连续运转外，有的还需要作点动控制。所谓点动控制，就是指按下按钮，电动机因通电而运转；松开按钮，电动机因断电停止。点动控制电路如图 5-1 所示。它的工作过程较为简单：合上刀开关 Q，按下点动按钮 SB，KM 的线圈得电，三相主触点闭合，电动机运行。当松开点动按钮 SB，KM 线圈失电，三相主触点断开，电动机断电，停止运转。

（2）接触器控制的单向连续运转控制电路

接触器控制的电动机单向控制电路如图 5-2 所示。图中的 KM 为接触器，SB1 为停止按钮，SB2 为起动按钮，FR 为热继电器，FU1、FU2 为熔断器。

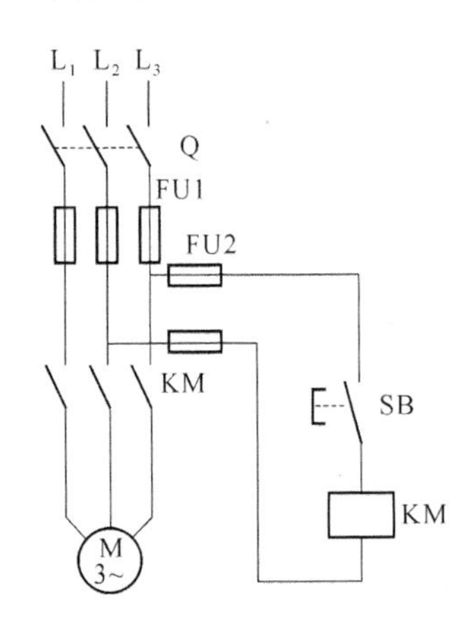

图 5-1　点动控制电路

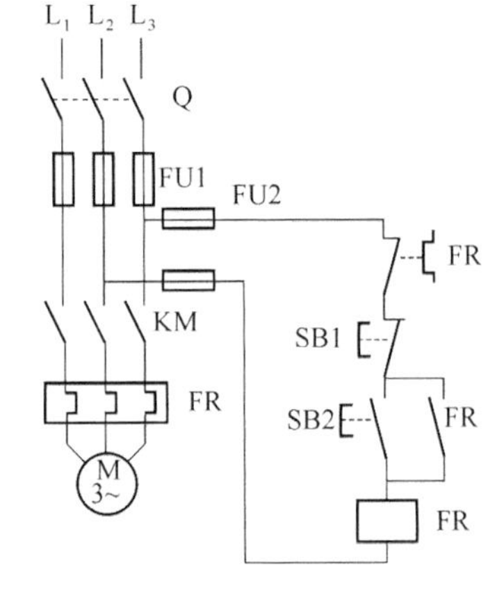

图 5-2　接触器控制的单向连续运转控制电路

电路的工作原理如下：当合上刀开关 Q，按下起动按钮 SB2 时，KM 的线圈得电，其三相主触点闭合，使电动机通入三相电源而旋转。同时，与起动按钮 SB2 并联的 KM 常开辅助触点也闭合，此时，若放开 SB2，KM 线圈仍保持通电状态。这种依靠接触器自身的常开辅助触点使自身的线圈保持得电的电路，称为自锁电路。辅助常开触点称为自锁触点。当电动机需要停止时，按下停止按钮 SB1，KM 线圈失电，使它的三相触点断开，电动机断电停止。同时，KM 的常开辅助触点也断开。此时，即使放开停止按钮 SB1，KM 的线圈也不会通电，电动机不能自行起动。若使电动机再次起动，则需再次按下起动按钮 SB2。

此电路具有短路保护、过载保护、失压和欠压保护的功能。短路保护由熔断器 FU1、FU2 实现。过载保护由热继电器 FR 实现，失电压和欠电压保护由接触器 KM 实现。

2. 三相异步电动机的降压起动控制线路

当电动机的容量较大，不允许采用全压直接起动时，为了减小起动电流，应采用降压起动。降压起动是利用起动设备在起动时降低加在定子绕组上的电压，当电动机的转速接近额定转速的时候，再加全压（额定电压）运行。但是电动机的电磁转矩正比于端电压的平方，所以起动转矩也减小了很多。

常见的降压起动方式有四种：定子绕组串电阻降压起动、Y-△联结降压起动、自耦变压器降压起动等起动方式。

（1）定子绕组串电阻降压起动

三相笼型异步电动机定子绕组串电阻降压起动控制电路如图 5-3 所示。它是手动控制型起动，加在电动机定子绕组上的电压小于其额定电压，电动机进行降压起动。待转速上升到一定值时，把开关 S 合上，电阻 R 被短接，此时，电动机在全压下运行。

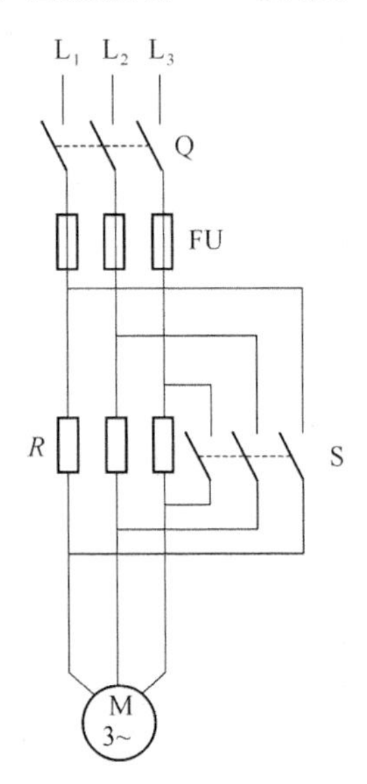

图 5-3　串电阻降压起动控制电路

(2) Y-△联结降压起动

星形联结和三角形联结的原理如图 5-4 所示。电源电压 U 线(380 V)不变。图中(a)为星形联结，电动机的相电压 U 相＝U 线/$\sqrt{3}$，故相电压为 220 V。图中(b)为三角形联结，其相电压与线电压相等，为 380 V。所以，起动时采用星形联结，便可实现降压起动；起动完成后，再将电动机接成三角形，又可使电动机正常运转。

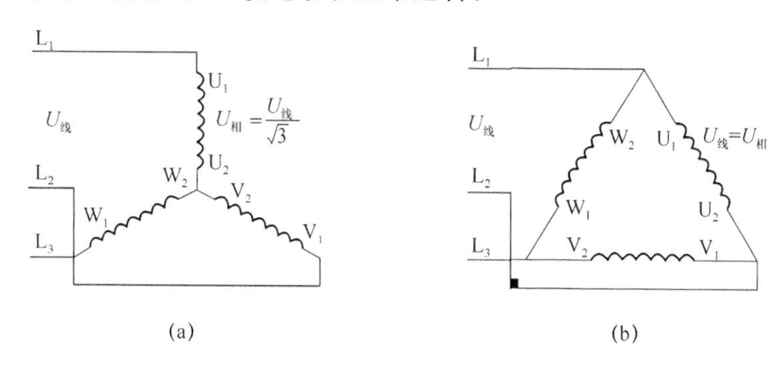

图 5-4　Y联结和△联结的原理

Y-△联结降压起动控制电路如图 5-5 所示。电路的工作原理如下：合上刀开关 Q，按下起动按钮 SB2，KM1 线圈得电，KM1 的自锁点闭合，随即 KT 线圈得电，KM2 线圈得电并自锁，电动机接成星形联结，实现降压起动。由于 KT 线圈得电，经过一段时间后，KT 的延时断开常闭触点断开，延时闭合常开触点闭合，使 KM1 断电，KM3 通电，电动机接成三角形联结，实现全压运行。停车时，只需按下停止按钮 SB1 即可。

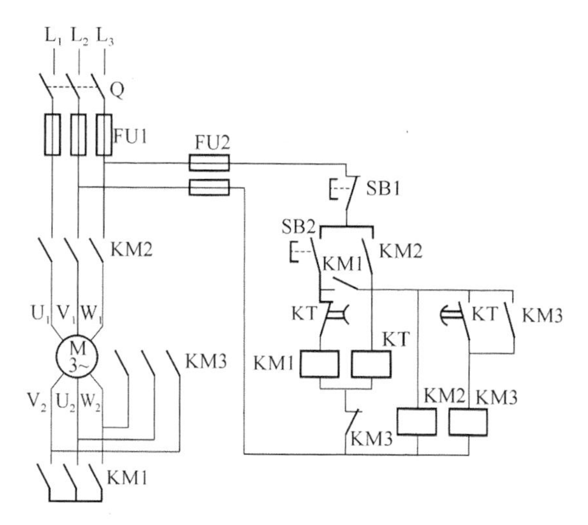

图 5-5　Y-△联结降压起动控制电路

(3) 自耦变压器的降压起动

自耦变压器的降压起动控制电路如图 5-6 所示。工作原理：合上电源开关 Q，HL3 灯亮，表明电源电压正常。按下起动按钮 SB2，KM1 线圈得电自锁，KM1 主触点闭合，电动机定子绕组接自耦变压器的次级，电动机 M 自耦补偿起动，同时指示灯 HL3 灭，HL2 亮，显示电动机正进行减压起动。KT 线圈得电延时，当电动机转速接近额定转速时，KA 线圈得电自锁，KM1、KT 线圈失电，KM2 线圈得电，KM2 主触点闭合，电动机接三相交流电源，

KM1 主触点断开，自耦变压器被切除，电动机 M 全压运行。同时指示灯 HL2 灭，HL1 亮表明电动机减压起动结束，进入正常运行。

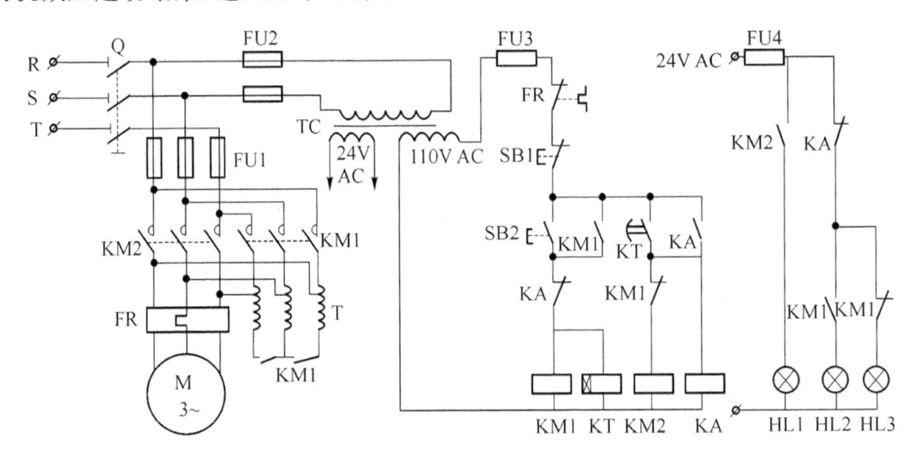

图 5-6　自耦变压器的降压起动控制电路

三、任务实施

1. 电气控制线路的常用故障检查方法之直观检查法

生产机械在日常使用过程中，或因人为因素，或因设备本身等原因，会产生故障。电气控制线路的故障排除，必须建立在掌握电气原理、熟悉电器位置的基础上，根据故障现象，采取适当方法，查明故障原因，最后将故障予以排除。在排查故障过程中，必须做到“有的放矢”，切不可盲目乱动，以至于没故障“查”出有故障，小故障“查”成大故障。

掌握各种故障检查方法，并在生产实践中合理运用，是高水平维修人员的技术体现。

直观检查法适用于各种“硬”故障。引起设备故障的原因不外乎机械和电气两方面。机械方面主要表现为磨损、破损、卡阻、不灵活等。电气方面的原因不外乎电压太高引起击穿或电流太大引起发热严重甚至烧毁。

直观检查法，就是根据故障发生后所具有的外部特征，进行故障排查，如根据冒烟、发黑、发烫、焦臭味、断裂、连接不可靠、不灵活等现象的检查，找出故障点，查明原因，予以排除。

2. Y-△联结降压起动控制

(1) 按照Y-△联结降压起动控制电路进行接线，安装好电动机。

(2) 检查无误后通电试车。

(3) 注意事项

① 电动机的额定电压等于三相电源电压。

② 接线时要保证电动机△形接法的正确性。

③ Y形接法时，接触器的进线必须按要求从三相定子绕组的末端引入，若误将其首端引入，会产生三相电源短路事故。

④ 通电前要再检查各低压电器的整定值是否符合要求，且要求指导老师在现场监护。

⑤ 出现故障时，要根据故障点的不同情况，采取正确的方法迅速排除故障。若带电检修故障时，必须有指导老师在场，并要确保用电安全。

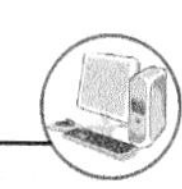

四、知识拓展

1. 正反转控制电路

生产机械的运动部件往往需要作正、反两个方向的运动。如车床主轴的正转和反转，工作台的前进和后退等，这就要求拖动生产机械的电动机具有正、反转控制。

若要实现电动机反向控制，只需将电源的三根相线任意对调两根(称换相)即可。对电动机正、反转的控制方式一般有倒顺开关控制和接触器控制两种。

(1) 倒顺开关控制的正反转控制电路

倒顺开关也称可逆转换开关，图5-7所示中的S就是倒顺开关。静触点有六个位置。当合上刀开关Q后，再扳动S的手柄使其在“顺”的位置，动触点就会向左转动，电路按L_1－U、L_2－V、L_3－W的正向顺序接通电动机，此时，电动机为正转。当扳动S，使手柄处在“倒”的位置时，动触点就会向右转动，电路按L_1－W、L_2－V、L_3－U的反向顺序接通电动机，此时电动机为反转。

在使用倒顺开关时应注意：当电动机由正转到反转，或由反转到正转，必须将手柄扳到“停”的位置。这样可避免电动机定子绕组突然接入反向电而使电流过大，防止电动机定子绕组因过热而烧坏。

用倒顺开关控制的正、反转控制电路的优点是所用电器元件较少，电路简单。但它的缺点是在频繁换向时，操作人员的劳动强度大，操作不安全。所以这种电路一般用于额定电流在10A、功率在3 kW以下的小容量电动机。在实际中应用较多的是用接触器控制电路。

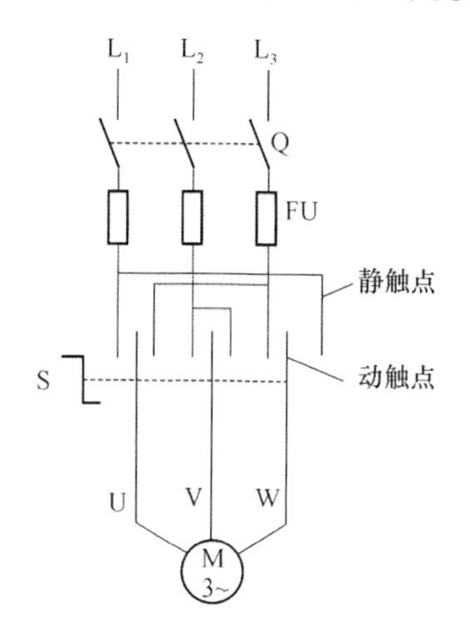

图5-7　倒顺开关控制电路

(2) 接触器控制的正、反转控制电路

① 无连锁的正、反转控制电路

用接触器控制的正反转控制电路如图5-8所示。电路中采用了两个接触器KM1、KM2，分别控制电动机的正、反转。当合上刀开关Q，按下正转按钮SB2时，KM1线圈得电，KM1三相主触点闭合，电动机旋转。同时，KM1辅助常开触点闭合自锁。若要电动机反转时，按下反转按钮 SB3，KM2 线圈得电，KM2 的三相主触点闭合，电源 L_1 和 L_3 对调，实现换相，此时电动机为反转。

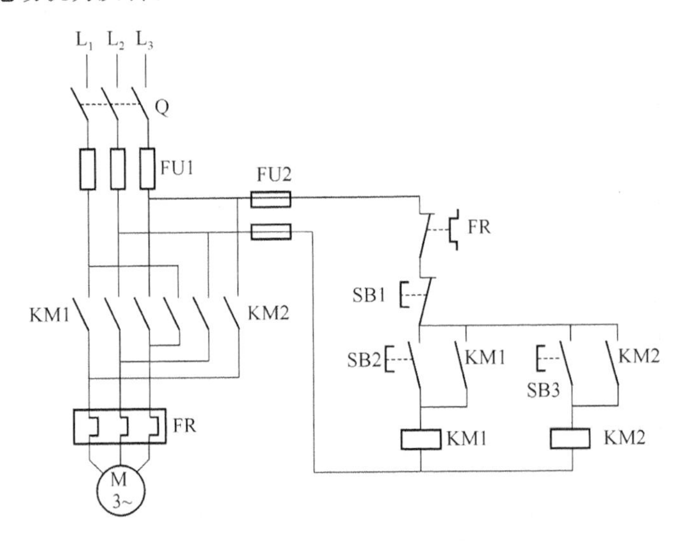

图 5-8 无连锁的正、反转控制电路

此电路存在的问题是：当正转，KM1 通电时，若再按下 SB3，KM2 也通电，在主电路中，会发生电源直接短路的故障。因此，此电路在实际中不能采用。

② 有连锁的正、反转控制电路

为了克服上述电路的缺点，常用具有连锁的控制电路。具有电气连锁的控制电路如图 5-9所示。当按下 SB2，KM1 得电时，KM1 的辅助常闭触点断开，这时，如果按下 SB3，KM2 的线圈不会得电，这就保证了电路的安全。这种将一个接触器的辅助常闭触点串联在另一个线圈的电路中，使两个接触器相互制约的控制，称为互锁控制或连锁控制。利用接触器(或继电器)的辅助常闭触点的连锁，称电气连锁(或接触器连锁)。

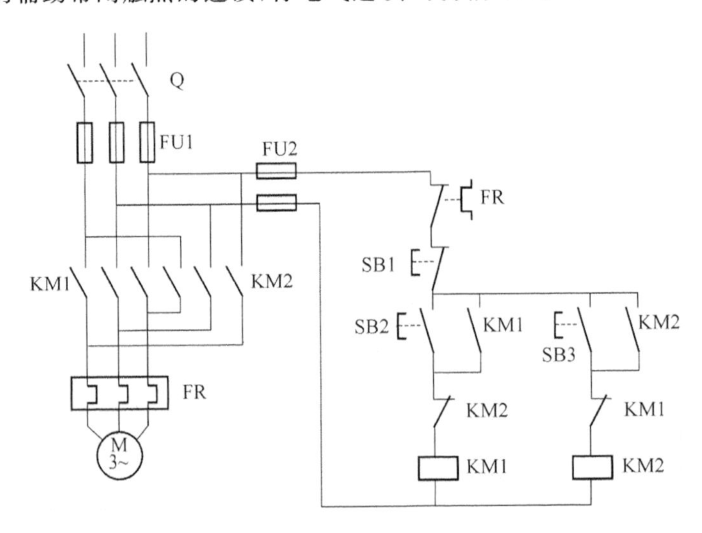

图 5-9 具有电气连锁的控制路

在正、反转控制电路中，除采用电气连锁外，还可采用机械连锁，如图 5-10 所示。SB2

和 SB3 的常闭按钮串联在对方的常开触点电路中。这种利用按钮的常开、常闭触点，在电路中互相牵制的接法，称为机械连锁(或按钮连锁)。具有电气、机械双重连锁的控制电路是电路中常见的，也是最可靠的正、反转控制电路。它能实现由正转直接到反转，或由反转直接到正转的控制。

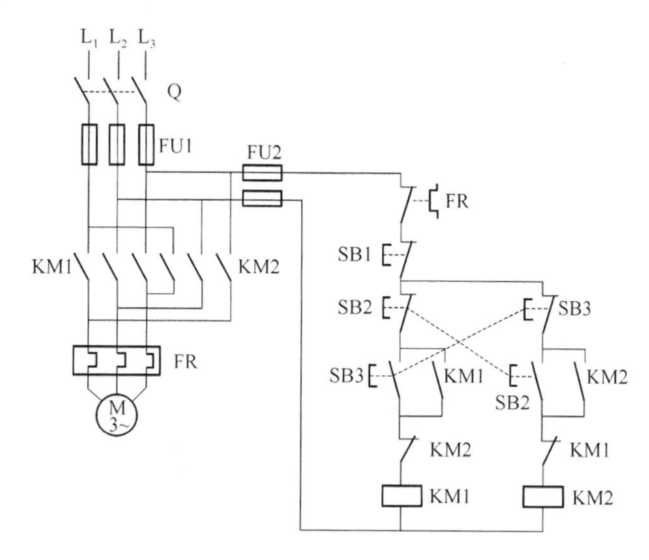

图 5-10　具有双重连锁的正、反转控制电路

五、思考与练习

1. 什么是自锁控制？什么是互锁(连锁)控制？它们的作用是否相同？

2. 电动机的基本控制电路中，通常应设置哪些保护功能？它们是如何实现的？

3. 如果要把异步电动机的点动控制改为起、停控制，应将电路作怎样的变动？

4. 倒顺开关控制的正反转控制电路有何优缺点？

5. 在复合互锁的正反转电路中接触器互锁与按钮互锁各起什么作用？有了按钮互锁是否还必须有接触器互锁？

6. 何谓点动控制？判断图 5-11 中各分图能否实现点动控制？若不能，电路会出现什么现象？

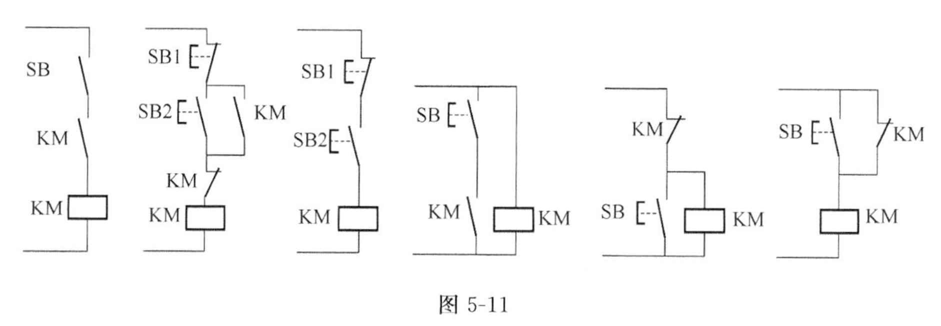

图 5-11

任务二　三相异步电动机制动控制线路的设计与应用

一、任务分析

在电气控制电路中，电动机的制动性能的好坏关系到机械加工的精度、效率以及安全等方面的问题。不同的情况下，要选用合适的制动方式。

制动可分为机械制动和电气制动，机械制动一般为电磁铁操纵抱闸制动，电气制动是电动机产生一个和转子转速方向相反的电磁转矩，使电动机的转速迅速下降。三相异步电动机常用的制动方法有能耗制动、反接制动和发电反馈制动。

二、相关知识

1. 机械制动

机械制动常用方法包括电动抱闸制动、电磁离合器制动（多用于断电制动）。图 5-12 为断电电磁抱闸制动方式制动原理图，启动时接触器 KM 线圈得电时，其主触点接通电动机定子绕组三相电源的同时，电磁线圈 YB 得电，抱闸（动摩擦片）松开，电动机转动。停止时，接触器 KM 线圈失电→电动机 M 断电→电磁线圈 YB 失电→实现抱闸或电磁制动。

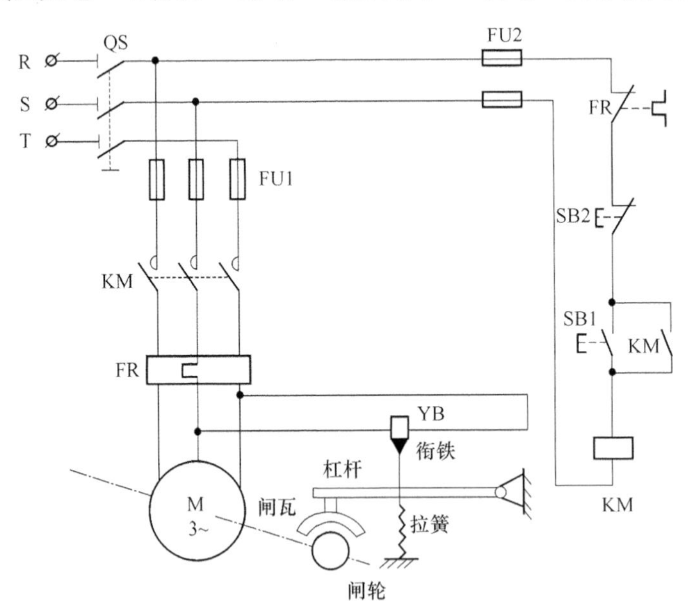

图 5-12　电动抱闸制动

2. 能耗制动

能耗制动是在定子绕组断开三相交流电源的同时，在三相绕组中通入直流电，产生制动转矩。转子原来储存的机械能转变为电能，消耗在转子回路的电阻上，转速为零时再将其切除，故称为能耗制动。直流电源的获取方法，交流电源先（降压）再经整流（半波、全波、桥式）。10 kW 以下小容量电动机，且对制动要求不高的场合，常采用无变压器的半波整流能耗制动，对于 10 kW 以上容量较大的电动机，多采用有变压器全波整流能耗制动的控制线路。

图 5-13 为采用有变压器桥式整流能耗制动的控制线路，KM1 为单向运行接触器，KM2 为能耗制动接触器，KT 为时间继电器，TC 为整流变压器，VC 为桥式整流电路。KM1 的主触点闭合时，电动机 M 作电动工作。KM2 主触点用于能耗制动时为定子绕组通入直流电流。起动：按动起动按钮 SB2→KM1 线圈得电自锁，电动机 M 作电动运行。制动：按动停车按钮 SB1→KM1 线圈失电复位→KM2 线圈得电自锁→电动机 M 定子绕组切除交流电源，通入直流电源能耗制动。SB1→KT 线圈得电延时→KM2 线圈失电复位→KT 线圈失电复位。能耗制动控制电路特点：

制动作用强弱与通入直流电流的大小和电动机的转速有关，在同样的转速下电流越大制动作用越强，电流一定时转速越高制动力矩越大。一般取直流电流为电动机空载电流的 3～4 倍，过大会使定子过热。可调节整流器输出端的可变电阻 RP，得到合适的制动电流。能耗制动，制动准确、平稳、能量消耗小，但制动力较弱，需要直流电源。

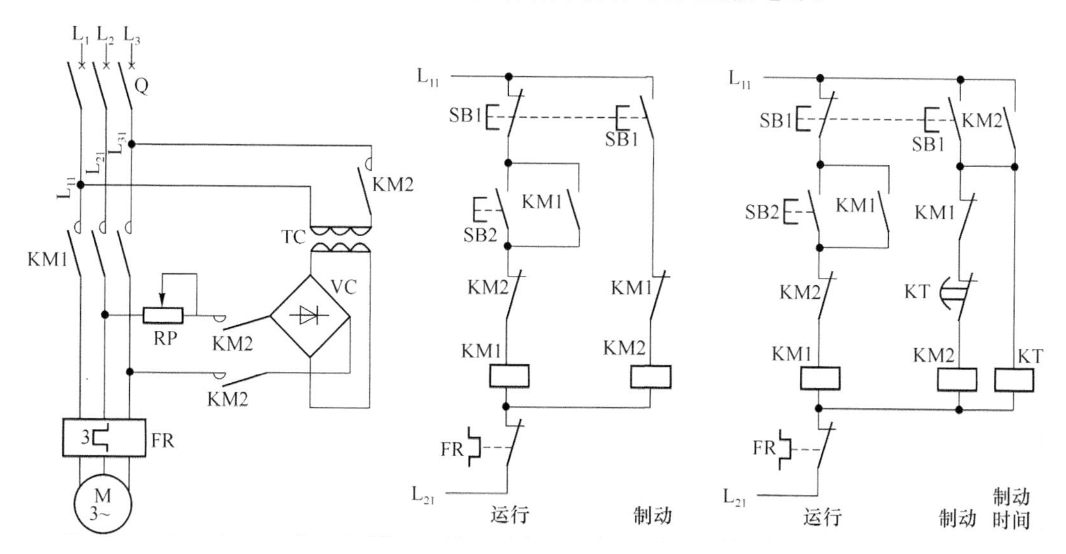

图 5-13　能耗制动原理图

能耗制动中所需的直流电压和直流电流可按下列经验公式计算：

$$I_{DC}=(3\sim4)I_0$$

或

$$I_{DC}=1.5I_N$$

$$U_{DC}=R\ I_{DC}$$

式中：I_{DC}——为能耗制动时所需直流电（A）；

I_N——为电动机额定电流（A）；

I_0——为电动机空载时的线电流，一般 $I_0=(0.3\sim0.4)I_N$（A）；

U_{DC}——为能耗制动时所需直流电压（V）；

R——为定子绕组的冷态电阻（Ω）。

3. 反接制动

反接制动原理：停车时，首先切换电动机定子绕组三相电源相序，产生与转子转动方向相反的转矩，因而起制动作用。电动机的转速下降接近零时，及时断开电动机的反接电源。图 5-14 为反接制动原理图，KM1 为单向运行接触器，KM2 为反接制动接触器，KV 为速度继电器，R 为反接制动电阻，限制反接制动电流。防止制动时对电网的冲击和电动机绕组过热。电动机容量较小且制动不是很频繁的正、反转控制电路中，为简化电路，可以不加限流电阻。

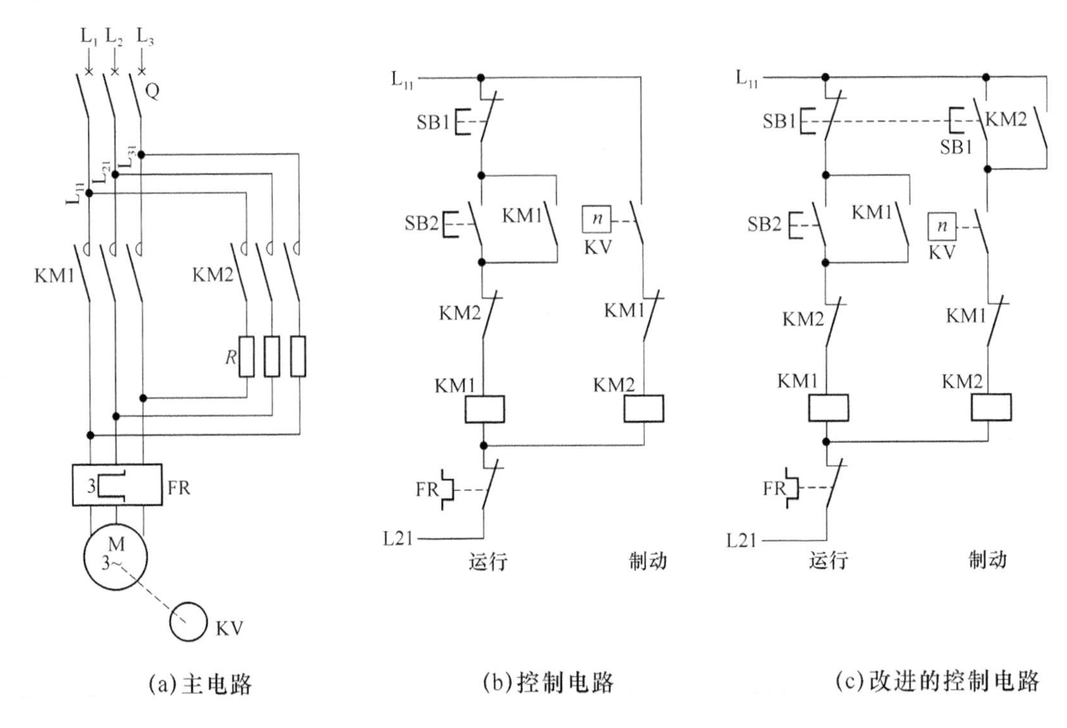

图 5-14 反接制动原理图

工作原理(速度控制原则)：

起动：按动启动按钮 SB2→KM1 线圈得电自锁→电动机 M 通入正相序电源转动。

停止：按动停车按钮 SB1→KM1 线圈失电复位→KM2 线圈得电自锁，实现反接制动，转速 n 接近零时，速度继电器 KS 常开触点打开→KM2 线圈失电，反接制动结束。

控制电路(b)存在问题：停车期间，用手转动机床主轴调整工件，速度继电器的转子，随着转动，一旦达到速度继电器动作值，接触器 KM2 得电，电动机接通电源发生制动作用，不利于调整。控制电路(c)中复合停止按钮 SB1 动合触点上并联 KM2 的自锁触点。用手转动电动机轴时，不按停止按钮 SB1，KM2 线圈就不会得电，电动机也就不会反接于电源。

反接制动制动显著，有冲击，能量消耗较大。

三、任务实施

1. 电气控制线路的常用故障检查方法之电阻检查法

电阻的检查可用两种方法进行。图 5-15 所示为分段测量法，图 5-16 所示为分阶测量法。

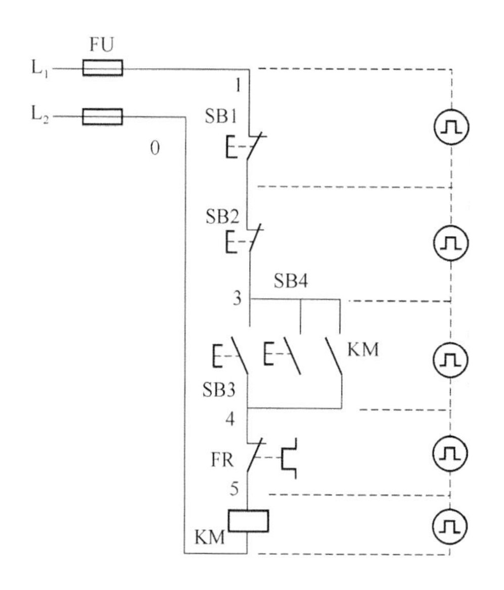

图 5-15　电阻分段测量法

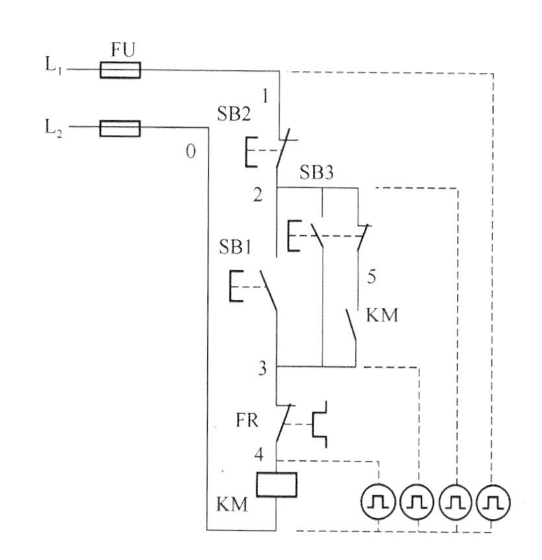

图 5-16　电阻分阶测量法

电阻检查法是利用万用表的欧姆挡，对电路进行断电后的电阻测查，进而找出故障所在。这是一种常用的、安全的、有效的排查故障的方法。

测量前，先断开电源，然后按住起动按钮，在分阶测量法中，依次测量 0-1、0-2、0-3、0-4 间的电阻值，依测量结果找寻故障点；在分段测量法中，依次测量 1-2、2-3、3-4、4-5、5-0 间的电阻，依测量结果找寻故障点。正常情况下，只有接触器线圈上电阻较大。

在电阻检查法中，若两点间有并联电路，则在测一路电阻时，其余并联的电路应予断开。

2. 三相异步电动机的制动控制线路

(1) 通过各种制动的实际接线，了解不同制动的特点和适用的范围

(2) 充分掌握各种制动的原理

(3) 选用组件

序号	名称	数量	序号	名称	数量
1	三相鼠笼异步电动机(△/220 V)	1 件	4	继电接触控制挂箱(二)	1 件
2	三相鼠笼异步电动机(△/220 V)	1 件	5	继电接触控制挂箱(三)	1 件
3	继电接触控制挂箱(一)	1 件	6	三相可调电阻箱	1 件

(4) 双向起动反接制动控制电路

设计双向起动反接制动控制电路，调节三相可调输出为 220 V 线电压输出，经检查无误后合电源开关。

(5) 三相异步电动机能耗制动控制线路

开启交流电源，将三相输出线电压调至 220 V，按下“关”按钮，按图 5-13 接线，经检查无误后，按以下步骤通电操作：

① 启动控制屏，合上电源开关，接通 220 V 三相交流电源。

② 调节时间继电器，使延时时间为 5s。

③ 按下 SB2，使电动机 M 起动运转。

④ 待电动机运转稳定后，按下 SB1，观察并记录电动机 M 从按下 SB2 起至电动机停止旋转的能耗制动时间。

四、知识拓展

1. 行程控制电路

在生产机械中，常需要控制某些生产机械的行程位置。例如，铣床的工作台到极限位置时，会自动停止，起重设备上升到一定高度也能自动停下来，等等。行程控制要用到行程开关。利用生产机械运动部件上的挡铁与行程开关碰撞，使其触点动作来接通或断开电路，以达到控制生产机械运动部件位置或行程的控制，称为行程控制（或位置控制，或限位控制）。行程控制是生产过程自动化中应用较为广泛的控制方法之一。

行程控制的电路如图 5-17 所示。它是在双重互锁正、反转控制电路的基础上，增加了两个行程开关 SQ1 和 SQ2。

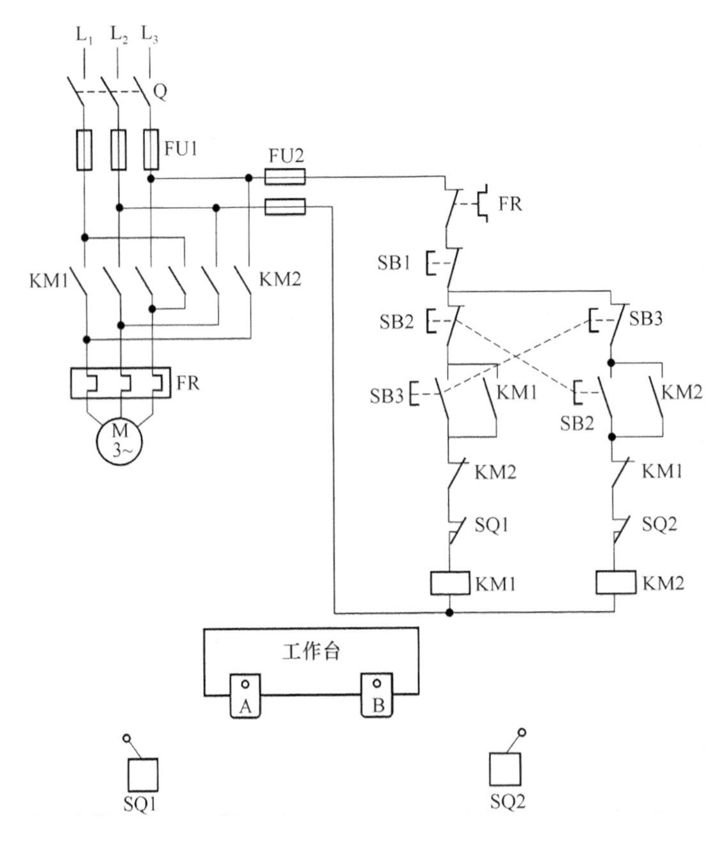

图 5-17　行程控制电路

电路的工作原理如下：按下正转按钮 SB3，KM1 线圈得电，电动机正转，拖动工作台向左运行。当达到极限位置，挡铁 A 碰撞 SQ1 时，使 SQ1 的常闭触点断开，KM1 线圈失电，电动机因断电自动停止，达到保护的目的。同理，按下反转按钮 SB2，KM2 线圈得电，电动机反转，拖动工作台向右运行。到达极限位置，挡铁 B 磁撞 SQ2 时，使 SQ2 的常闭触点断开，KM2 线圈失电，电动机因断电自动停止。

此电路除短路、过载、失电压、欠电压保护外，还具有行程保护。

2. 多地控制电路

有些生产设备为了操作方便，需要在两地或多地控制一台电动机，例如普通铣床的控制电路，就是一种多地控制电路。这种能在两地或多地控制一台电动机的控制方式，称为电动机的多地控制。在实际应用中，大多为两地控制。

两地控制的电路如图 5-18 所示。图中 SB1、SB4 为甲地的控制按钮，SB2、SB3 为乙地的控制按钮。这种电路的特点是两地的起动按钮并联，两地的停止按钮串联。这样，就可以在甲、乙两地控制同一台电动机，操作起来较为方便。

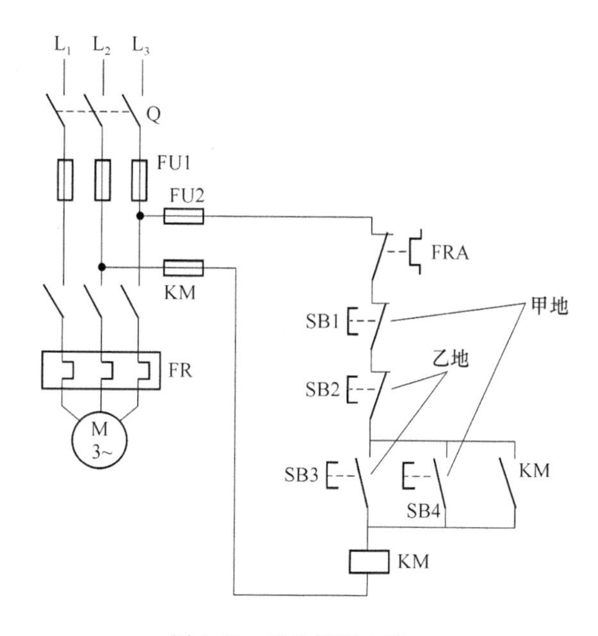

图 5-18　两地控制电路

五、思考与练习

1. 如果要在图 5-17 所示行程控制电路的基础上，实现自动往返行程控制，是否要增加元器件？如何实现？如果增加两个行程开关实现终端保护，以避免由于 SQ1 和 SQ1 经常受挡块碰撞而动作失灵，造成越位事故，如何实现？

2. 行程控制线路中有哪些保护措施，分别由哪些元器件来完成的？

3. 能耗制动中所需的直流电压和直流电流如何确定？

4. 能耗制动和反接制动各有何特点？

5. 在多地控制中，各起动按钮间、停止按钮间应作何连接？

任务三　三相异步电动机调速控制线路的设计与应用

一、任务分析

由三相异步电动机的转速 $n=(1-s)\ 60\ f/P$ 可知，三相异步电动机的调速方法有变磁极对数、变转差率及变频调速三种。笼型电动机的调速主要用变频调速和变极调速，绕线式异步电动机多用变转差率调速。

改变极对数，也就改变了电动机的同步转速，即改变电动机的转速，此方法称为变极调速。多速电动机就是通过改变电动机定子绕组的接线方式而得到不同的极对数，从而达到不同速度的目的。双速、三速电动机是变极调速中最常用的两种形式。

二、相关知识

下面介绍双速电动机的控制原理。

双速电动机的定子绕组的连接方式常用的有两种：一种是绕组从单星形改成双星形，图5-19(b)所示的连接方式转换成图5-19(c)所示的连接方式；另一种是从三角形改成双星形，图5-19(a)所示的连接方式转换成图5-19(c)所示的连接方式，这两种接法都能使电动机产生的磁极对数减少一半即电动机的转速提高一倍。

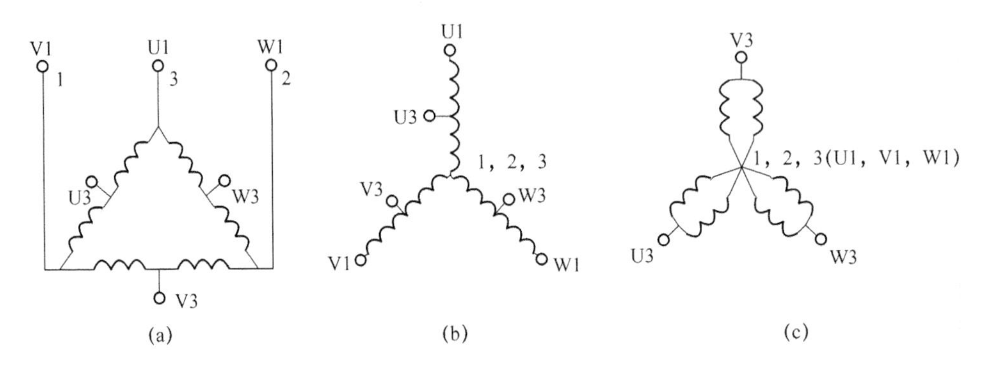

图 5-19　双速电动机的定子绕组的接线图

在图5-20中为双速电动机的控制原理图，SA为主要开关。当SA置中间位置时，电动机不起动。当SA置“低速”位置时，只有接触器KM1线圈得电动作，电动机作三角形连接，以低速起动、运转。当SA置“高速”位置时，时间继电器KT线圈首先得电，使得KM1线圈得电，电动机以三角形接法作低速起动；经一段时间(由KT控制)，KT-2断开(使得KM1线圈失电)，KT-3闭合，使得KM2线圈得电，电动机以双星形(YY)接法作高速运转。

图5-21 (a)为按钮手动控制方式，图5-21 (b)为断电延时的时间继电器控制方式。

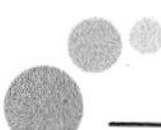

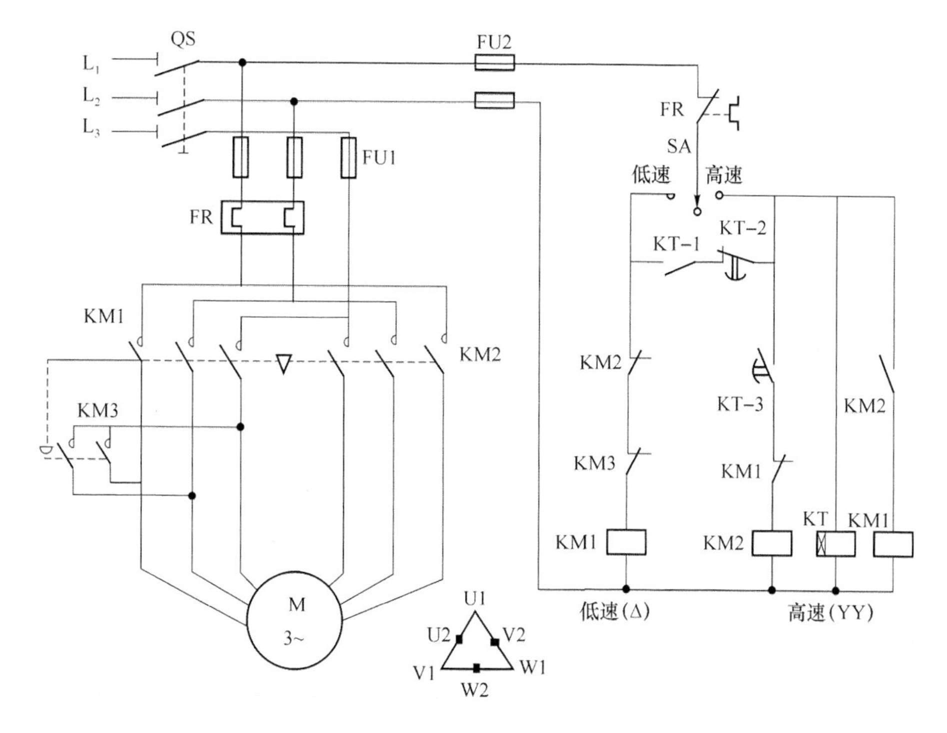

图 5-20　双速电动机的控制线路(一)

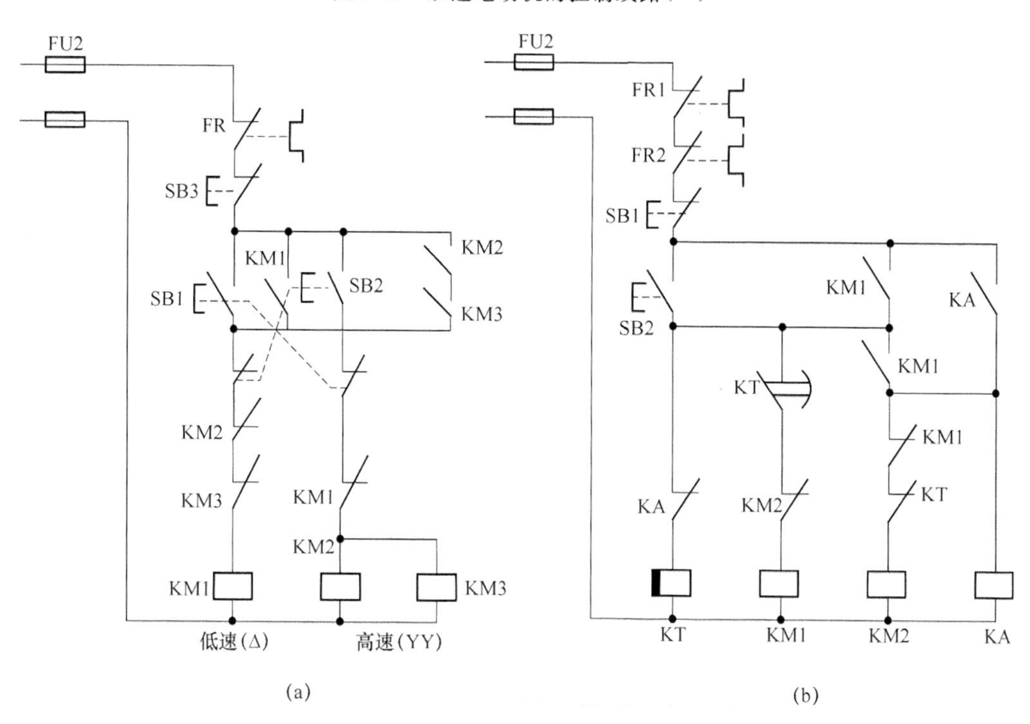

图 5-21　双速电动机的控制线路(二)

三、任务实施

1. 电气控制线路的常用故障检查方法之电压检查法

电压检查法是利用万用表的交流电压挡对线路进行带电测量，根据测量结果找寻故障点。这是一种常用的、有效的方法。

与电阻检查法相同的是电压的测取点既可采用分阶测量法，也可采用分段测量法，如图 5-22和图 5-23 所示。

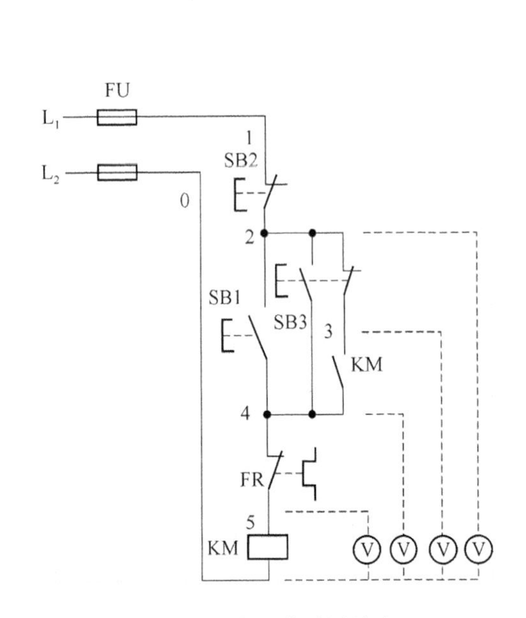

图 5-22　电压分阶测量法

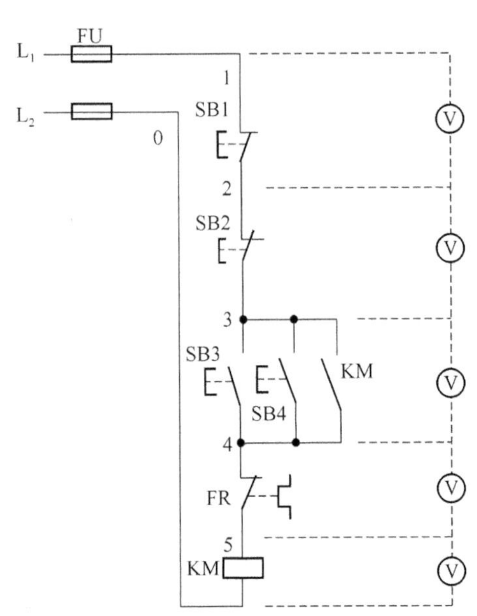

图 5-23　电压分段测量法

先断开主电路，接通控制电路的电源，按住起动按钮，若接触器不吸合，则说明控制电路有故障断点，依次检查 0 点与 1、2、3、4、5 间的电压（图 5-22）或 1-2、2-3、3-4、4-5、5-0 间的电压（图 5-23），依测量结果分析、判断故障点所在。正常情况下，只有接触器线圈上有电压且应为控制电路的端电压。

2. 电气控制线路的常用故障检查方法之其他检查法

(1) 校验灯检查法

如图 5-24 和图 5-25 所示。考虑到控制回路的电压常为 380 V，校验灯的额定电压为220 V，图 5-24 采用引入零线，图 5-25 采用变压器降压的方法预以解决两者电压不一致的问题。

查寻故障时，依灯泡的亮、暗情况进行分析、排查。

(2) 局部短接检查法

当怀疑某两点间本应接通闭合而实际未闭合时，可采用将该两点直接用导线短接的方法以判断该两点是否有故障，如图 5-26 所示。

在进行短接法检查时，因带电操作并手持导线，必须特别注意安全。在进行短接排查故障时，不得将线圈、电阻、绕组等压降较大的部件（或元件）短接，以免造成短路故障。

在实施各种检查方法前，应询问设备的操作者或故障发生时的现场人员，了解发生故障时的现象和故障发生的过程，以便检查时更具针对性。

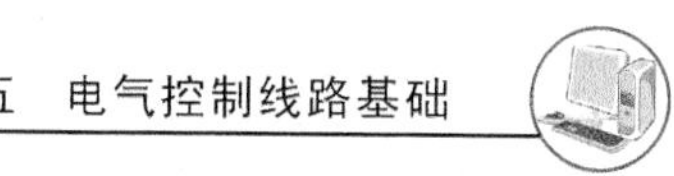

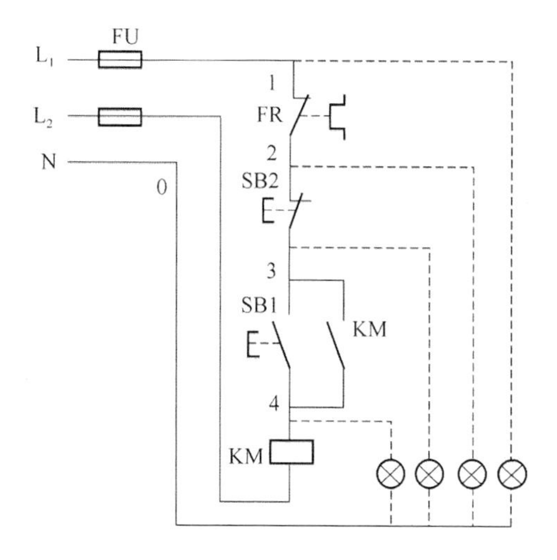

图 5-24　校验灯法(一)

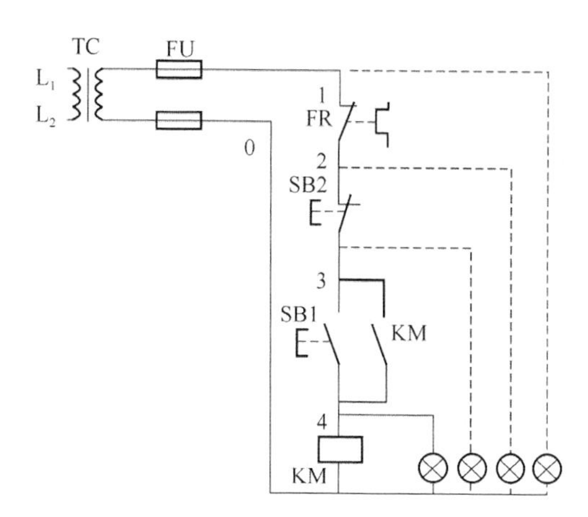

图 5-25　校验灯法(二)

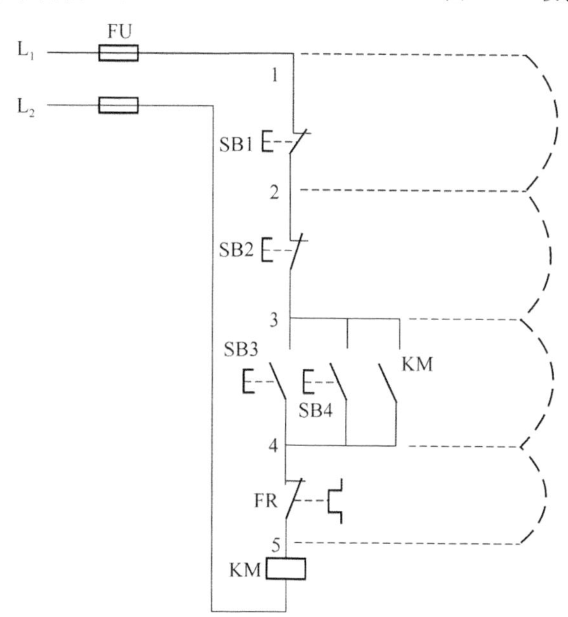

图 5-26　局部短接检查法

在实施检查时,应由外及里,先直观检查,再断电检查,最后通电检查。在上述检查方法因条件所限或不便进行时,还可采取“替代法”,即以一个完好的型号相同或相近的电器替代可能有故障的电器。

在通电排查控制电路故障时,应将主电路的电源断开;在排查主电路的故障时,应将电动机断开;确需电动机运转时,应将电动机负载脱开。

四、知识拓展

1. 顺序控制电路

在生产机械中,往往有多台电动机,各电动机的作用不同,需要按一定顺序动作,才能保证整个工作过程的合理性和可靠性。例如，X62W 型万能铣床上要求主轴电动机起动后，进给电动才能起动；平面磨床中，要求砂轮电动机起动后，冷却泵电动机才能起动，等等。这种只有当一台电动机起动后，另一台电动机才允许起动的控制方式，称为电动机的顺序控制。

如图 5-27 所示，电路中有两台电动机 M1 和 M2，它们分别由接触器 KM1 和 KM2 控制。工作原理如下：当按下起动按钮 SB2 时，KM1 线圈得电，M1 运转。同时，KM1 的常开触点闭合，此时，再按下 SB3，KM2 线圈得电，M2 运行。如果先按 SB3，由于 KM1 线圈未通电，其常开触点未闭合，KM2 线圈不会得电。这样保证了必须 M1 起动后 M2 才能起动的控制要求。

在图 5-27 的电路中，采用熔断器和热继电器作短路保护和过载保护，其中，两个热继电器的常闭触点串联，保证了如果有一台电动机出现过载故障，两台电动机都会停止。

顺序控制电路有如下缺点：要起动两台电动机时需要按两次起动按钮，增加了劳动强度；同时，起动两台电动机的时间差由操作者控制，精度较差。

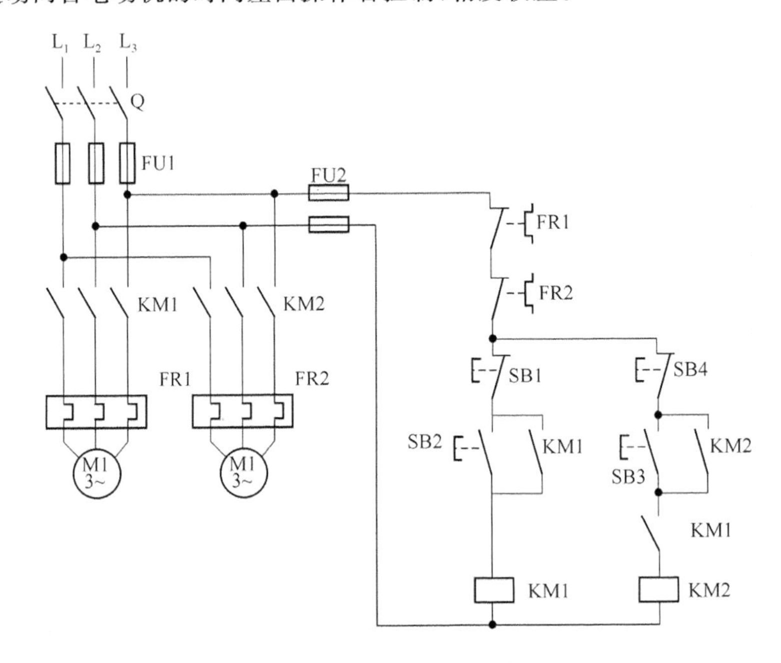

图 5-27 顺序控制电路

2. 时间控制电路

为了解决顺序控制的缺点，可采用时间控制。用时间继电器来控制两台或多台电动机的起动顺序，称时间控制。

两台电动机的时间控制电路如图 5-28 所示，图中的 KT 为时间继电器。此电路的工作过程如下：按下起动按钮 SB2，KM1 线圈得电，M1 运行。在 KM1 线圈得电的同时，时间继电器 KT 的线圈也得电，经过一段时间，时间继电器的延时常开触点闭合，使 KM2 线圈得电，KM2 的三相主触点闭合，电动机 M2 运行。实现了时间控制。当需要停止时，按下停止按钮 SB1，接触器线圈失电，两个接触器的三相触点全部断开，电动机因断电而停止。

当 KM2 线圈得电后，时间继电器 KT 的作用已经完成，所以，用 KM2 的常闭触点断开 KT 线圈，以减少 KT 线圈的能量损耗。

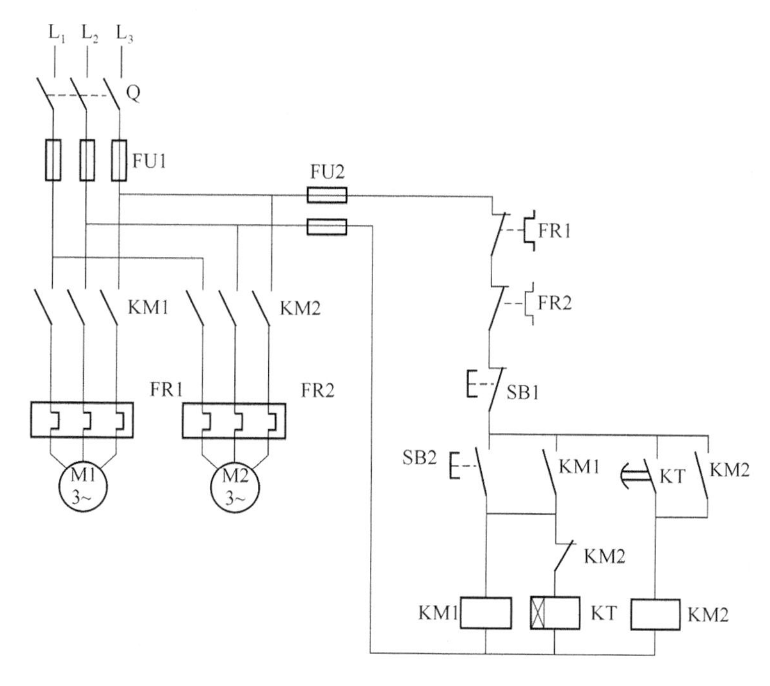

图 5-28　时间控制电路

3. 变频器

变频器是利用电力半导体器件的通断作用将工频电源变换为另一频率的电能控制装置。现在使用的变频器主要采用交-直-交方式(VVVF变频或矢量控制变频),先把工频交流电源通过整流器转换成直流电源,然后再把直流电源转换成频率、电压均可控制的交流电源以供给电动机。变频器的电路一般由整流、中间直流环节、逆变和控制四个部分组成。整流部分为三相桥式不可控整流器,逆变部分为IGBT三相桥式逆变器,且输出为PWM波形,中间直流环节为滤波、直流储能和缓冲无功功率。

(1) 变频器选型

变频器选型时要确定以下几点:

① 采用变频的目的;恒压控制或恒流控制等。

② 变频器的负载类型;如叶片泵或容积泵等,特别注意负载的性能曲线,性能曲线决定了应用时的方式方法。

③ 变频器与负载的匹配问题。

电压匹配:变频器的额定电压与负载的额定电压相符。

电流匹配:普通的离心泵,变频器的额定电流与电动机的额定电流相符。对于特殊的负载如深水泵等则需要参考电机性能参数,以最大电流确定变频器电流和过载能力。

转矩匹配:这种情况在恒转矩负载或有减速装置时有可能发生。

④ 在使用变频器驱动高速电动机时,由于高速电动机的电抗小,高次谐波增加导致输出电流值增大。因此用于高速电动机的变频器的选型,其容量要稍大于普通电动机的选型。

⑤ 变频器如果要长电缆运行时,此时要采取措施抑制长电缆对地耦合电容的影响,避免变频器出力不足,所以在这样情况下,变频器容量要放大一挡或者在变频器的输出端安装输出电抗器。

⑥ 对于一些特殊的应用场合，如高温、高海拔，此时会引起变频器的降容，变频器容量要放大一挡。

(2) 变频器控制原理图设计

① 首先确认变频器的安装环境。

- 工作温度。变频器内部是大功率的电子元件，极易受到工作温度的影响，产品一般要求为 0～55 ℃，但为了保证工作安全、可靠，使用时应考虑留有余地，最好控制在 40 ℃以下。在控制箱中，变频器一般应安装在箱体上部，并严格遵守产品说明书中的安装要求，绝对不允许把发热元件或易发热的元件紧靠变频器的底部安装。
- 环境温度。温度太高且温度变化较大时，变频器内部易出现结露现象，其绝缘性能就会大大降低，甚至可能引发短路事故。必要时，必须在箱中增加干燥剂和加热器。在水处理间，一般水汽都比较重，如果温度变化大的话，这个问题会比较突出。
- 腐蚀性气体。使用环境如果腐蚀性气体浓度大，不仅会腐蚀元器件的引线、印刷电路板等，而且还会加速塑料器件的老化，降低绝缘性能。
- 振动和冲击。装有变频器的控制柜受到机械振动和冲击时，会引起电气接触不良。这时除了提高控制柜的机械强度、远离振动源和冲击源外，还应使用抗震橡皮垫固定控制柜外和内电磁开关之类产生振动的元器件。设备运行一段时间后，应对其进行检查和维护。
- 电磁波干扰。变频器在工作中由于整流和变频，周围产生了很多的干扰电磁波，这些高频电磁波对附近的仪表、仪器有一定的干扰。因此，柜内仪表和电子系统，应该选用金属外壳，屏蔽变频器对仪表的干扰。所有的元器件均应可靠接地，除此之外，各电气元件、仪器及仪表之间的连线应选用屏蔽控制电缆，且屏蔽层应接地。如果处理不好电磁干扰，往往会使整个系统无法工作，导致控制单元失灵或损坏。

② 变频器和电动机的距离确定电缆和布线方法。

- 变频器和电动机的距离应该尽量的短。这样减小了电缆的对地电容，减少干扰的发射源。
- 控制电缆选用屏蔽电缆，动力电缆选用屏蔽电缆或者从变频器到电动机全部用穿线管屏蔽。
- 电动机电缆应独立于其他电缆走线，其最小距离为 500 mm。同时应避免电动机电缆与其他电缆长距离平行走线，这样才能减少变频器输出电压快速变化而产生的电磁干扰。如果控制电缆和电源电缆交叉，应尽可能使它们按 90°角交叉。与变频器有关的模拟量信号线与主回路线分开走线，即使在控制柜中也要如此。
- 与变频器有关的模拟信号线最好选用屏蔽双绞线，动力电缆选用屏蔽的三芯电缆(其规格要比普通电动机的电缆大挡)或遵从变频器的用户手册。

③ 变频器控制原理图。

- 主回路：电抗器的作用是防止变频器产生的高次谐波通过电源的输入回路返回到电网从而影响其他的受电设备，需要根据变频器的容量大小来决定是否需要加电抗器；滤波器是安装在变频器的输出端，减少变频器输出的高次谐波，当变频器到电动机的距离较远时，应该安装滤波器。虽然变频器本身有各种保护功能，但缺相保护却并不完美，断路器在主回路中起到过载，缺相等保护，选型时可按照变频器的容量进行选择。可以用变频器本身的过载保护代替热继电器。

- 控制回路:具有工频变频的手动切换,以便在变频出现故障时可以手动切工频运行,因输出端不能加电压,固工频和变频要有互锁。

④ 变频器的接地。变频器正确接地是提高系统稳定性,抑制噪声能力的重要手段。变频器的接地端子的接地电阻越小越好,接地导线的截面不小于4mm,长度不超过5m。变频器的接地应和动力设备的接地点分开,不能共地。信号线的屏蔽层一端接到变频器的接地端,另一端浮空。变频器与控制柜之间电气相通。

(3) 变频器控制柜设计

变频器应该安装在控制柜内部,控制柜在设计时要注意以下问题:

① 散热问题:变频器的发热是由内部的损耗产生的。在变频器中各部分损耗中主要以主电路为主,约占98%,控制电路占2%。为了保证变频器正常可靠运行,必须对变频器进行散热,通常采用风扇散热;变频器的内装风扇可将变频器的箱体内部散热带走,若风扇不能正常工作,应立即停止变频器运行;大功率的变频器还需要在控制柜上加风扇,控制柜的风道要设计合理,所有进风口要设置防尘网,排风通畅,避免在柜中形成涡流,在固定的位置形成灰尘堆积;根据变频器说明书的通风量来选择匹配的风扇,风扇安装要注意防震问题。

② 电磁干扰问题。

- 变频器在工作中由于整流和变频,周围产生了很多的干扰电磁波,这些高频电磁波对附近的仪表、仪器有一定的干扰,而且会产生高次谐波,这种高次谐波会通过供电回路进入整个供电网络,从而影响其他仪表。如果变频器的功率很大占整个系统25%以上,需要考虑控制电源的抗干扰措施。
- 当系统中有高频冲击负载如电焊机、电镀电源时,变频器本身会因为干扰而出现保护,则考虑整个系统的电源质量问题。

③ 防护问题需要注意以下几点:

- 防水防结露:如果变频器放在现场,需要注意变频器柜上方布的有管道法兰或其他漏点,在变频器附近不能有喷溅水流,总之现场柜体防护等级要在IP43以上。
- 防尘:所有进风口要设置防尘网阻隔絮状杂物进入,防尘网应该设计为可拆卸式,以方便清理、维护。防尘网的网格根据现场的具体情况确定,防尘网四周与控制柜的结合处要处理严密。
- 防腐蚀性气体:在化工行业这种情况比较多见,此时可以将变频柜放在控制室中。

(4) 变频器接线规范

信号线与动力线必须分开走线:使用模拟量信号进行远程控制变频器时,为了减少模拟量受来自变频器和其他设备的干扰,请将控制变频器的信号线与强电回路(主回路及顺控回路)分开走线。距离应在30 cm以上。即使在控制柜内,同样要保持这样的接线规范。该信号与变频器之间的控制回路线最长不得超过50 m。

信号线与动力线必须分别放置在不同的金属管道或者金属软管内部:连接PLC和变频器的信号线如果不放置在金属管道内,极易受到变频器和外部设备的干扰;同时由于变频器无内置的电抗器,所以变频器的输入和输出级动力线对外部会产生极强的干扰,因此放置信号线的金属管或金属软管一直要延伸到变频器的控制端子处,以保证信号线与动力线的彻底分开。

① 模拟量控制信号线应使用双股绞合屏蔽线，电线规格为 0.75 mm^2。在接线时一定要注意，电缆剥线要尽可能的短（5～7 mm），同时对剥线以后的屏蔽层要用绝缘胶布包起来，以防止屏蔽线与其他设备接触引入干扰。

② 为了提高接线的简易性和可靠性，推荐信号线上使用压线棒端子。

(5) 变频器的运行和相关参数的设置

变频器的设定参数多，每个参数均有一定的选择范围，使用中常常遇到因个别参数设置不当，导致变频器不能正常工作的现象。

控制方式：即速度控制、转距控制、PID 控制或其他方式。采取控制方式后，一般要根据控制精度，需要进行静态或动态辨识。

最低运行频率：即电动机运行的最小转速，电动机在低转速下运行时，其散热性能很差，电动机长时间运行在低转速下，会导致电动机烧毁。而且低速时，其电缆中的电流也会增大，也会导致电缆发热。

最高运行频率：一般的变频器最大频率到 60 Hz，有的甚至到 400 Hz，高频率将使电动机高速运转，这对普通电动机来说，其轴承不能长时间的超额定转速运行，电动机的转子是否能承受这样的离心力。

载波频率：载波频率设置的越高其高次谐波分量越大，这和电缆的长度，电动机发热，电缆发热变频器发热等因素是密切相关的。

电动机参数：变频器在参数中设定电动机的功率、电流、电压、转速、最大频率，这些参数可以从电机铭牌中直接得到。

跳频：在某个频率点上，有可能会发生共振现象，特别在整个装置比较高时；在控制压缩机时，要避免压缩机的喘振点。

(6) 常见故障分析

① 过流故障：过流故障可分为加速、减速、恒速过电流。其可能是由于变频器的加减速时间太短、负载发生突变、负荷分配不均，输出短路等原因引起的。这时一般可通过延长加减速时间、减少负荷的突变、外加能耗制动元件、进行负荷分配设计、对线路进行检查。如果断开负载变频器还是过流故障，说明变频器逆变电路已环，需要更换变频器。

② 过载故障：过载故障包括变频过载和电机过载。其可能是加速时间太短，电网电压太低、负载过重等原因引起的。一般可通过延长加速时间、延长制动时间、检查电网电压等。负载过重，所选的电动机和变频器不能拖动该负载，也可能是由于机械润滑不好引起。如前者则必须更换大功率的电动机和变频器；如后者则要对生产机械进行检修。

③ 欠压：说明变频器电源输入部分有问题，需检查后才可以运行。

五、思考与练习

1. 根据下列要求，分别画出两台电动机 M1、M2 的控制线路原理图：

(1) M1 起动后 M2 才能起动，M2 还能单独停止。

(2) M1 起动后 M2 才能起动，M2 还能点动。

(3) M1 先起动，经过一定时间 M2 能自行起动。

(4) M1 先起动，经过一定时间 M2 能自行起动，M2 起动后，M1 立即停止。

2. 顺序控制电路有何缺点？如何改进？

3. 电气控制线路故障检查的一般原则是什么？

4. 在进行短接法检查时，应注意哪些问题？

任务四　典型机电设备控制线路的设计与应用

一、任务分析

电器控制系统的设计，一般包括确定拖动方案、选择电动机容量和设计电器控制电路。

电器控制电路的设计方法通常有两种：

一种方法是一般设计法，又称经验设计法。它是根据生产工艺要求，利用各种典型的电路环节，直接设计控制电路。这种设计方法比较简单，但要求设计人员必须熟悉大量的控制电路、掌握多种典型电路的设计资料、同时具有丰富的设计经验。

在设计过程中往往还要经过多次反复地修改、试验，才能使电路符合设计的要求。即使这样，设计出来的电路可能不是最简，所用的电器及触点不一定最少，所得出的方案不一定是最佳方案。

另一种方法是逻辑设计法，它是根据生产工艺的要求，利用逻辑代数来分析、设计电路的。用这种方法设计的电路比较合理，特别适合完成较复杂的生产工艺所要求的控制电路。但是相对而言逻辑设计法难度较大，不易掌握。这里只介绍一般设计法。

二、相关知识

1. 电气图的基本要求

① 电气原理图——说明控制线路的工作原理，用图形符号、文字符号、项目代号表示电路功能和电气元件连接关系的图。

② 电气控制线路原理图按国家标准规定的图形符号、文字符号和回路标号绘制。

③ 原理图中各元件有关动作部件为“原始状态”，触点符号一般画成：左开右闭，下开上闭。

④ 主回路、控制回路和信号回路应分开绘制。

主回路：电源线绘制成水平线，电机控制线路垂直于电源线。（用粗实线）

控制回路：垂直地画在两条电源线之间，耗能元件（线圈、信号灯……）应直接连接在地线上，控制触点连接在电源火线与耗能元件之间。（用细实线）

⑤ 原理图上应尽可能减少线号，避免线路交叉。电路应按动作顺序和信号流向，自上而下、自左往右的原则排列线路、元件，同一元件的各触点、线圈的文字符号应相同。

⑥ 为便于检索线路，将原理图分成若干个图区，图区的编号在图的下部，为标明每个区电路的功能，在图的顶部设一用途栏，文字表示其功能。

⑦ 原理图中应标出以下参数：各个电源电路的电压、极性、频率、相数；某些元件的特性；不常用电器的操作方式和功能；标明主要回路中导线规格。

⑧ 线路中的交接点，需要测试和拆接外部引出线的端子，应该用“空心圆 o”表示；电路

的连接点用“实心圆·”表示。

⑨ 机械操作电器的表示方法：

- 对非电气控制和人工操作的电路，必须在电气图上用相应的图形符号表示其操作方法和工作状态。
- 同一操作件动作的所有触点应用机械连杆符号表示其动作关系。
- 各个触点的运动方向和状态，必须与操作件的动作方向和状态一致。

⑩ 电气控制线路中的全部电机、电气元件的型号、文字符号、数量、额定技术数据均应填写在元件明细表内。

2. 电气接线图

① 按控制系统的复杂程度，可将接线图分为总体接线图、部件接线图、组件或插件接线图等。

② 各元件图形符号、文字符号、线号均应与电气原理图一致。

③ 应清楚表示出各电器的相对位置和它们之间的电气连接（同一电器的各部分应画在一起，用虚线框起来）。

④ 不在同一部位的各电器之间的连接导线，必须通过接线端子进行。

⑤ 成束的电线可用一根实线表示，标明导线的线号和去向。

⑥ 电气接线图应标明导线的种类和标称截面、数量、颜色、线号，以及所套管子的型号规格。

3. 电气柜内元件布置图

电气柜内元件布置图反映电柜内电气元件的型号及技术参数、安装要求、接线要求的图。

4. 电气互连图

电气互连图表明电气设备各单元之间的连接关系。

5. 绘制、识读电气原理图时应遵循的原则

① 应将主电路、控制电路、指示电路、照明电路分开绘制。

② 电源电路应绘成水平线，而受电的动力装置及其保护电路应垂直绘出。控制电路中的耗能元件（如接触器和继电器的线圈、信号灯、照明灯等）应画在电路的下方，而电器触点应放在耗能元件的上方。

③ 在原理图中，各电器的触点应是未通电的状态，机械开关应是循环开始前的状态。

④ 图中从上到下，从左到右表示操作顺序。

⑤ 原理图应采用国家规定的国家标准符号。在不同位置的同一电器元件应标有相同的文字符号。

⑥ 在原理图中，若有交叉导线联接点，要用小黑圆点表示，无直接电联系的交叉导线则不画出小黑圆点。在电路图中，应尽量减少或避免导线的交叉。

6. 电气设计主要内容

(1) 确定电气设计的技术条件和任务书。

(2) 选择电力拖动和控制方案（电动机工作方式；控制方式）。

(3) 选择电动机。

(4) 设计电气原理图（主回路；控制回路……）。

(5) 设计机电设备的电气装配图和电气接线图。

(6) 设计电气柜、操纵台等非标部件和专用安装零件。

(7) 选用电气元件，编制电气元件清单。

(8) 编写设计计算说明书和使用说明书。

其中:电气设计的技术条件包括设备功能;运动部件数量;工艺流程;工作方式;使用环境和特殊要求。

(9) 电力拖动形式的选择包括电动机传动方式;调速性能;起制动要求;负载特性。

(10) 系统控制方案的确定包括:

① 控制方式:继电器——接触器;顺序控制器;数控系统;微机控制。

② 控制系统的工作方式:手动;自动;单头半自动等。

③ 自动工作循环简图,转换条件,工作节拍(电磁铁接通表)。

④ 连锁条件;保护要求。

三、任务实施

一般设计法,由于是靠经验进行设计的,因而灵活性很大。初步设计出来的电路可能是几个,这时要加以比较分析,甚至要通过实验加以验证,才能确定比较合理的设计方案。这种设计方法没有固定模式,通常先用一些典型电路环节拼凑起来实现某些基本要求,而后根据生产工艺要求逐步完善其功能,并加以适当的连锁与保护环节。

1. 用一般方法设计控制电路时,应注意以下几个原则:

(1) 应最大限度地实现生产机械和工艺对电器控制电路的要求。

(2) 在满足生产要求的前提下,控制电路应力求简单、经济。

(3) 保证控制电路工作的可靠和安全。

(4) 应尽量使操作和维修方便。

2. 一般设计法的设计思路

(1) 电气控制设计的内容

电气控制设计的内容包括主电路、控制电路和辅助电路的设计

① 主电路:主要考虑电动机起动、点动、正反转、制动及多速控制的要求。

② 控制电路:满足设备和设计任务要求的各种自动、手动的电气控制电路。

③ 辅助电路:完善控制电路要求的设计,包括短路、过流、过载、零压、连锁(互锁)、限位等电路保护措施,以及信号指示、照明等电路。

④ 反复审核:根据设计原则审核电气设计原理图,有必要时可以进行模拟实验,修改和完善电路设计,直至符合设计要求。

(2) 常用的经验设计方法

① 根据生产机械的要求,选用典型环节,将它们有机的组合起来,并加以补充修改,综合成所需的控制电路。

② 没有典型环节,可以根据工艺要求自行设计,采用边分析边画图的方法,不断增加电器元件和控制触点,以满足给定的工作条件和要求。

(3) 特点

① 设计方法简单易于掌握,使用广泛。

② 要求设计者有一定的设计经验,需要反复修改图纸,设计速度较慢。

③ 设计程序不固定,一般需要进行模拟实验。

④ 不宜获得最佳设计方案。

下面通过一个实例介绍电器控制电路的一般设计方法。

在龙门刨床(或立车)上装有横梁机构,刀架装在横梁上,随加工件大小不同横梁需要沿立柱上下移动,在加工过程中,横梁又需要保证夹紧在立柱上不允许松动。

横梁升降电动机安装在龙门顶上,通过蜗轮传动,使立柱上的丝杠转动,通过螺母使横梁上下移动。

横梁夹紧电动机通过减速机构传动夹紧螺杆,通过杠杆作用使压块将横梁夹紧或放松。综上所述,横梁机构对电器控制系统提出以下要求:

① 保证横梁能上下移动,夹紧机构能实现横梁的夹紧或放松。

② 横梁夹紧与横梁移动之间必须有一定的操作程序:

- 按向上向下移动按钮后,首先使夹紧机构自动放松。
- 横梁放松后,自动转换到向上或向下移动。
- 移动到需要位置后,松开按钮,横梁自动夹紧。
- 夹紧后电动机自动停止运动。

③ 具有上下行程的限位保护。

④ 横梁夹紧与横梁移动之间及正反向运动之间具有必要的连锁。

在了解清楚生产要求之后则可进行控制电路的设计:

(1) 设计主电路

横梁移动和横梁夹紧需用两台异步电动机拖动。为了保证实现上下移动和夹紧放松的要求,电动机必须能实现正反转,因此采用 KM1、KM2 和 KM3、KM4 四个接触器分别控制移动电动机 M1 和夹紧电动机 M2 的正反转,如图 5-29(a)所示。

(2) 设计基本控制电路

四个接触器具有四个控制线圈,由于只能用两只点动按钮去控制移动和夹紧的两个运动,所以需要通过两个中间继电器 KA1 和 KA2 进行控制。根据生产对控制系统所要求的操作程序可以设计出图 5-29(b)所示的草图,但它还不能实现在横梁放松后才能自动向上或向下,也不能在横梁夹紧后使夹紧电动机自动停止,这需要恰当地选择控制过程中的变化参量实现上述自动控制要求。

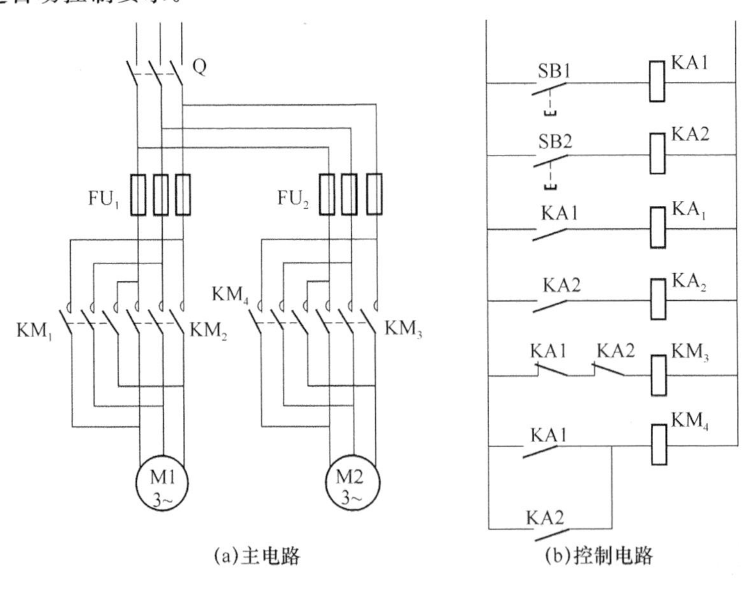

(a)主电路　　(b)控制电路

图 5-29　横梁控制电路图

(3) 选择控制参量、确定控制原则

反映横梁放松的参量，可以有行程参量和时间参量。由于行程参量更加直接反映放松程度，所以采用 SQ1 行程开关进行控制(图 5-30)。当压块压合 SQ1 其常闭触点断开横梁已经放松，接触器 KM4 线圈失电；同时 SQ1 常开触点接通向上或向下接触器 KM1 或 KM2。

反映夹紧程度的参量可以有行程、时间和反映夹紧力的电流。如采用行程参量，当夹紧机构磨损后，测量就不精确，如用时间参量，更不易调整准确，因此这里选用电流参量进行控制最为适宜。在图 5-30 中，在夹紧电动机夹紧方向的主电路中串联接入一个电流继电器 KA3，其动作电流可整定在两倍额定电流左右。KA3 的常闭触点应该串接在 KM3 接触器电路中。由于横梁移动停止后，夹紧电动机立即起动，在起动电流作用下，KA3 将动作，使 KM3 线圈又失电，故采用 SQ1 常开触点短接 KA3 触点。KM3 接通动作后，则依靠其辅助触点自锁。一直到夹紧力增大到 KA3 动作后，KM3 线圈才失电，自动停止夹紧电动机的工作。

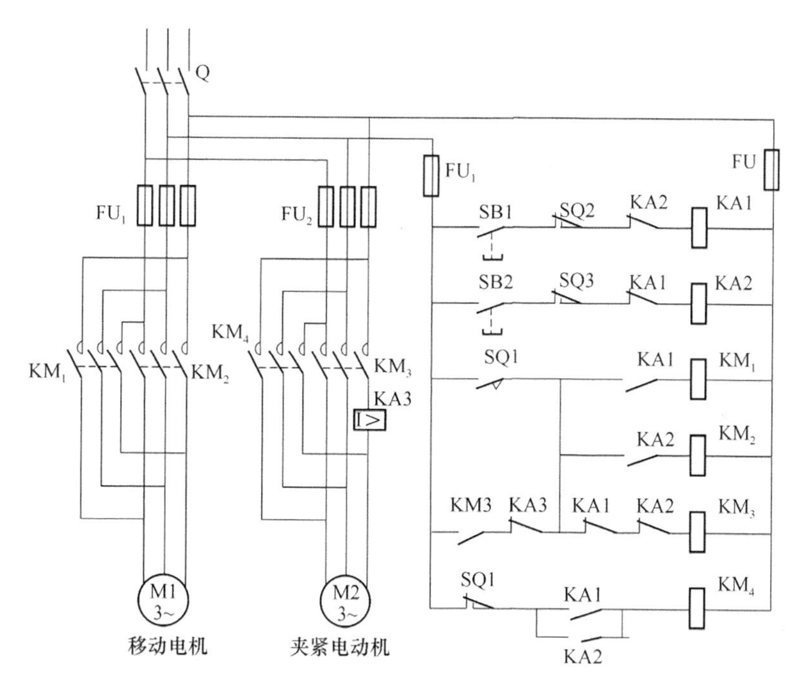

图 5-30　完整的控制电路

(4) 设计连锁保护环节

设计连锁保护环节，主要是将反映相互关联运动的电器触点串联或并联接入被连锁运动的相应电器电路中。这里采用 KA1 和 KA2 的常闭触点实现横梁移动电动机和夹紧电动机正反向工作的连锁保护。

横梁上下需要有限位保护，采用行程开关 SQ2 和 SQ3 分别实现向上和向下限位保护。SQ1 除了反映放松信号外，它还起到了横梁移动和横梁夹紧间的联锁控制。

(5) 电路的完善和校核

控制电路初步设计完毕后，可能还有不合理的地方，应仔细校核。例如进一步简化以节省触点数，节省电器间联结线，等等。特别应该对照生产要求再次分析所设计电路是否逐条予以实现,电路在误操作时是否会产生事故。完整的横梁移动和夹紧控制电路如图 5-30 所示。

一般的电器控制电路均可按上述方法进行设计。

3. 机床电气故障

(1) 自然故障

机床在运行过程中,其电气设备常受到许多不利因素的影响,如电器动作过程中的机械振动、过电流的热效应加速电器元件的绝缘老化变质、电弧的烧、长期动作的自然磨损、周围环境温度和湿度的影响、有害介质的侵蚀、元件自身的质量问题、自然寿命等原因。以上种种原因都会使机床电器难免出现一些这样或那样的故障而影响机床的正常运行。因此加强日常维护保养和检修可使机床在较长时间内不出或少出故障。切不可误认为反正机床电气设备的故障是客观存在。在所难免的,就忽视日常维护保养和定期检修工作。

(2) 人为故障

机床在运行过程中,由于受到不应有的机械外力的破坏或因操作不当、安装不合理而造成的故障,也会造成机床事故,甚至危及人身安全。这些故障大致可分为两大类:

故障有明显的外表特征并易被发现,如电动机、电器的显著发热、冒烟、散发出焦臭味或火花等。这类故障是由于电动机、电器的绕组过载、绝缘击穿。短路或接地所引起的。在排除这类故障时,除了更换或修复之外,还必须找出和排除造成上述故障的原因。

故障没有外表特征。这一类故障是控制电路的主要故障。在电气线路中由于电气元件调整不当,机械动作失灵,触头及压接线头接触不良或脱落,以及某个小零件的损坏,导线断裂等原因所造成的故障。线路越复杂,出现这类故障的机会越多。这类故障虽小但经常碰到,由于没有外表特征,要寻找故障发生点,常需要花费很多时间,有时还需借助各类测量仪表和工具才能找出故障点,而一旦找出故障点,往往只需简单的调整或修理就能立即恢复机床的正常运行,所以能否迅速地查出故障点是检修这类故障时能否缩短时间的关键。

(3) 机床电气设备故障的检修步骤

① 故障调查:

看:熔断器内熔丝是否熔断,其他电气元件有无烧坏、发热、断线,导线连接螺钉有否松动,电动机的转速是否正常。

听:电动机、变压器和有些电气元件在运行时声音是否正常,可以帮助寻找故障的部位。

摸:电动机、变压器和电气元件的线圈发生故障时,温度显著上升,可切断电源后用手去触摸。

② 电路分析。根据调查结果,参考该电气设备的电气原理图进行分析,初步判断出故障产生的部位,然后逐步缩小故障范围,直至找到故障点并加以消除。

分析故障时应有针对性,如接地故障一般先考虑电气柜外的电气装置,后考虑电气柜内的电气元件。断路和短路故障,应先考虑动作频繁的元件,后考虑其余元件。

原因分析:首先判断是主线路还是控制电路的故障:先按起动按钮,接触器若不动作,故障必定在控制电路;若接触器吸合,但主轴电动机不能起动,故障原因必定在主线路中。其次主线路故障:可依次检查接触器主触点及三相电动机的接线端子等是否接触良好。第三控制电路故障:没有电压;控制线路中的熔断器熔断;按钮的触点接触不良;接触器线圈断线等。

③ 断电检查。检查前先断开机床总电源,然后根据故障可能产生的部位,逐步找出故障点。检查时应先检查电源线进线处有无碰伤而引起的电源接地、短路等现象,螺旋式熔断

器的熔断指示器是否跳出，热继电器是否动作。然后检查电气外部有无损坏，连接导线有无断路、松动，绝缘有否过热或烧焦。

④ 通电检查。做断电检查仍未找到故障时，可对电气设备作通电检查。在通电检查时要尽量使电动机和其所传动的机械部分脱开，将控制器和转换开关置于零位，行程开关还原到正常位置。然后万用表检查电源电压是否正常，有否缺相或严重不平衡。再进行通电检查，检查的顺序为：先检查控制电路，后检查主电路；先检查辅助系统，后检查主传动系统；先检查交流系统，后检查直流系统；合上开关，观察各电气元件是否按要求动作，有否冒火、冒烟、熔断器熔断的现象，直至查到发生故障的部位。

四、知识拓展

前面已经对常用的基本电路进行了分析，机床电路就是由这些基本控制电路所组成的。作为基本控制电路的一个综合应用实例，下面对常见机床的控制电路作一些简单介绍。

1. C620-1 型机床电气控制

常见机床的结构如图 5-31 所示，它主要由床身、主轴箱、挂轮箱、溜板箱、进给箱、光杠、丝杠、刀架、尾架等部分组成。

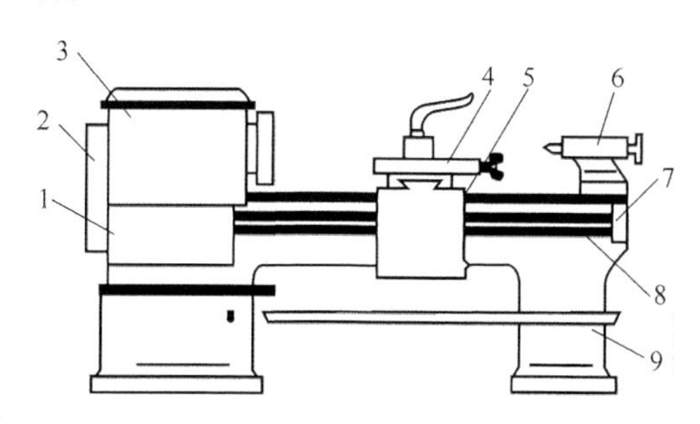

图 5-31 常见机床的结构示意图

1—进给箱； 2—挂轮箱； 3—主轴箱； 4—溜板与刀架；

5—溜板箱； 6—尾架； 7—丝杆； 8—光杠； 9—床身

C620-1 型常见机床电气控制电路如图 5-32 所示。对它的控制要求有：

① 主轴电动机 M1 要求正、反转控制，以便加工螺纹。对于 C620-1 型常见机床的正、反转是由机械实现的。

② 主轴电动机的起动、停止实现自动控制。C620-1 型常见机床主轴电动机的容量较小，所以采用直接起动，停车时采用机械制动。

③ 在车削加工时，由于温度高，需要冷却，为此，设有一台冷却泵电动机 M2。冷却泵电动机只需要单方向运行，且要求须在主轴电动机起动后方可起动；当主轴电动机停止时，要求冷却泵电动机也立即停止。

④ 电路应有保护环节和安全的局部照明。C620-1 型常见机床控制电路的工作原理如下：合上刀开关 Q，按下起动按钮 SB2，接触器 KM 线圈得电，自锁触点闭合自锁，主轴电动机 M1 通电旋转。若要使用冷却，可合上 Q1，冷却泵电动机 M2 通电旋转。需要停止时，按下停止按钮 SB1，KM 线圈失电，电动机停止。

电路中用熔断器 FU1、FU2、FU3 来实现短路保护；用 FR1、FR2 来实现过载保护。同时，接触器 KM 还具有失压和欠压保护的作用。照明变压器 T 给照明灯 EL 提供了一个安全电压，由开关 Q2、Q3 控制。

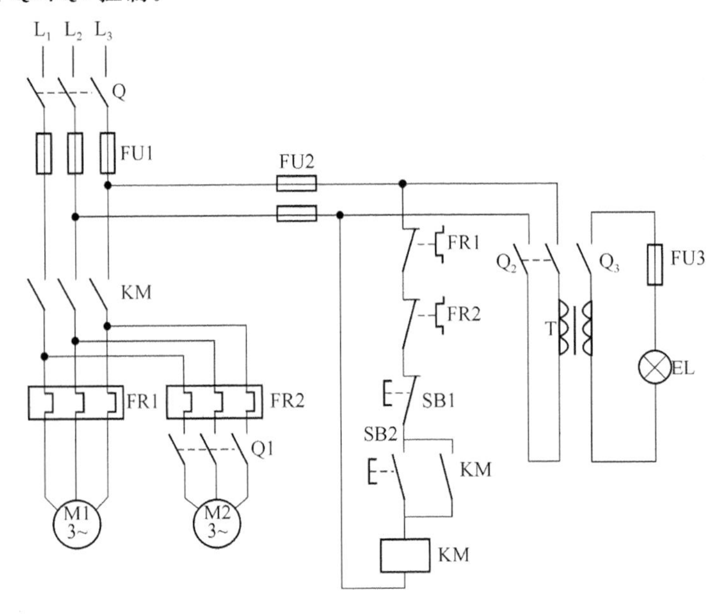

图 5-32　C620-1 型普通车床电器控制电路

Z3040 型摇臂钻床的结构如图 5-33 所示，它主要由底座、内立柱、外立柱、摇臂、主轴箱、工作台等组成。内立柱固定在底座上，在它外面套着空心的外立柱，外立柱可绕着固定的内立柱回转一周。摇臂一端的套筒部分与外立柱滑动配合，借助于丝杠摇臂可沿着外立柱上下移动，但两者不能做相对转动，因此，摇臂将与外立柱一起相对内立柱回转。主轴箱具有主轴旋转运动部分和主轴进给运动部分的全部传动机构和操作机构，包括主电动机在内，主轴箱可沿着摇臂上的水平导轨做径向移动。当进行加工时，利用夹紧机构将主轴箱紧固在摇臂上，外立柱紧固在内立柱上，摇臂紧固在外立柱上，然后进行钻削加工。

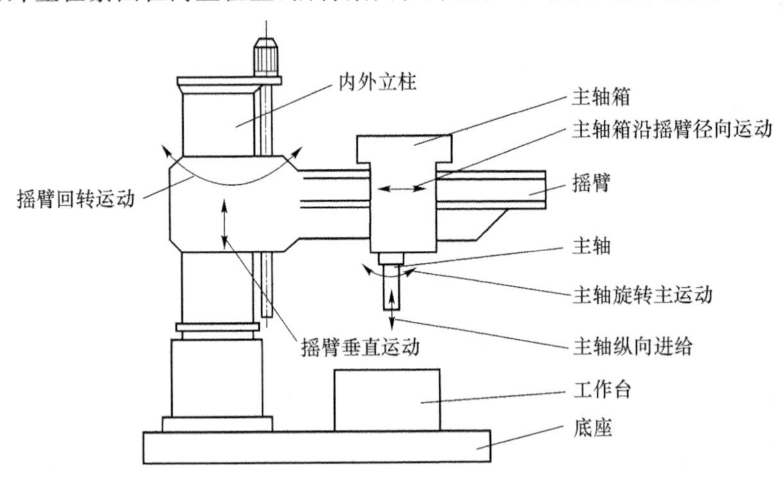

图 5-33　Z3040 型摇臂钻床结构示意图

图 5-34 为 Z3040 型摇臂钻床电气控制原理图。

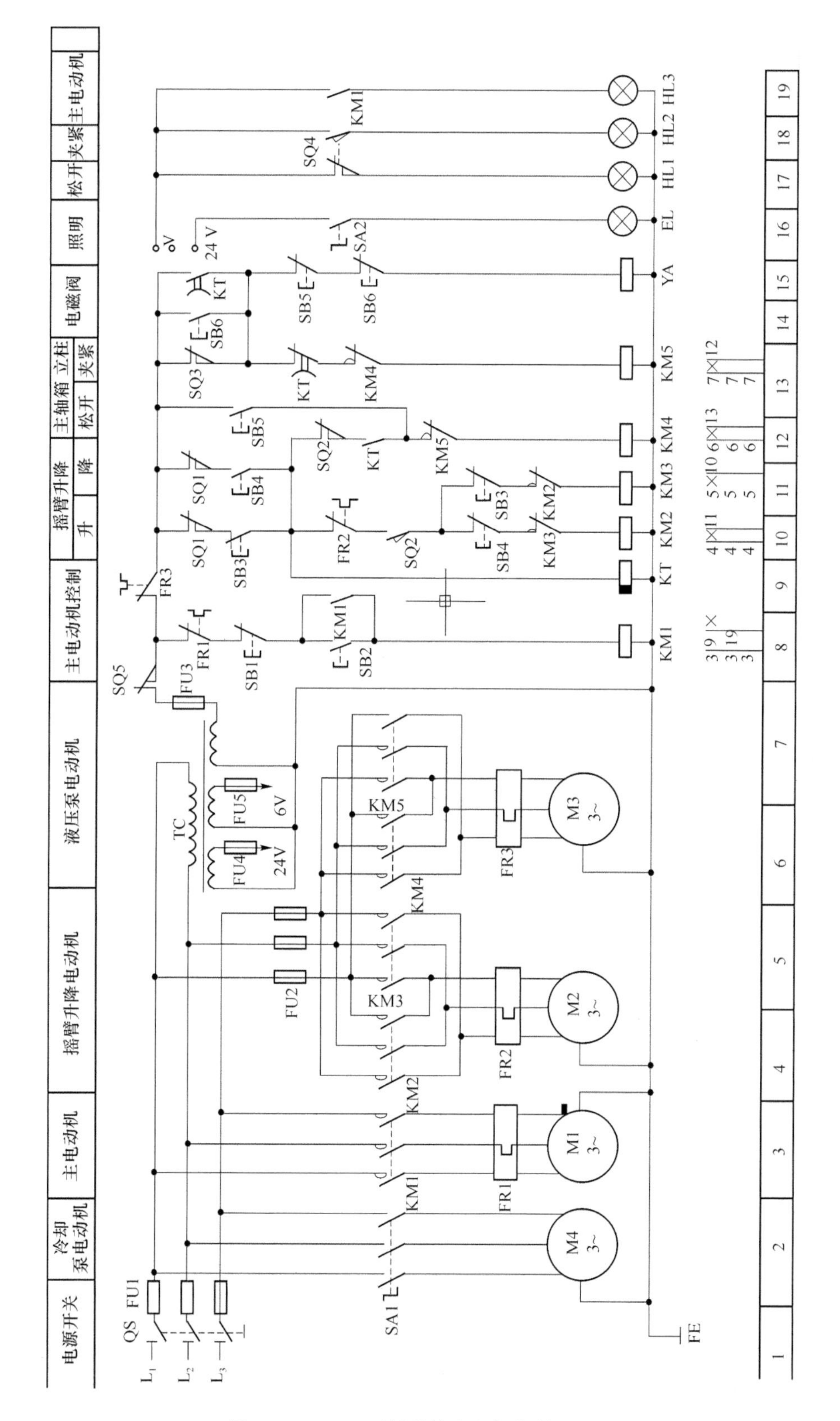

图 5-34　Z3040 型摇臂钻床电气控制原理图

2. X62W 型万能铣床电气控制系统

X62W 型万能铣床可用于工件的平面、斜面和沟槽等加工，安装分度头后可铣切直齿齿轮、螺旋面，若使用圆工作台还可以铣切凸轮和弧形槽，这是一种常用的通用机床。

一般中小型铣床主拖动都采用三相笼型异步电动机，并且主轴旋转主运动与工作台进给运动分别由单独的电动机拖动。铣床主轴的主运动为刀具的切削运动，它有顺铣和逆铣两种工作方式；工作台的进给运动有水平工作台左右（纵向）、前后（横向）以及上下（垂直）方向的运动，还有圆工作台的回转运动。这里就以 X62W 型铣床为代表，分析中小型铣床的控制电路。

X62W 型万能铣床的结构如图 5-35 所示，它主要由底座、进给电动机、升降台、进给变速手柄及变速盘、溜板、转动部分、工作台 、刀杆支架、悬梁 、主轴 、主轴变速盘、主轴变速手柄、床身、主轴电动机等组成。由此可见，铣床的主运动是主轴带动刀杆和铣刀的旋转运动；进给运动包括工作台带动工件在水平的纵、横及垂直三个方向的运动；辅助运动则是工作台在三个方向的快速移动。

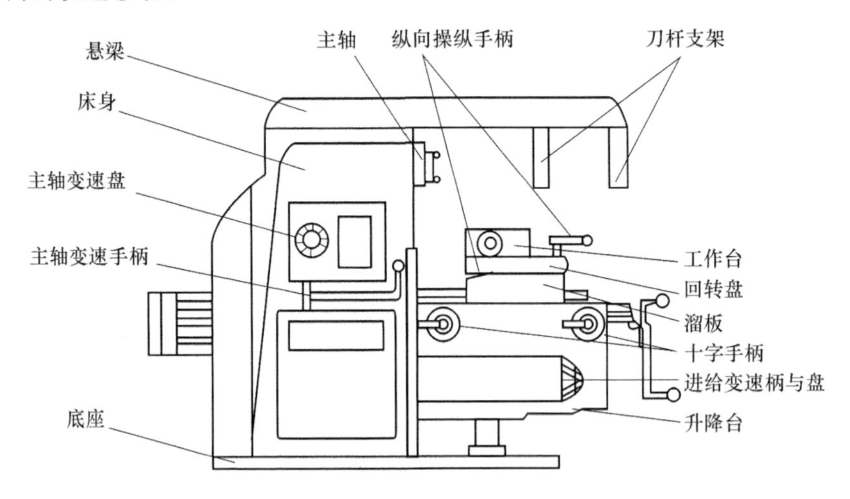

图 5-35 X62W 型万能铣床的结构简图

X62W 铣床电力拖动和控制要求：机床主轴的主运动和工作台进给运动分别由单独的电动机拖动，并有不同的控制要求。

① 主轴电动机 M1（功率 7.5 kW），空载直接起动，为满足顺铣和逆铣工作方式的要求，要求能够正反转，为提高生产率，采用电磁制动器进行停车制动，同时从安全和操作方便考虑，换刀时主轴也处于制动状态，而主轴电动机要求能在两处实行起停控制操作。

② 工作台进给电动机 M2。

③ 工作台进给电动机 M2。

④ 电动机 M3 拖动冷却泵，在铣削加工时提供切削液。

⑤ 主轴与工作台的变速由机械变速系统完成。

加工零件时，为保证设备安全，要求主轴电动机起动以后，工作台电动机方能起动工作。

X62W 型铣床控制原理图如图 5-36 所示。图中电路可划分为主电路、控制电路和信号照明电路三部分。

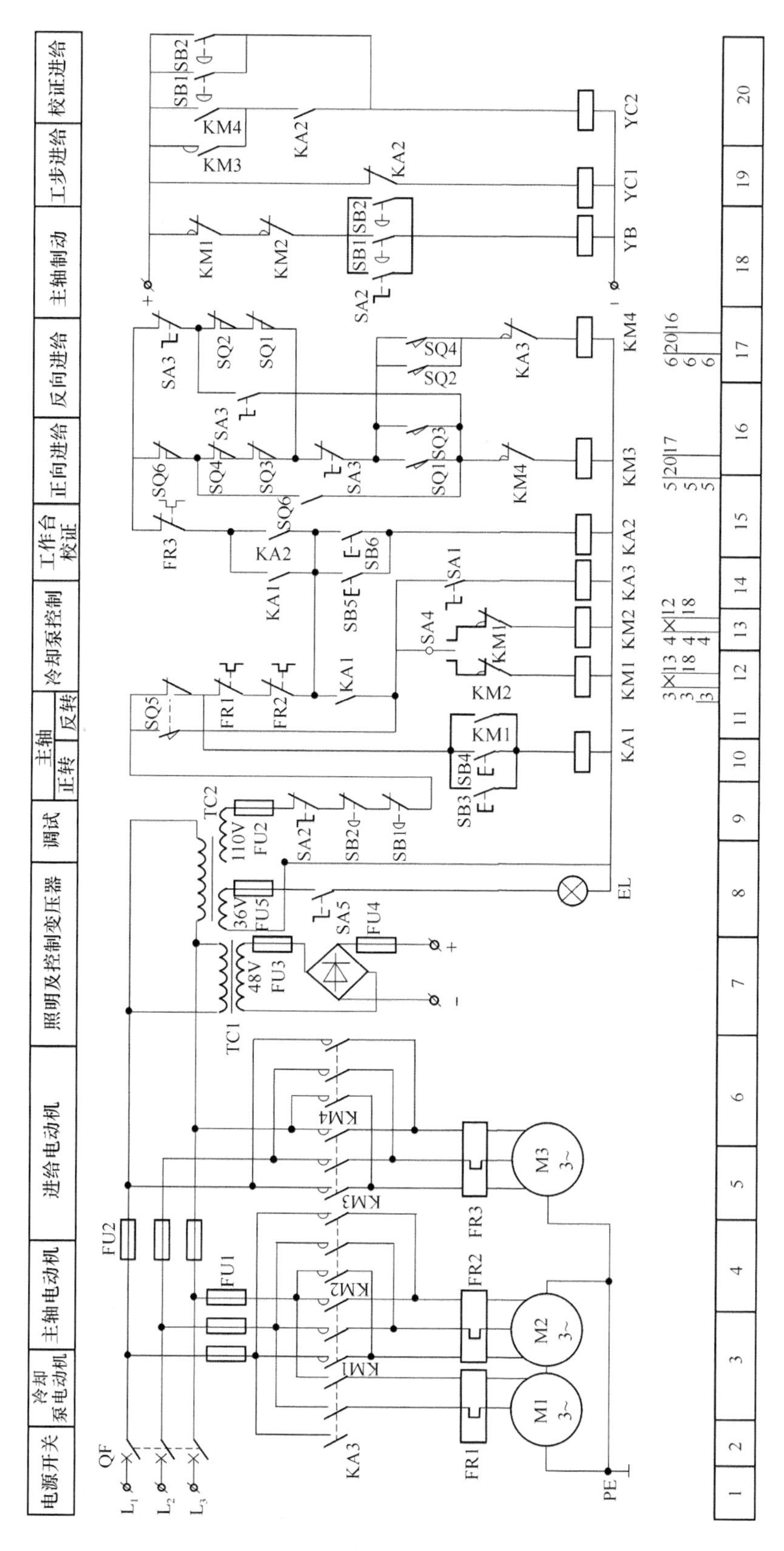

图 5-36　X62W 型铣床控制原理图

3. M7130 型磨床电气控制线路

磨床是用砂轮的周边或端面进行加工的精密机床。砂轮的旋转是主运动，工件或砂轮的往复运动为进给运动，而砂轮架的快速移动及工作台的移动为辅助运动。下面以 M7130 卧轴矩台平面磨床为例进行介绍。

M7130 型卧轴矩形工作台平面磨床的主要结构包括床身、立柱、滑座、砂轮箱、工作台和电磁吸盘，如图 5-37、图 5-38、图 5-39、图 5-40 所示。

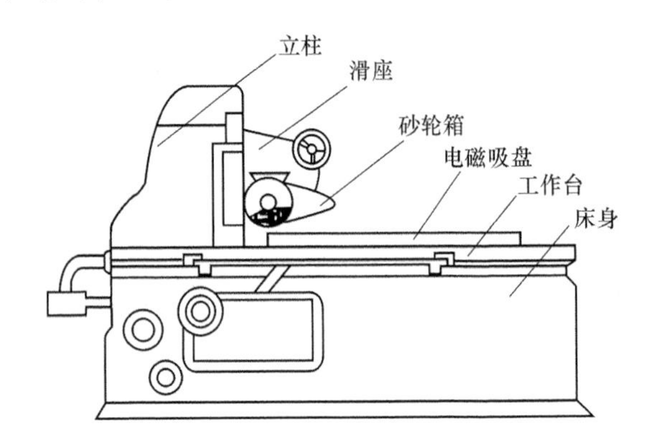

图 5-37　卧轴矩台平面磨床结构图

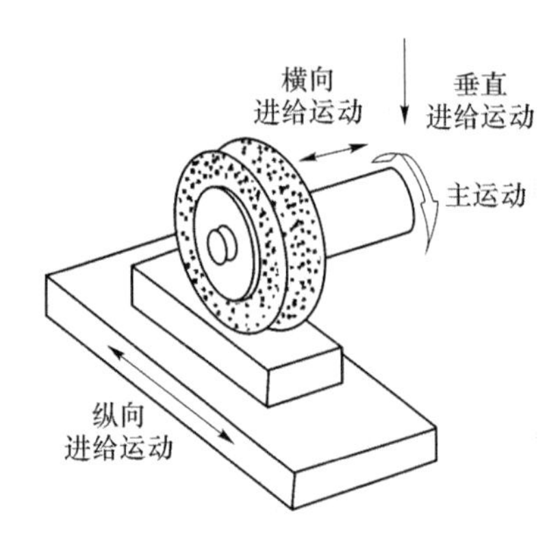

图 5-38　磨床的主运动进给运动示意图

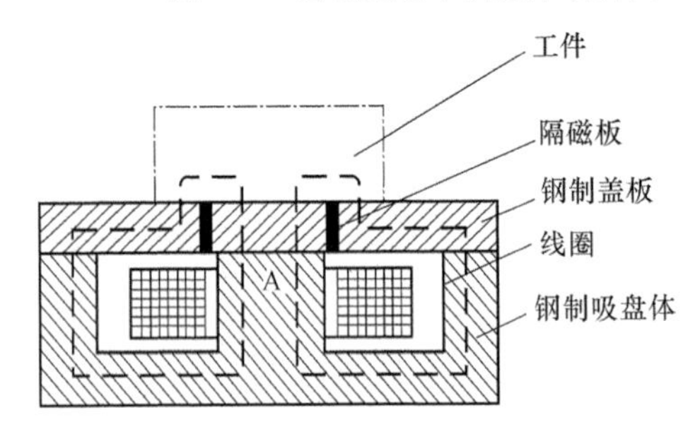

图 5-39　电磁吸盘结构与原理示意图

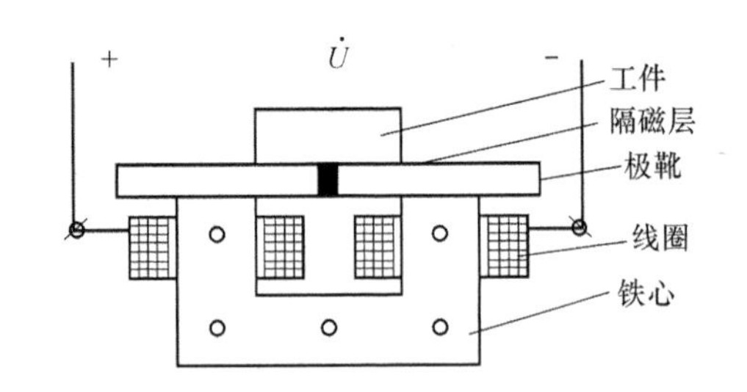

图 5-40　交流去磁器结构原理图

M7130 型卧轴矩台平面磨床采用多台电动机拖动，其电力拖动和电气控制、保护的要求是：

① 砂轮由一台笼型异步电动机拖动，因为砂轮的转速不需要调节，所以对砂轮电动机没有电气调速的要求，也不需要反转，可直接起动。

② 平面磨床的纵向和横向进给运动一般采用液压传动，所以需要由一台液压泵电动机驱动，液压泵电动机只需直接起动。

③ 同车床一样，也需要一台冷却泵电动机提供冷却液，冷却泵电动机与砂轮电动机也具有连锁关系，即要求砂轮电动机起动后才能开动冷却泵电动机。

④ 平面磨床往往采用电磁吸盘来吸持工件。电磁吸盘需要有直流电源，还要有退磁电路，同时，为防止在磨削加工时因电磁吸盘吸力不足而造成工件飞出，还要求有弱磁保护环节。

⑤ 具有各种常规的电气保护环节（如短路保护和电动机的过载保护）；具有安全的局部照明装置。

M7130 型磨床电气控制原理图如图 5-41 所示。

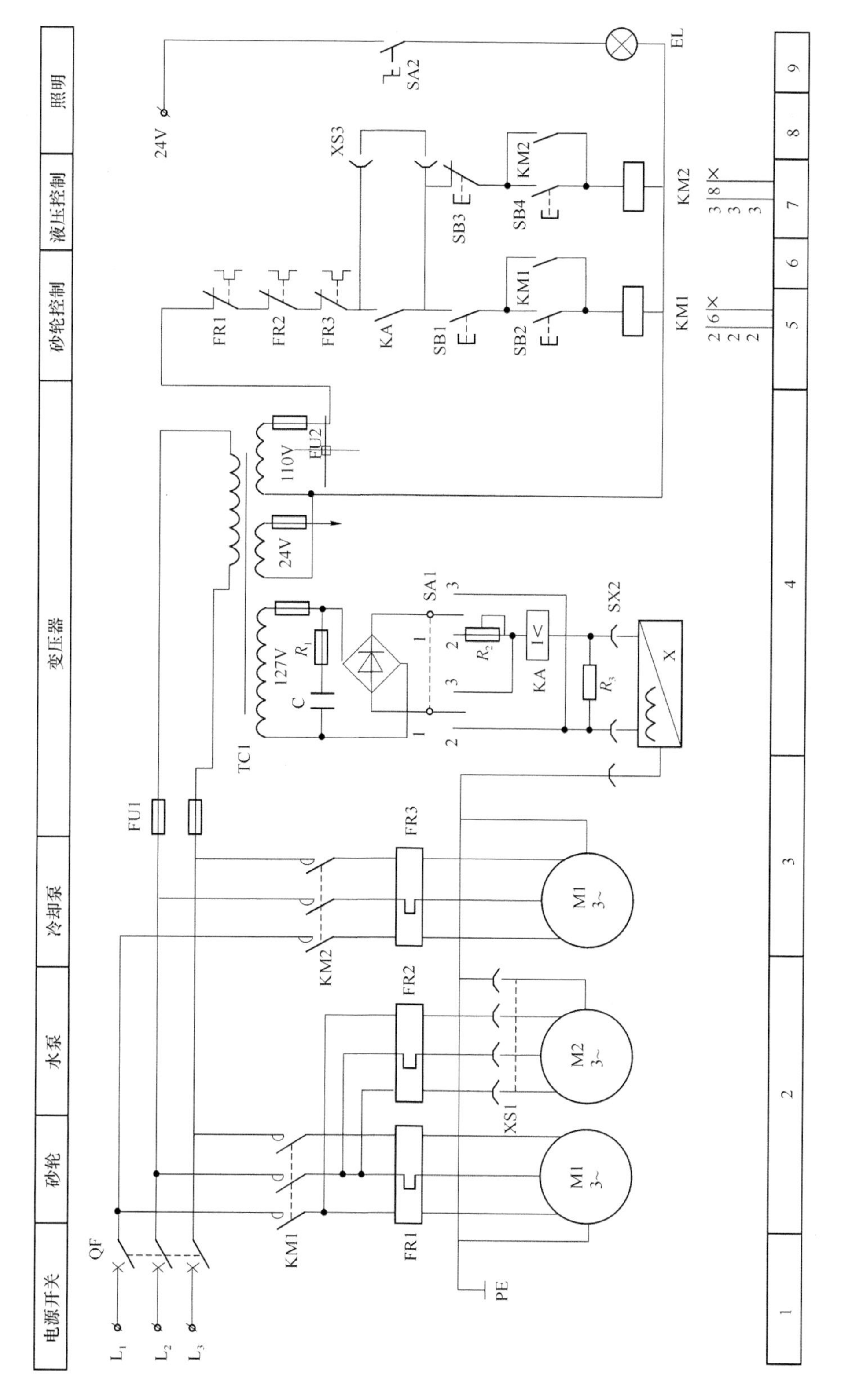

图 5-41　M7130 型磨床电气控制原理图

五、思考与练习

1. 电器控制电路的一般设计法和逻辑设计法各有何特点?
2. 试分析 M7130 磨床电气控制线路,电磁吸盘没有吸力的故障原因。
3. 试分析 Z3040 摇臂钻床电气控制线路,摇臂不能松开的故障原因。
4. 试分析 X62W 型万能铣床电气控制线路,工作台不能纵向进给的故障原因。

项目六 传感器技术及应用

任务一　常用传感器技术的测试与应用

一、任务分析

世界已进入信息时代，人们的社会活动主要依靠对信息资源的开发及获取、传输与处理。传感器处于研究对象与测试系统的接口位置，因此，传感器成为感知、获取与检测信息的窗口，一切科学研究与自动化生产过程要获取的信息，都要通过传感器获取并通过它转换为容易传输与处理的电信号，所以传感器的作用与地位就特别重要了。现在，世界各国都将传感器技术列为重点发展的高技术，备受重视。因此我们对一些常用传感器的原理、功能、应用要有一定的了解。

二、相关知识

1. 传感器的基本知识

传感器是能感受规定的被测量，并按照一定规律转换成可用输出信号的器件或装置，通常由敏感元件和转换元件组成。其中，敏感元件是指传感器中直接感受被测量的部分，转换元件是指传感器能将敏感元件的输出转换为适于传输和测量的电信号的部分。

(1) 传感器的组成

传感器是一种转换器件，以一定的精度将被测非电量转换为与之有确定关系并易于测量的电量。它一般由敏感元件、传感元件和转换电路三部分组成。其框图如图 6-1 所示。

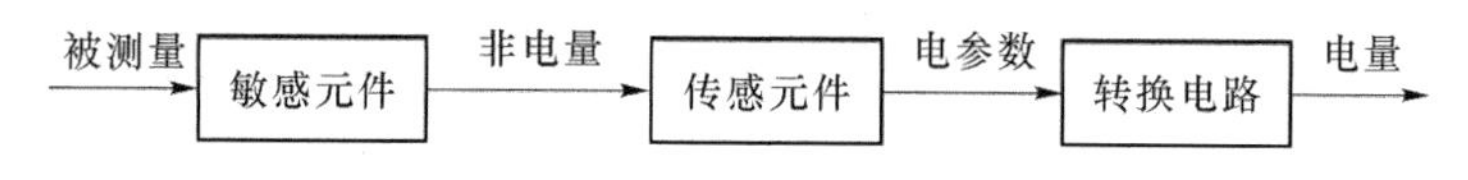

图 6-1　传感器的组成

在传感器框图中，敏感元件的作用是将直接感受到的非电量转换为另一种非电量，这两种非电量在数值上具有确定关系。传感元件的作用是将敏感元件送出的非电量再转换为与其有确定关系的电参数，如电阻、电容、电感等。转换电路的作用则是将传感元件输出的电参数转换为电压、电流等电量。应该指出，不是所有的传感器都有传感元件这部分。例如，热电偶传感器中就没有传感元件，也不是所有的传感器都具备转换电路。例如，光电式传感器中的光电池就能直接将入射光转换为光生电动势。因此图 6-1 所示的传感器的组成框图只是一个一般形式。

(2) 传感器的分类

传感器千差万别，种类繁多，分类方法也不尽相同，常用的分类方法有以下两种。

① 按被测物理量分类。按被测物理量可分为温度、压力、流量、物位、位移、加速度、磁场、光通量等传感器。这种分类方法明确表明了传感器的用途，便于使用者选用，如压力传感器用于测量压力信号。

② 按传感器工作原理分类。按工作原理，可分为电阻传感器、热敏传感器、光敏传感器、电容传感器、自感传感器、磁电传感器等，这种方法表明了传感器的工作原理，有利于传感器的设计和应用。例如，电容传感器就是将被测量转换成电容值的变化。

(3) 传感器的基本特性

传感器的基本特性是指其输出输入之间的关系特性。传感器的基本特性又分为静态特性和动态特性。所谓静态特性是指静态信号作用下的输出输入关系特性，所谓动态特性是指动态信号作用下的输出输入关系特性。下面主要介绍传感器静态特性中几个衡量传感器基本特性优劣的重要性能指标：线性度、灵敏度、迟滞、重复性与分辨力。

① 线性度。线性度又称非线性误差，是指传感器实际特性曲线与拟合直线(有时也称理论直线)之间的最大偏差与传感器满量程范围内的输出之百分比，如图 6-2 所示，它可用下式表示。

$$\gamma_{L}=\pm\frac{\Delta L_{max}}{Y_{FS}}\times 100\% \tag{6-1}$$

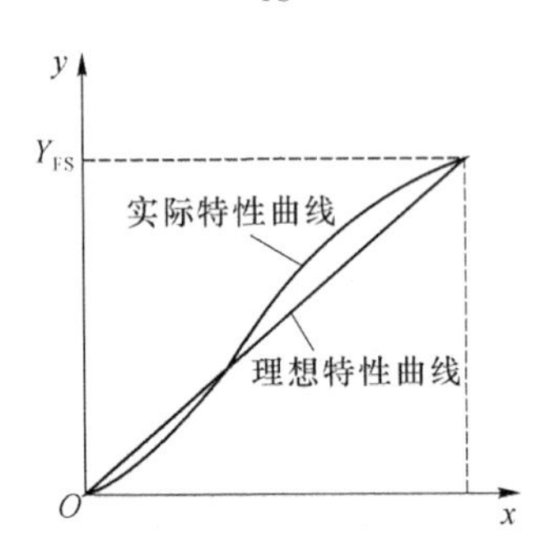

图 6-2 传感器线性度示意图

② 灵敏度。灵敏度是指传感器输出变化量 dy 与输入变化量 dx 之比，用 K 表示：

$$K=\frac{dy}{dx}\approx\frac{\Delta y}{\Delta x} \tag{6-2}$$

对线性传感器而言，灵敏度为一常数；对非线性传感器而言，灵敏度随输入量的变化而变化。

③ 迟滞。迟滞是指传感器正向特性和反向特性的不一致程度(图 6-3)。可用下式表示：

$$\gamma_{H}=\frac{1}{2}\times\frac{\Delta H_{max}}{Y_{FS}}\times 100\% \tag{6-3}$$

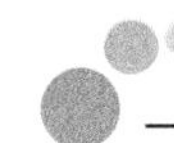

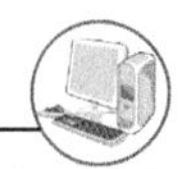

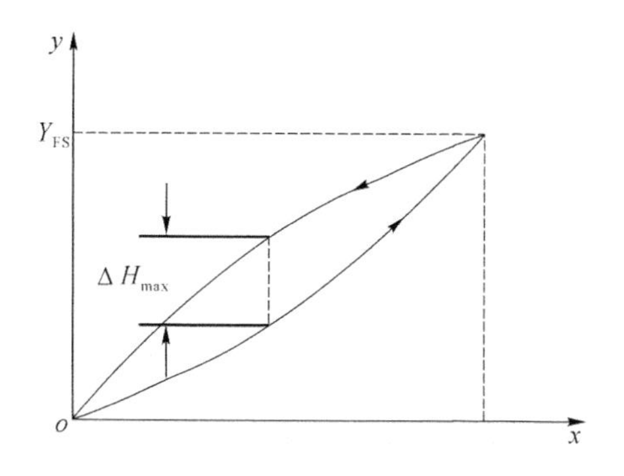

图 6-3　传感器迟滞示意图

④ 重复性。重复性是指传感器在输入量按同一方向作全程多次测试时所得特性曲线不一致的程度(图 6-4),可用下式表示:

$$\gamma_{R}=\frac{1}{2}\times\frac{\Delta R_{\max}}{Y_{FS}}\times 100\% \tag{6-4}$$

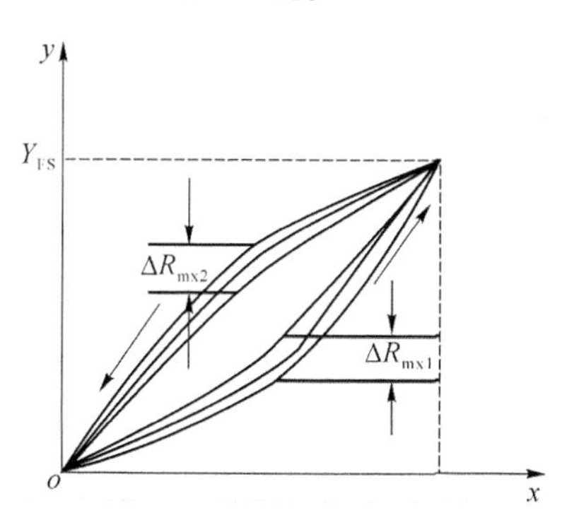

图 6-4　传感器重复性示意图

⑤ 分辨力。分辨力是指传感器能检出被测信号的最小变化量,是有量纲的数。当被测量的变化小于分辨力时,传感器对输入量的变化无任何反应。对数字仪表而言,如果没有其他附加说明,一般可以认为该表的最后一位所表示的数值就是它的分辨力。一般情况下,不能把仪表的分辨力当作仪表的最大绝对误差。

2. 测量及测量误差

测量是人们借助专门的技术和设备,通过实验的方法,把被测量与作为单位的标准量进行比较,以判断出被测量是标准量的多少倍数的过程。所得的倍数就是测量值。测量结果包括数值大小和测量单位两部分,数值大小可以用数字、曲线或图形来表示。测量的目的就是为了精确获取表征被测量对象特征的某些参数的定量信息。

(1) 测量方法

简而言之,测量方法就是对测量所采取的具体方法。测量方法对测量工作是十分重要的,它关系到测量任务是否能完成。因此要针对不同测量任务的具体情况进行分析后,找出切实可行的测量方法,然后根据测量方法选择合适的检测技术工具,组成测量系统,进行实际测量。对于测量方法,从不同的角度出发,有不同的分类方法。按测量手段分类有直接测量、间接测量和联立测量;按测量方式分类有偏差式测量、零位式测量和微差式测量。

① 直接测量、间接测量和联立测量。

- 直接测量。在使用仪表进行测量时，对仪表读数不需要经过任何运算，就能直接表示测量所需要的结果，称为直接测量。例如，用磁电式电流表测量电路的支路电流，用弹簧管式压力表测量锅炉压力等就是直接测量。直接测量的优点是测量过程简单而迅速，缺点是测量精度不容易做到很高。这种测量方法是工程上大量采用的方法。
- 间接测量。有的被测量无法或不便于直接测量，这就要求在使用仪表进行测量时，首先对与被测物理量有确定函数关系的几个量进行测量，然后将测量值代入函数关系式，经过计算得到所需的结果，这种方法称为间接测量。例如，对生产过程中的纸张或地板革的厚度进行测量时无法直接测量，只得通过测量与厚度有确定函数关系的单位面积重量来间接测量。因此间接测量比直接测量来得复杂，但是有时可以得到较高的测量精度。
- 联立测量(也称组合测量)。在应用仪表进行测量时，若被测物理量必须经过求解联立方程组才能得到最后结果，则称这样的测量为联立测量。在进行联立测量时，一般需要改变测试条件，才能获得一组联立方程所需要的数据。

对联立测量，在测量过程中，操作手续很复杂，花费时间很长，是一种特殊的精密测量方法。它一般适用于科学实验或特殊场合。

在实际测量工作中，一定要从测量任务的具体情况出发，经过具体分析后，再决定选用哪种测量方法。

② 偏差式测量、零位式测量和微差式测量。

- 偏差式测量。在测量过程中，用仪表指针的位移(即偏差)决定被测量的测量方法，称为偏差式测量法。应用这种方法进行测量时，标准量具不装在仪表内。而是事先用标准量具，对仪表刻度进行校准；在测量时，输入被测量，按照仪表指针在标尺上的示值决定被测量的数值。它是以间接方式实现被测量与标准量的比较。例如，用磁电式电流表测量电路中某支路的电流，用磁电式电压表测量某电气元件两端的电压等就属于偏差式测量法。采用这种方法进行测量，测量过程比较简单、迅速，但是，测量结果的精度较低。这种测量方法广泛采用于工程测量中。
- 零位式测量。在测量过程中，用指零仪表的零位指示检测测量系统的平衡状态；在测量系统达到平衡时，用已知的基准量决定被测未知量的测量方法，称为零位式测量法。应用这种方法进行测量时，标准量具装在仪表内，在测量过程中，标准量直接与被测量相比较；测量时，要调整标准量，即进行平衡操作，一直到被测量与标准量相等，即使指零仪表回零。
- 微差式测量。微差式测量法是综合了偏差式测量法与零位式测量法的优点而提出的测量方法。这种方法是将被测的未知量与已知的标准量进行比较，并取得差值，然后用偏差法测得此差值。应用这种方法进行测量时，标准量具装在仪表内，并且在测量过程中，标准量直接与被测量进行比较。由于二者的值很接近，因此，测量过程中不需要调整标准量，而只需要测量二者的差值。微差式测量法的优点是反应快，而且测量精度高，它特别适用于在线控制参数的检测。

(2) 测量误差

测量的目的是希望求取被测量的真实值。真实值简称真值，是在一定条件下，被测量客观存在的实际值。在测量过程中，由于受到仪器设备、测量方法等因素的限制，总是存在着一定的误差，使被测量的真值很难确定，因而人们常用约定真值代替真值。约定真值是指在实际测量中用上一级标准仪器为下一级仪器标定的真值。测量结果与约定真值之间的偏差称为测量误差。通过对测量误差的研究，可以分析测量误差产生的原因，并采取相应的措施克服误差，或将误差限制在允许的范围之内。

① 按误差的性质分类。按此种分类方法，误差可分为系统误差、随机误差与粗大误差。

- 系统误差。系统误差是指具有确定变化规律的误差，反映的是测量结果偏离真值的程度。系统误差越小，说明测量结果越正确，所以系统误差可用来评价测量结果的准确度。系统误差有两种：一种是定值系统误差，另一种是变值系统误差。定值系统误差对每次测量值的影响都是相同的，如由于仪表刻度盘的偏移所产生的测量误差。变值系统误差对每次测量值的影响按某种规律变化。

引起系统误差的原因一般有以下几个：一是仪器本身的精度不够；二是使用测量仪器方法不当；三是检测的原理不完善；四是检测系统所处的环境不理想。由于系统误差呈现一定的规律，因而在认真分析产生系统误差原因的基础上，可通过实验方法或引入修正值加以消除，使测量结果尽量接近约定真值，以提高测量结果的准确度。

- 随机误差。随机误差是指误差的大小和符号都发生变化而且没有规律可循的测量误差。引起随机误差的原因往往是由于偶然因素（如测量仪器本身元件性能不稳定）的影响而随机产生的，因而随机误差不能用实验方法或引入修改值加以消除，也不可避免，但可以通过概率统计处理的方法来减少其影响。随机误差能够反映测量结果的分散程度。随机误差越小，说明多次测量时的分散性越小，通常称为精密度。应当指出：一个精密的测量结果可能是不准确的，因为它包括有系统误差在内。一个既精密又准确的测量结果，才能比较全面地反映检测的质量。检测技术中，用精确度（简称精度，它从精密度和准确度中各取一字）反映精密度和准确度的综合结果。
- 粗大误差。粗大误差是指明显偏离约定真值的误差。引起粗大误差的根本原因主要是由测量人员操作失误或读错与记错数据而引起的，也完全没有规律。当发现有粗大误差的测量数据时应及时去除。

② 按误差的表示方式分类。按此种分类方法，误差可分为绝对误差与相对误差。

- 绝对误差。绝对误差是指测量值 A_x 与约定真值 A_0 间的差值，可用下式表示：

$$\Delta X = A_x - A_0 \tag{6-5}$$

绝对误差可以直接反映测量结果与约定真值间的偏差值，但不可作为衡量测量精度的指标。

- 相对误差。相对误差常用百分比的形式来表示，一般多取正值。相对误差可分为实际相对误差、示值相对误差和引用相对误差等。
- 实际相对误差。是用测量值的绝对误差 ΔX 与其实际真值 A_0 的百分比来表示的相对误差，即

$$\gamma = \frac{\Delta x}{A_0} \times 100\% \tag{6-6}$$

- 示值相对误差。是用测量值的绝对误差 $\triangle X$ 与测量值 A_x 的百分比来表示的相对误差，即

$$\gamma_x = \frac{\Delta x}{A_X} \times 100\% \tag{6-7}$$

- 引用相对误差。是指测量值的绝对误差 ΔX 与仪器的量程 A_m 的百分比。引用误差的最大值称做最大引用(相对)误差,即

$$\gamma_M=\frac{|\Delta x|_M}{A_M}\times 100\% \tag{6-8}$$

由于式(6-8)中的分子、分母都由仪器本身所决定,所以在测量仪表中,人们经常使用最大引用误差评价仪表的性能。最大引用误差又称为满度相对误差,是仪表基本误差的主要形式,所以也常称为仪表的基本误差,它是仪表的主要质量指标。基本误差去掉百分号(%)后的数值定义为仪表的精度等级。精度等级规定取一系列标准值,通常用阿拉伯数字标在仪表的刻度盘上,等级数字外有一圆圈。我国目前规定的精度等级有 0.1、0.2、0.5、1.0、1.5、2.5、5.0 等七个级别。精度等级数值越小,测量的精确度越高,仪表的价格越贵。

由于仪表都有一定的精度等级,因此其刻度盘的分格值不应小于仪表的允许误差(绝对误差)值,小于允许误差的分度是没有意义的。

例 6-1 某压力表精度为 2.5 级,量程为 0～1.5 MPa,求:(1) 可能出现的最大满度相对误差 γ_m。(2) 可能出现的最大绝对误差 Δ_m 为多少 kPa? (3) 测量结果显示为 0.70 MPa 时,可能出现的最大示值相对误差 γ_x。

解:(1) 可能出现的最大满度相对误差可以从精度等级直接得到,即 $\gamma_m=\pm 2.5\%$。

(2) $\Delta_m=\gamma_m\times A_m=\pm 2.5\%\times 1.5\ \text{MPa}=\pm 0.0375\ \text{MPa}=\pm 37.5\ \text{kPa}$

(3) $\gamma_x=\frac{\Delta_m}{A_x}\times 100\%=\frac{\pm 0.0375}{0.70}\times 100\%=\pm 5.36\%$

例 6-2 现有精度为 0.5 级的 0～300℃和精度为 1.0 级的 0～100℃的两个温度计,要测量 80℃的温度,试问采用哪一个温度计好?

解:计算用 0.5 级表以及 1.0 级表测量时,可能出现的最大示值相对误差分别为 ±1.88%和±1.25%。计算结果表明,用 1.0 级表比用 0.5 级表的示值相对误差的绝对值反而小,所以更合适。

由上例得到的结论:在选用仪表时应兼顾精度等级和量程,通常希望示值落在仪表满度值的 2/3 以上。

3. 自动检测系统的组成(图 6-5)

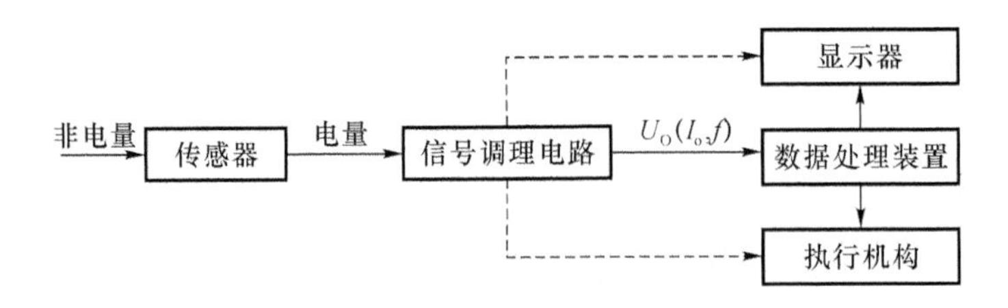

图 6-5 自动检测系统原理框图

自动检测技术:能够自动地完成整个检测处理过程的技术称为自动检测技术。

① 传感器。传感器指一个能将被测的非电量变换成电量的器件。

② 信号调理电路。信号调理电路包括放大(或衰减)电路、滤波电路、隔离电路等。其中的放大电路的作用是把传感器输出的电量变成具有一定驱动和传输能力的电压、电流或频率信号等,以推动后级的显示器、数据处理装置及执行机构。

③ 显示器。目前常用的显示器有四类:模拟显示、数字显示、图像显示及记录仪等。模拟量是指连续变化量。模拟显示是利用指针对标尺的相对位置来表示读数的,常见的有毫伏表、微安表、模拟光柱等。

数字显示目前多采用发光二极管(LED)和液晶(LCD)等,以数字的形式来显示读数。前者亮度高、耐震动、可适应较宽的温度范围;后者耗电省、集成度高。目前还研制出了带背光板的 LCD,便于在夜间观看 LCD 的内容。

图像显示是用 CRT 或点阵 LCD 来显示读数或被测参数的变化曲线、图表或彩色图等形式来反映整个生产线上的多组数据。

记录仪主要用来记录被检测对象的动态变化过程,常用的记录仪有笔式记录仪、高速打印机、绘图仪、数字存储示波器、磁带记录仪、无纸记录仪等。

④ 数据处理装置。数据处理装置用来对测试所得的实验数据进行处理、运算、逻辑判断、线性变换,对动态测试结果做频谱分析(幅值谱分析、功率谱分析)、相关分析等,完成这些工作必须采用计算机技术。

⑤ 执行机构。所谓执行机构通常是指各种继电器、电磁铁、电磁阀门、电磁调节阀、伺服电动机等,它们在电路中是起通断、控制、调节、保护等作用的电器设备。许多检测系统能输出与被测量有关的电流或电压信号,作为自动控制系统的控制信号,去驱动这些执行机构。

4. 电阻传感器

电阻式传感器就是利用一定的方式将被测量的变化转换为敏感元件电阻值的变化,进而通过电路变成电压或电流信号输出的一类传感器。可用于各种机械量和热工量的检测,它结构简单,性能稳定,成本低廉,因此,在许多行业得到了广泛应用。

(1) 电阻应变式传感器

电阻应变式传感器是利用电阻应变片将应变转换为电阻变化的传感器，传感器由在弹性元件上粘贴电阻应变敏感元件构成。当被测物理量作用在弹性元件上时，弹性元件的变形引起应变敏感元件的阻值变化，通过转换电路将其转变成电量输出，电量变化的大小反映了被测物理量的大小。应变式电阻传感器是目前测量力、力矩、压力、加速度、重量等参数应用最广泛的传感器。

应变片可分为金属应变片及半导体应变片两大类。前者可分成金属丝式、箔式、薄膜式三种。目前箔式应变片应用较多。金属丝式应变片使用最早,有纸基、胶基之分。由于金属丝式应变片蠕变较大,金属丝易脱胶,有逐渐被箔式所取代的趋势。但其价格便宜,多用于应变、应力的大批量、一次性试验。箔式应变片中的箔栅是金属箔通过光刻、腐蚀等工艺制成的。箔的材料多为电阻率高、热稳定性好的铜镍合金。箔式应变片与片基的接触面积大得多,散热条件较好,在长时间测量时的蠕变较小,一致性较好,适合于大批量生产,目前广泛用于各种应变式传感器中。薄膜式应变片采用真空蒸镀或溅射式阴极扩散等方法,在薄的基底材料上制成金属薄膜形成应变片。其灵敏度系数较高,允许电流密度大,工作范围温度广。

① 电阻应变式传感器的工作原理。导体或半导体材料在受到外界力(拉力或压力)作用时,产生机械变形,机械变形导致其阻值变化,这种因形变而使其阻值发生变化的现象称为“应变效应”。

导体或半导体的阻值随其机械应变而变化的道理很简单,因为导体或半导体的电阻与电阻率及其几何尺寸有关,当导体或半导体受到外力作用时,这三者都会发生变化,从而引起电阻的变化。因此通过测量阻值的大小,就可以反映外界作用力的大小。

如图 6-6 所示,设有一圆形截面的金属丝,长度为 L,截面积为 S,材料的电阻率为 ρ,这段金属线的电阻值 R 为

$$R=\rho\frac{L}{A}=\rho\frac{L}{\pi r^2} \tag{6-9}$$

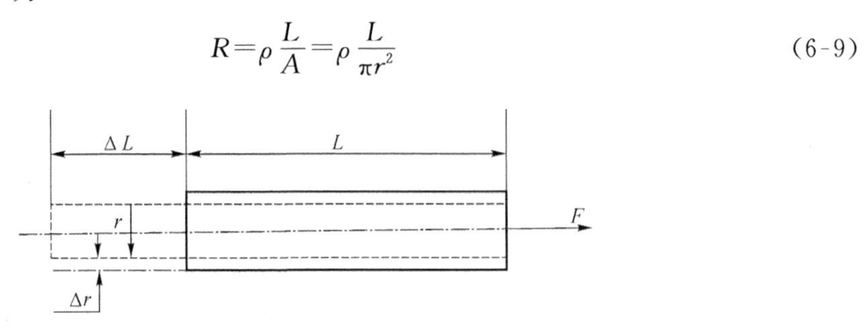

图 6-6 金属丝的应变效应

式中:r——金属丝半径。

金属丝受拉力作用时,其长度 L,截面积 S,电阻率 ρ 的相应变化为 dL,dS,$d\rho$,因而引起电阻变化挡 dR。对式上式全微分可得

$$dR=R\frac{dL}{L}-R\frac{dA}{A}+R\frac{d\rho}{\rho} \tag{6-10}$$

$$\frac{\Delta R}{R}=K_s\varepsilon_x \tag{6-11}$$

② 电阻应变式传感器的测量电路。如图 6-7 所示,电桥接入的是电阻应变片时,即为应变桥。当一个桥臂、两个桥臂乃至四个桥臂接入应变片时,相应的电桥为单臂桥、半桥和全臂桥。

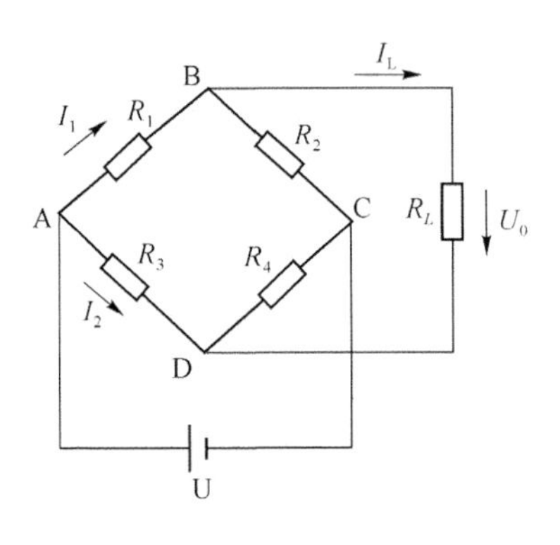

图 6-7 桥式测量电路

(2) 气敏电阻传感器

① 气敏电阻的检测原理。气敏电阻是一种半导体敏感器件(图 6-8),它是利用气体的吸附而使半导体本身的电阻率发生变化这一机理来进行检测的。实验证明,当氧化性气体(如 O_2、NO_x 等)吸附到 N 型半导体,还原性气体(H_2、CO、碳氢化合物和醇类等)吸附到 P 型半导体上时,将使半导体载流子减少,而使电阻值增大。当还原性气体吸附到 N 型半导体上,氧化性气体吸附到 P 型半导体上时,则载流子增多,使半导体电阻值下降。若气体浓

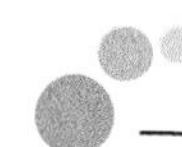

度发生变化，其阻值将随之发生变化。根据这一特性，可以从阻值的变化得知吸附气体的种类和浓度。

气敏电阻传感器通常由气敏电阻、加热器和封装体等三部分组成。气敏电阻从制造工艺上可分为烧结型、薄膜型和厚膜型三类。

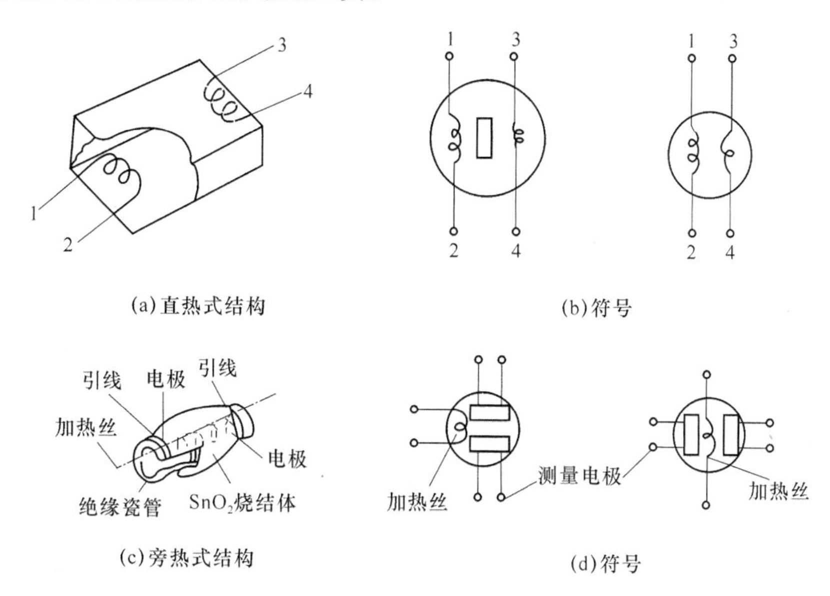

图 6-8　气敏传感器的结构符号

② 气敏电阻传感器的应用。气敏电阻传感器主要用于制作报警器及控制器。作为报警器，超过报警浓度时，发出声光报警；作为控制器，超过设定浓度时，输出控制信号，由驱动电路带动继电器或其他元件完成控制动作。

- 矿灯瓦斯报警器。图 6-9 为矿灯瓦斯报警器电原理图。瓦斯探头由 QM-N5 型气敏元件，R_1 及 4 V 矿灯蓄电池等组成。R_P 为瓦斯报警设定电位器。当瓦斯浓度超过某一设定值时，R_P 输出信号通过二极管 VD_1 加到三极管 VT_1 基极上，VT_1 导通，VT_2、VT_3 便开始工作。VT_2、VT_3 为互补式自激多谐振荡器，它们的工作使继电器吸合与释放，信号灯闪光报警。

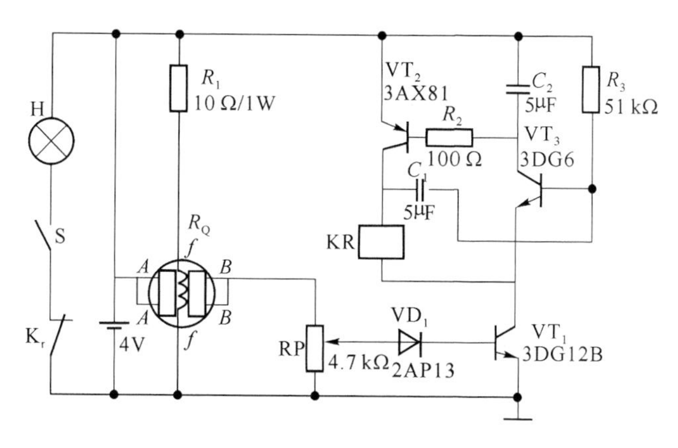

图 6-9　矿灯瓦斯报警器原理图

- 自动空气净化换气扇。利用 SnO_2 气敏器件，可以设计用于空气净化的自动换气扇。图 6-10 是自动换气扇的电路原理图。当室内空气污浊时，烟雾或其他污染气体使气敏器件阻值下降，晶体管 VT 导通，继电器动作，接通风扇电源，可实现电扇自动启动，排放污浊气体，换进新鲜空气的功能；当室内污浊气体浓度下降到希望的数值时，气敏器件阻值上升，VT 截止，继电器断开，风扇电源切断，风扇停止工作。

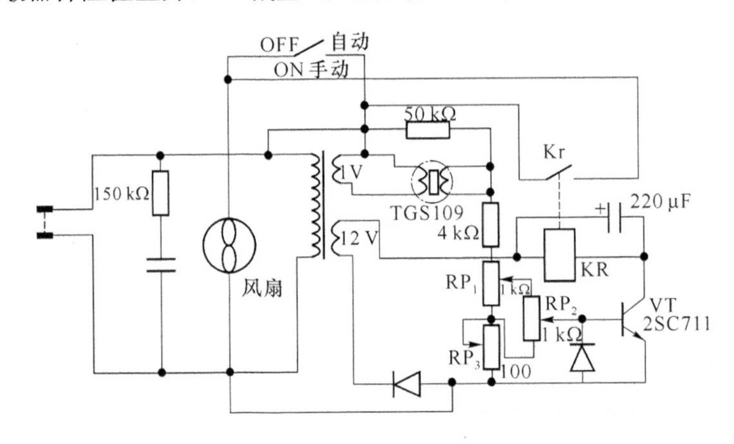

图 6-10　自动空气换气扇原理图

5. 电感传感器

电感式传感器是利用线圈自感或互感的变化来实现测量的一种装置，可以用来测量位移、振动、压力、流量、重量、力矩、应变等多种物理量。电感式传感器的核心部分是可变自感或可变互感，在被测量转换成线圈自感或互感的变化时，一般要利用磁场作为媒介或利用铁磁体的某些现象。这类传感器的主要特征是具有线圈绕组。

电感式传感器具有以下优点：结构简单可靠，输出功率大，抗干扰能力强，对工作环境要求不高，分辨力较高，稳定性好。它的缺点是频率响应低，不宜用于快速动态测量。一般说来，电感式传感器的分辨力和示值误差与示值范围有关。示值范围大时，分辨力和示值精度将相应降低。电感式传感器种类很多。有利用自感原理的自感式传感器(通常称电感式传感器)，利用互感原理通常做成的差动变压器式传感器。此外，还有利用涡流原理的涡流式传感器。

(1) 自感式传感器

自感传感器是利用自感量随气隙而改变的原理制成的，用来测量位移。较实用的自感传感器的结构示意图如图 6-11 所示。它由线圈、铁心和衔铁三部分组成。铁心和衔铁由导磁材料如硅钢片或坡莫合金制成，在铁心和衔铁之间有气隙，气隙厚度为 δ，传感器的运动部分与衔铁相连。当衔铁移动时，气隙厚度 δ 发生改变，引起磁路中磁阻变化，从而导致电感线圈的电感值变化，因此只要能测出这种电感量的变化，就能确定衔铁位移量的大小和方向。

$$L=\frac{W^2}{R_m}=\frac{W^2\mu_0 S_0}{2\delta} \tag{6-12}$$

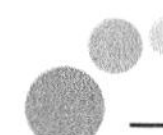

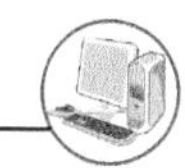

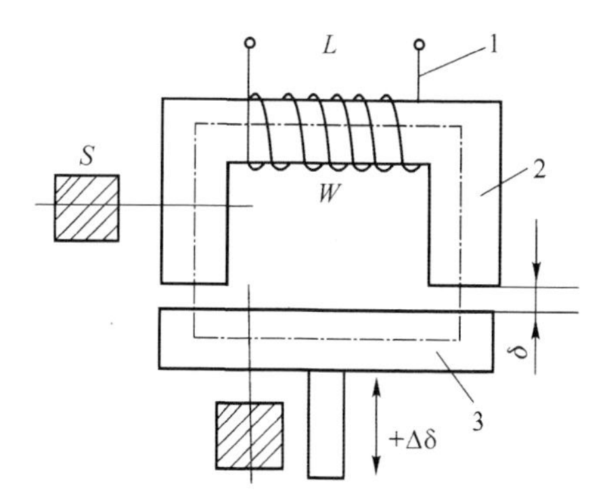

图 6-11　自感传感器原理图

1—线圈；2—铁心；3—衔铁

(2) 电涡流式传感器

根据法拉第电磁感应原理，块状金属导体置于变化的磁场中或在磁场中做切割磁力线运动时，导体内将产生呈涡旋状的感应电流，此电流称为电涡流，以上现象称为电涡流效应。

根据电涡流效应制成的传感器称为电涡流式传感器(图 6-12)。它可等效为线圈之间的作用(图 6-13)。按照电涡流在导体内的贯穿情况，此传感器可分为高频反射式和低频透射式两类，但从基本工作原理上来说仍是相似的。电涡流式传感器最大的特点是能对位移、厚度、表面温度、速度、应力、材料损伤等进行非接触式连续测量，另外还具有体积小，灵敏度高，频率响应宽等特点，应用极其广泛。

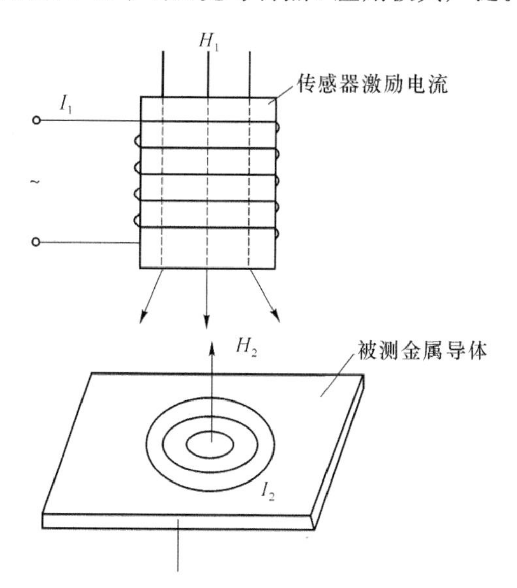

图 6-12　电涡流式传感器原理图

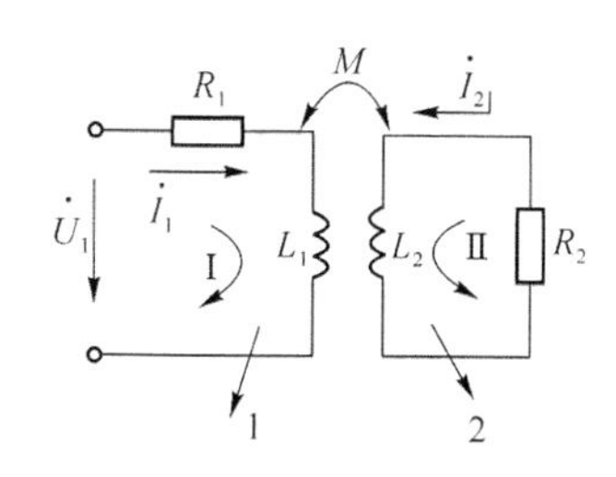

图 6-13　电涡流式传感器等效电路

1—传感器线圈；2—电涡流短路环

6. 电容传感器

电容式传感器能将被测非电量的变化转换成电容量的变化，然后通过测量变化的电容值达到检测非电量的目的。实质上，这种传感器就是一个可变参量的电容器(图 6-14)。由于电容式传感器具有结构简单、灵敏度高、动态特性好等一系列优点，目前在检测技术中广泛应用于位移、振动、角度、加速度、压力等非电量的测量。

$$C_0 = \frac{\varepsilon_0 \varepsilon_r S}{d_0} \tag{6-13}$$

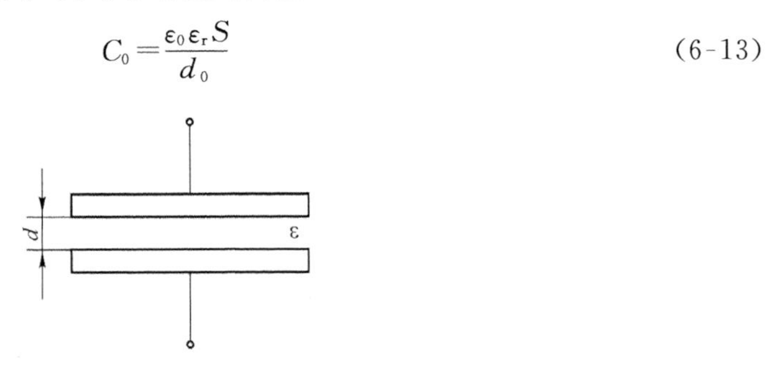

图 6-14　平板电容器

由式(1-13)可知，在三个参数中，只要改变其中一个，而保持其余两个不变，均可使电容量改变，这就是电容式传感器的基本工作原理。实际应用中，电容式传感器也因此分为三种类型：改变极板相对面积的变面积型传感器(图 6-15)；改变极板距离的变极距型传感器(图 6-16)，也称变隙式；改变介质类型的变介电常数型传感器。

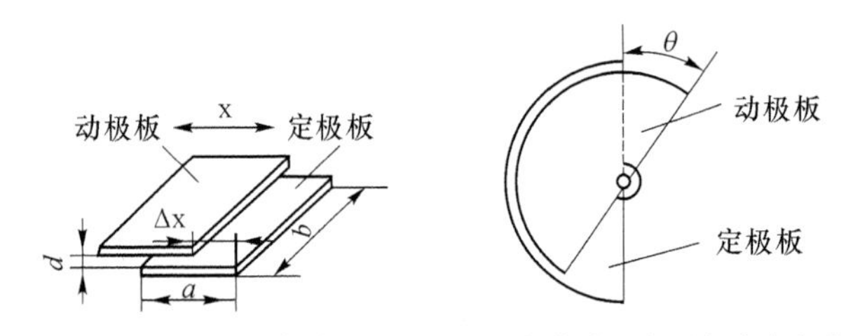

(a) 直线位移型电容式传感器　(b) 角位移型变面积式电容传感器

图 6-15　变面积式电容传感器

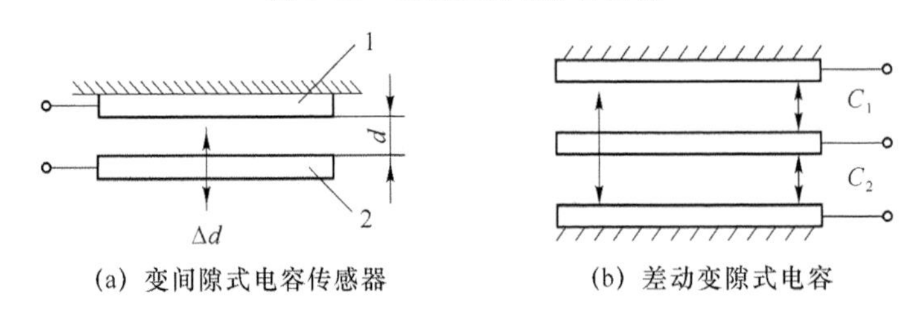

(a) 变间隙式电容传感器　(b) 差动变隙式电容

图 6-16　变隙式电容传感器

1—固定极板；2—活动极板

电容式传感器的测量电路调频振荡电路如图 6-17 所示。

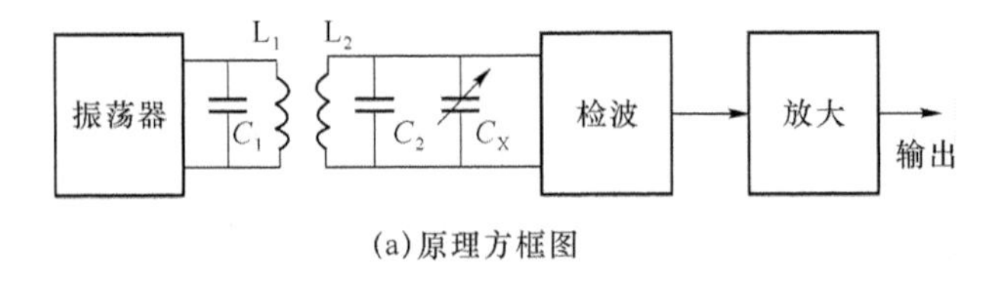

(a)原理方框图

图 6-17　调频振荡电路

7. 压电式传感器

压电式传感器是一种有源的双向机电传感器。如图 6-18 所示，它的工作原理是基于压电材料的压电效应。压电效应自发现以来，在电子、超声、通信、引爆等许多技术领域均得到广泛的应用。压电式传感器具有使用频带宽、灵敏度高、信噪比高、结构简单、工作可靠、质量轻、测量范围广等许多优点。因此在压力冲击和振动等动态参数测试中，是主要的传感器品种，它可以把加速度、压力、位移、温度、湿度等许多非电量转换为电量。近年来由于电子技术飞跃发展，随着与之配套的二次仪表，以及低噪声、小电容、高绝缘电阻电缆的出现，使压电传感器使用更为方便，集成化、智能化的新型压电传感器也正在被开发出来。

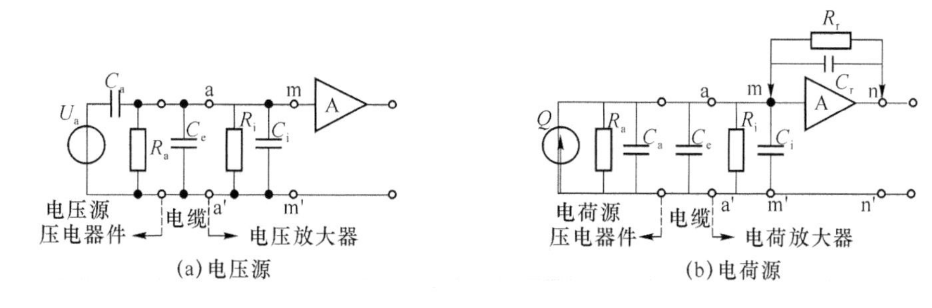

图 6-18　压电式传感器等效电路和测量电路

某些晶体或多晶陶瓷，当沿着一定方向受到外力作用时，内部就产生极化现象，同时在某两个表面上产生符号相反的电荷；当外力去掉后，又恢复到不带电状态；当作用力方向改变时，电荷的极性也随着改变；晶体受力所产生的电荷量与外力的大小成正比。上述这种现象称为正压电效应。反之，如对晶体施加一定交变电场，晶体本身将产生机械变形，外电场撤离，变形也随着消失，称为逆压电效应。压电式传感器大都是利用压电材料的压电效应制成的。在电声和超声工程中也有利用逆压电效应制作的传感器。

压电式测力传感器是利用压电元件直接实现力——电转换的传感器，在拉、压场合，通常较多采用双片或多片石英晶片作压电元件。它刚度大，测量范围宽，线性及稳定性高，动态特性好。按测力状态分，有单向、双向和三向传感器，它们在结构上基本一样。

8. 霍尔传感器

霍尔元件是一种基于霍尔效应的磁传感器，得到广泛的应用。可以检测磁场及其变化，可在各种与磁场有关的场合中使用。霍尔器件以霍尔效应为其工作基础。霍尔器件具有许多优点，它们的结构牢固，体积小，重量轻，寿命长，安装方便，功耗小，频率高，耐震动，不怕灰尘、油污、水汽及盐雾等的污染或腐蚀。

金属或半导体薄片置于磁场中，当有电流流过时，在垂直于电流和磁场的方向上将产生电动势，这种物理现象称为霍尔效应(图 6-19)。

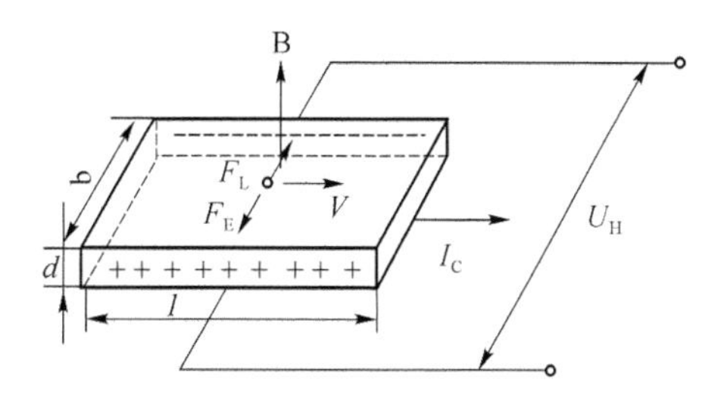

图 6-19　霍尔效应原理

由于霍尔传感器具有在静态状态下感受磁场的独特能力，而且它具有结构简单、体积小、重量轻、频带宽(从直流到微波)、动态特性好和寿命长、无触点等许多优点，因此在测量技术，自动化技术和信息处理等方面有着广泛应用。

归纳起来，霍尔传感器有三个方面的用途：

① 当控制电流不变时，使传感器处于非均匀磁场中，则传感器的霍尔电势正比于磁感应强度，利用这一关系可反映位置、角度或励磁电流的变化。

② 当控制电流与磁感应强度皆为变量时，传感器的输出与这两者乘积成正比。在这方面的应用有乘法器、功率计以及除法、倒数、开方等运算器，此外，也可用于混频、调制、解调等环节中，但由于霍尔元件变换频率低，温度影响较显著等缺点，在这方面的应用受到一定的限制，这有待于元件的材料、工艺等方面的改进或电路上的补偿措施。

③ 若保持磁感应强度恒定不变，则利用霍尔电压与控制电流成正比的关系，可以组成回转器、隔离器和环行器等控制装置。

9. 光电传感器

光电传感器是将被测参数的变化转换成光通量的变化，再通过光电元件转换成电信号的一种传感器。这种传感器具有结构简单、非接触、高可靠性、高精度和反应快等优点，故在自动检测技术中得到了广泛应用。

光电元件的理论基础是光电效应。光电效应就是在光线作用下，物体吸收光能量而产生相应电效应的一种物理现象，通常可分为外光电效应、内光电效应和光生伏特效应三种类型：

① 外光电效应。在光线作用下，电子从物体表面逸出的物理现象称为外光电效应，也称光电发射效应。基于外光电效应的光电元件有光电管。

② 内光电效应。在光线作用下，物体电阻率发生变化的现象称为内光电效应，又称为光电导效应。

③ 光生伏特效应。在光线作用下，物体产生一定方向电动势的现象称为光生伏特效应。基于内光电效应的光电元件有光敏电阻和光敏晶体管。基于光生伏特效应的光电元件是光电池。

光电传感器实际上是由光电元件、光源和光学元件组成一定的光路系统，并结合相应的测量转换电路而构成。常用光源有各种白炽灯和发光二极管，常用光学元件有多种反射镜、透镜和半透半反镜等。关于光源、光学元件的参数及光学原理，读者可参阅有关书籍。但有一点需要特别指出。光源与光电元件在光谱特性上应基本一致，即光源发出的光应该在光电元件接收灵被度最高的频率范围内。

光电传感器的测量属于非接触式测量，目前越来越广泛地应用于生产的各个领域。因光源对光电元件作用方式不同而确定的光学装置是多种多样的。按其输出量性质，可分为模拟输出型光电传感器和数字输出型光电传感器两大类。

光辐射本身是被测物，由被测物发出的光通量到达光电元件上。光电元件的输出反映了光源的某些物理参数，如光电比色温度计和光照度计等。

恒光源发出的光通量穿过被测物。部分被吸收后到达光电元件上。吸收量决定于被测物的某些参数，如测液体、气体透明度和浑浊度的光电比色计等。

恒光源发出的光通量到达被测物，再从被测物体反射出来投射到光电元件上。光电元件的输出反映了被测物的某些参数，如测量表面粗糙度、纸张白度等。

从恒光源发射到光电元件的光通量遇到被测物被遮挡了一部分，由此收变了照射到光电元件上的光通量，光电元件的输出反映了被测物尺寸等参数，如振动测量、工件尺寸测量等。

三、任务实施

电阻应变式传感器的测试

1. 测试名称

掌握电阻应变片直流电桥的工作原理和特性，利用电阻应变片直流电桥测量传感器的电压输出灵敏度。

2. 任务内容

金属箔电阻应变片传感器电桥灵敏度测量，比较单臂、双臂、四臂三种应变桥的灵敏度，并做出定性的结论。

3. 任务要求

正确使用测试仪表；根据给定电路，正确布线，使电路正常运行；正确测试相关数据及数据分析。

4. 测试过程

① 熟悉各部件配置、功能、使用方法和操作注意事项等。

② 开启仪器及放大器电源，放大器输出调零（输入端对地短路，输出端接电压表，增益旋钮顺时针方向轻旋到底，旋转调零旋钮使输出为零）。

③ 调零后电位器位置不要变化，并关闭仪器电源。

④ 按图 6-20 将实验部件用实验线连接成测试单臂桥路。桥路中 R_2，R_3，R_4 为电桥中固定电阻，W_D 为直流平衡调节电位器，R_1 为工作臂应变片，直流激励电源为±4 V。将测微头装于悬臂梁前端的永久磁钢上，并调节使应变梁处于基本水平状态。

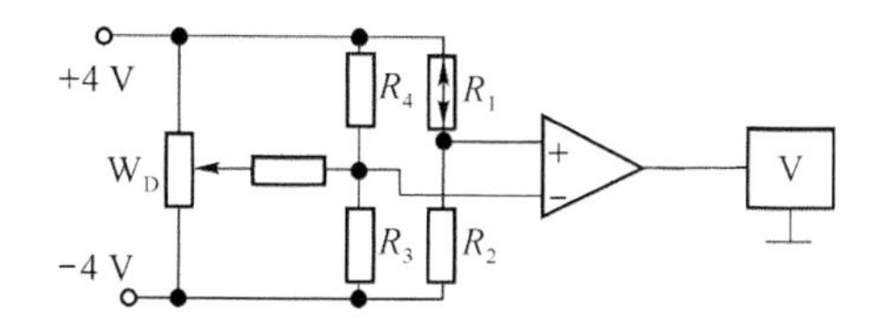

图 6-20 电阻应变式传感器的测试电路

⑤ 确认接线无误后开启仪器及放大器电源，同时预热数分钟。调整电桥 W_D 电位器，使测试系统输出为零。

⑥ 旋动测微头，带动悬臂梁分别作向上和向下的运动，以水平状态下输出电压为零，向上和向下移动各 5 mm，测微头每移动 0.5 mm 记录一个放大器输出电压值。

⑦ 利用最小二乘法计算单臂电桥电压输出灵敏度 K。

⑧ 改变应变桥，接成半桥、全桥，按照④、⑤、⑥和⑦的方法分别测量。

⑨ 比较三种应变桥的灵敏度，并做出定性的结论。

四、知识拓展

1. 超声波传感器

超声波是一种频率超过 20 000 Hz 的机械波，具有波长短、传播方向性好、穿透能力强等特点。超声波传感器就是利用超声波的以上特性工作的传感器，其在工业探伤(图6-21)、厚度测量等领域有广泛应用。

超声波的波形主要有横波、纵波、表面波三种。横波中，质点的振动方向与波的传播方向垂直；纵波中，质点的振动方向与波的传播方向一致；表面波中，质点的振动方向与波的传播方向既不垂直也不一致，且沿着表面传播，振幅随深度的增加而迅速衰减。纵波能在固体、液体、气体中传播，而横波与表面波只能在固体中传播。但无论哪种超声波，其频率越高，就越与光波的某些传播特性相接近，产生折射现象与反射现象。

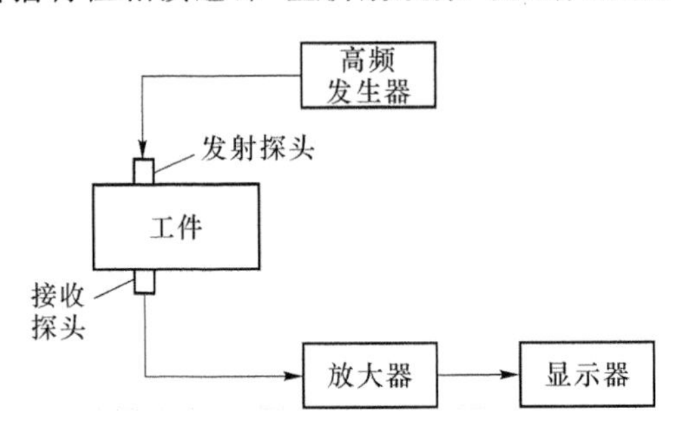

图 6-21 超声波工业探伤示意图

超声波产生于超声波的换能器。超声波换能器能够将电磁能转换为机械能，常见的有压电式换能器与磁致伸缩换能器。压电式换能器是利用逆压电效应进行工作的。逆压电效应又称电致伸缩效应，是指在压电晶体切片的两对面加上交变电场或电压使晶片产生伸长与缩短的现象。压电材料的电致伸缩振动产生了超声波。磁致伸缩换能器是利用磁致伸缩效应进行工作的。磁致伸缩效应是指磁物质在交变的磁场中顺着磁场方向产生伸缩的现象。置于交变磁场中的铁磁物质磁致伸缩振动并产生了超声波。超声波的接收一般是利用上述超声波换能器的逆效应做成的超声波接收器来实现的。

2. 红外辐射传感器

红外辐射就是常说的红外线或红外光，在真空中的传播速度与光速相同，是不可见光。红外辐射在介质中传播时，由于介质的吸收和散射作用，其能量会发生衰减。自然界中任何物体，只要具有的温度高于绝对零度时都会有红外辐射产生。红外辐射是以波动的方式传递出去的，物体温度越高，红外辐射的波动就越强。同样，自然界中任何物体对红外辐射都具有一定程度的吸收、透射或反射能力，大多数液体对红外辐射的吸收能力强，多数半导体及部分塑料对红外辐射有一定的透射能力，玻璃及金属对红外辐射的透射能力很弱，气体对红外辐射也有不同程度的吸收能力。

红外辐射尽管是一种不可见光，但和其他光线一样，红外辐射照射到某些物体上会产生热效应，照射在另一些物体上则会产生光电效应。依据以上两种效应，可以利用红外敏感元件对红外辐射进行检测。红外探测器就是将红外辐射能转换为电能的一种传感器。按其工作原理，红外探测器可分为热敏红外探测器和光电红外探测器两类。

① 光电导型红外探测器。当红外线照射在某些半导体材料表面时。半导体材料中的一部分电子和空穴将从原来束缚状态时的不导电变为自由状态而导电，使半导体材料的电导率增加，这种现象就是光电导现象。光电导型红外探测器就是利用光电导现象制成的。图 6-22 所示为光电导型红外探测器的转换电路。光敏电阻 R_1 与固定电阻 R 串联后接在一恒定的直流电源 E 上，红外线经光调制器 M 调制成为正弦波信号后以一定功率照射到 R_1 上，使其电阻值脉动变化，这样在 R 上降落的电压除直流成分外，还有一个与正弦波红外线同样频率的交流成分，将此交流信号经放大处理后就可测量出红外辐射物体的温度。

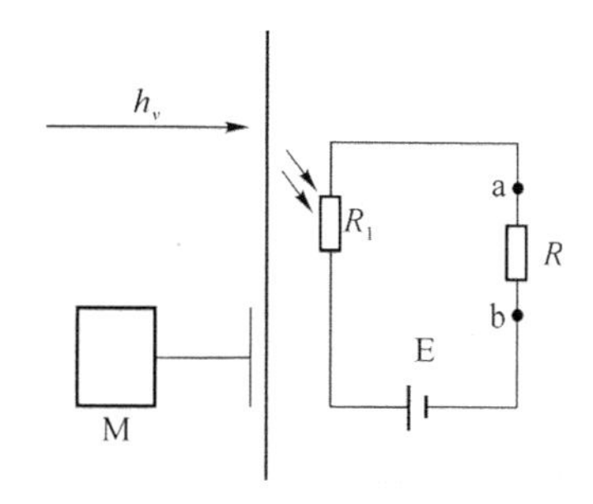

图 6-22　光电导型红外探测器转换电路

② 红外测温仪。检测温度的方法很多，红外测温是比较先进的一种方法。这种方法灵敏度高，反应速度快，测温范围广，几乎可在所有温度测量的场合使用，能够进行远距离和非接触检测，特别适合于高速运动物体、高压物体、带电物体的温度检测。图 6-23 所示为红外测温仪示意图，它由光学系统 1、红外探测器 2、调制器 3、放大器 4 与指示器 5 等组成。被测目标所发出的红外辐射经过透射式光学系统后，集中照射到红外探测器上，使红外探测器内的热敏电阻的阻值发生相应的变化，这样热敏电阻就将红外辐射所引起的温度变化转换为电量的变化，电量经调制与放大处理后再送至指示器，从而测出目标的温度值。

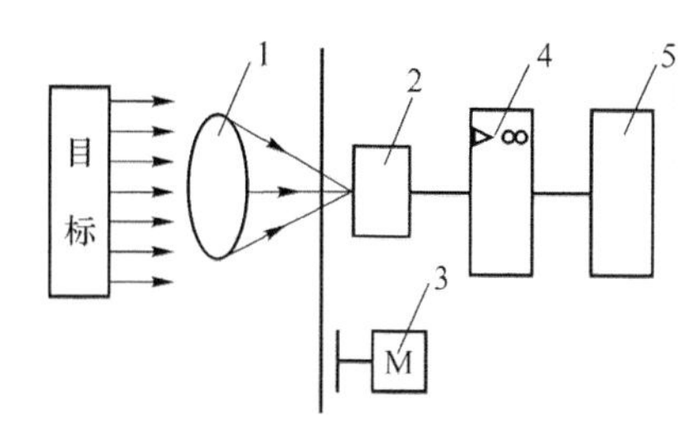

图 6-23　红外测温仪示意图

红外测温在纺织生产上也有较多的应用。如在织物印染加工的过程中，要求精确测量和控制织物的温度，以防止由于过热或温度不够影响产品质量。印花加工前，通过水洗以去除涂料及油污。水洗后需干燥，以去除织物中的水分。织物在干燥时，由于其湿度与温度有一定的关系，因此通过测温可控制织物的湿度，使用红外测温仪可对干燥过程进行湿度监控，避免织物干燥过度。

3. 光纤传感器

光导纤维传感器简称光纤传感器，是一种新型传感器。它是利用光纤传输的光波量（如光强、相位、频率等)受到外界环境的影响(如温度、压力、电磁场等)而发生相应变化的原理在20世纪70年代迅速发展起来的。光纤传感器具有灵敏度高、结构简单、体积小、耐腐蚀、可弯曲、能遥测、绝缘性能好等优点,在位移、速度、压力、流量、温度等方面得到了比较广泛的应用。

光纤结构如图6-24所示。它是由导光的纤芯1、包层2和保护层3构成。为保证入射到光纤内的光波能集中在纤芯内传输,要求纤芯的折射率 n_1 略大于包层的折射率 n_2。当光以各种不同的角度入射到纤芯与包层的交界面时,光波在该处有一部分反射成为反射光,一部分折射成为折射光。当光波在纤芯与包层的界面处的入射角小于临界入射角时,光波就不会被折射,而实现全部内反射。光波在界面上经无数次反射,呈锯齿状路线在光纤内向前传输,最终从纤芯的另一端传出,这就是光纤的传光原理。

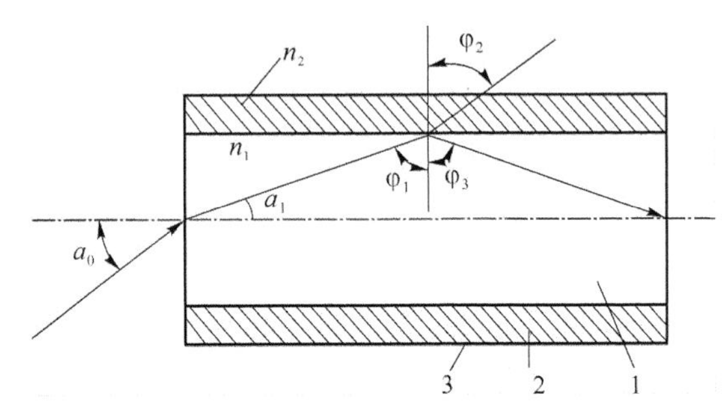

图6-24 光纤结构示意图

1—纤芯;2—包层;3—保护层

光纤传感器一般分为两大类,一是功能型传感器,又称物性型传感器;一是传光型传感器,又称结构型传感器。功能型传感器是利用光纤本身的某种功能或特性制成的,在这类传感器中,光纤不仅能传光,同时还起到敏感元件的作用。传光型光纤传感器中光纤仅仅起着传输光波的作用,必须在光纤端面加上其他敏感元件才能够成为传感器。功能型传感器相对于传光型传感器而言,结构复杂,制造难度大,但灵敏度高。其中传光型又分为两种:一种是在发送与接受的光纤之间放置敏感元件,使敏感元件遮断光路或使敏感元件的光穿透率发生变化,然后进行检测;一种是在光纤终端放置敏感元件进行检测。

根据对光调制手段的不同,光纤传感器又有光强度调制、相位调制、频率调制等不同工作原理的光纤传感器。光纤传感器一般由光源、光纤、光电元件组成。对光源的一般要求为,光源体积尽可能小,以便于它和光纤耦合;光源的波长尽量合适,以便于光传输中的损失减至最小;光源的亮度要足够大以便于传感器输出信号的提高;另外还要求光源稳定、噪声小、易安装、寿命长。常用的光源有半导体激光二极管、氦氖激光器、发光二极管和白炽灯等。

在光纤传感器中,光电元件的线性度、灵敏度等是直接影响传感器性能的因素,应认真进行选择。常用的光电元件有光敏二极管、光敏三极管等。

4. 编码式数字传感器

编码式数字传感器又称码盘,其实质是一按角度直接输出多位二进制编码的转换器。由于具有较高的分辨率、测量精度和可靠性。编码式数字传感器是测量转轴角度最常用的检测元件。按其结构,编码式数字传感器可分为接触式、光电式和电磁式三种。

图 6-25 所示为 4 位二进制接触式码盘示意图，涂黑区域是导电区，输出为二进制编码“1”；空白区域是绝缘区，输出为二进制编码“0”。所有导电区域连在一起接高电位。图示码盘 2 由四图组成，每圈称为一个码道，故有四个码道，在每个码道上都安装有一个独立的电刷 1，各电刷经电阻接地。当被测轴带动码盘一起转动时，四个电刷上输出相应的 4 位二进制编码。例如，当电刷与图 6-25 中所示第 9 区接触时，输出的编码为 1 001。

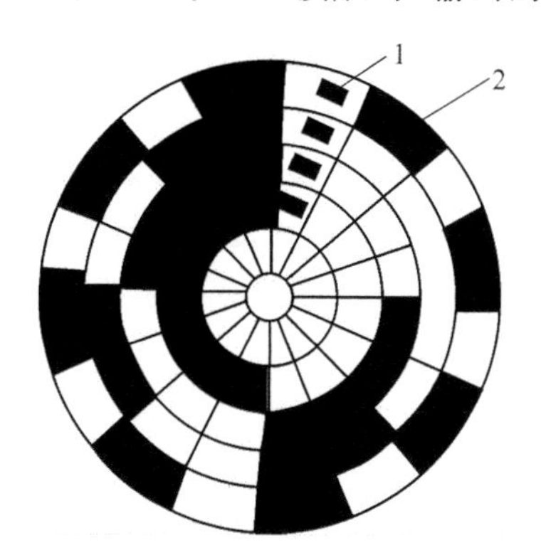

图 6-25　接触式码盘示意图

1—电刷；2—码盘

接触式码盘的结构原理尽管很简单，但在实际应用中对码盘的制作和电刷的安装要求却十分高，否则就会出现差错。例如，当电刷由第 9 区向第 10 区过渡时，输出编码应由 1 001变为 1 010，当电刷安装不准而使四个刷造成过渡时刻不同步时，则可能产生另外三个编码：1 000、1 001 和 1 011，这是不允许的。为了避免因电刷过渡时刻不同步而产生的这种差错，常用循环码盘代替二进制码盘。循环码盘中采用的是循环码。循环码又称格雷码，其特点是相邻两个数码间只有一位是不同的，也就是说相邻两个编码只有一位是要发生变化的。因此，即使在过渡中有电刷不同步，产生的误差也只是最低的一位数。图 6-26 所示为 4 位循环码盘。

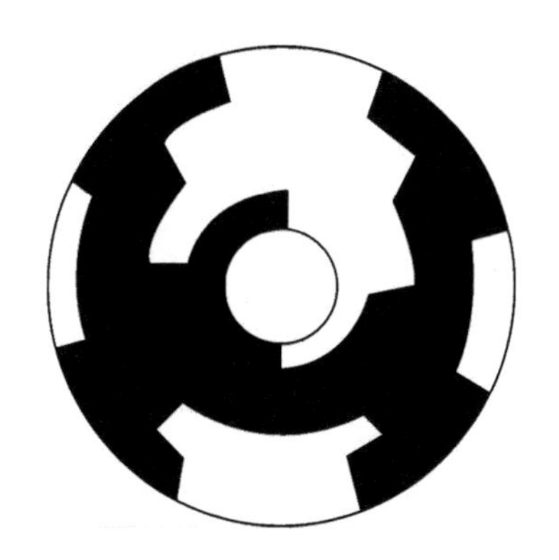

图 6-26　循环码盘示意图

电磁式码盘的类型有两种：一种是在导磁材料圆盘上用腐蚀的方法做成一定的编码图形，使其导磁性有的地方高，有的地方低，以此来表示相应的数字代码。另一种是在非导磁材料圆盘上涂满导磁材料，然后用磁化的方法在磁性层上预先录下相应的代码。数码的读出是用一个很小的马蹄形磁芯作磁头，上面绕有两组线圈，一组为励磁线圈，用正弦电流激励，一组是读出线圈，读出相应的感应电势。当磁头对准一个非磁化区时，感应电势就高，而对准磁化区时，感应电势就低，感应电势与整个磁路磁导有关，从而测出码盘随被测物转动的角度。

5. 光栅传感器

光栅很早就被人们发现了，但应用于技术领域只有一百多年的历史。早期人们是利用光栅的衍射效应进行光谱分析和光波波长的测量，到了 20 世纪 50 年代人们才开始利用光栅的莫尔条纹现象进行精密测量，从而出现了光栅式传感器。光栅式传感器具有许多优点，如测量精度高。在圆分度和角位移测量方面，一般认为光栅式传感器是精度最高的一种，可实现大量程测量兼有高分辨率；可实现动态测量，易于实现测量及数据处理的自动化；且具有较强的抗干扰能力等。因此，近些年来，光栅式传感器在精密测量领域中的应用得到了迅速发展。

光栅的种类很多，若按工作原理分有物理光栅和计量光栅两种，前者用于光谱仪器，作色散元件，后者主要用于精密测量和精密机械的自动控制中。而计量光栅按其用途可分为长光栅和圆光栅两类，前者用于线位移的测量，后者用于角位移的测量。计量光栅按其表面刻线形成的不同分为黑白光栅和相位光栅；按光线的走向不同分为透射式光栅和反射式光栅。下面主要以黑白透射式长光栅为例介绍莫尔条纹的形成原理。

图 6-27 所示为光栅传感器的构成示意图，包括主光栅 3、测量光栅 4 和一套光路系统（1 为光源，2 为透镜，5 为光电元件）。主光栅又称标尺光栅，长度较指示光栅长，通常随被测物体一起移动。指示光栅较短，固定在相应的部件上，主光栅和指示光栅上都均匀刻有一定宽度且距离相等的线纹，形成有规律排列的黑白栅。黑栅不透光，而白栅透光。通常黑栅宽用 a 表示，白栅宽用 b 表示。$W=a+b$ 称为光栅栅距或称光栅常数，栅线密度一般有 25 线/mm、50 线/mm、100 线/mm 等几种。主光栅和指示光栅线密度相同。

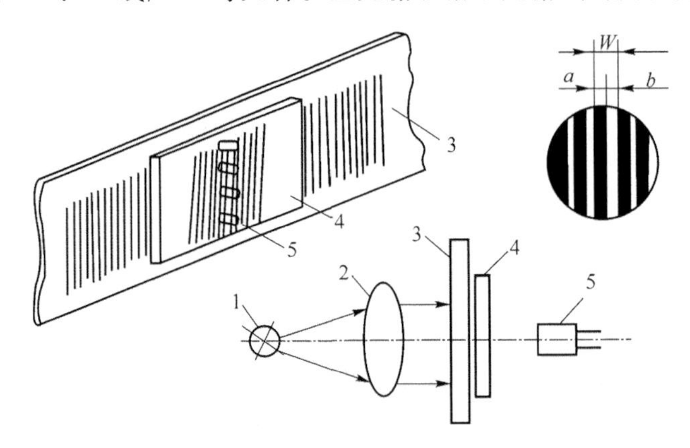

图 6-27 光栅传感器示意图

1—光源；2—透镜；3—主光栅；4—测量光栅；5—光电元件

把主光栅和指示光栅的刻线面相对而叠合在一起，片间只留有很小的间隙。并使两光栅的栅线保持很小的相交角，那么在刻线的重合处，光从白栅透过形成亮带，在光栅刻线彼此错开处，由于黑栅不透光而形成暗带。这种亮带和暗带形成的明暗相间的条纹就是莫尔条纹。

因为莫尔条纹的方向与光栅刻线方向近似垂直，故又称为横向莫尔条纹。

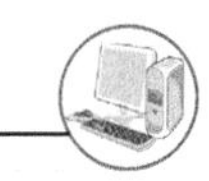

6. 热电偶传感器

热电偶传感器是工程上应用最广泛的温度传感器。它构造简单，使用方便，具有较高的准确度、稳定性及复现性，温度测量范围宽，在温度测量中占有重要的地位。

通常把两种不同金属的这种组合称做热电偶，A、B 称做热电极，温度高的接点称做热端或工作端，而温度低的接点称做冷端或自由端。

如图 6-28 所示，两种不同材料的导体(或半导体)组成一个闭合回路，当两接点温度不同时，则在该回路中就会产生电动势的现象这种现象叫热电效应。由理论分析知道，热电效应产生的热电势是由接触电势和温差电势两部分组成。

$$E_{AB}(T,T_0)=e_{AB}(T)-e_{AB}(T_0)=f(T)-C \tag{6-14}$$

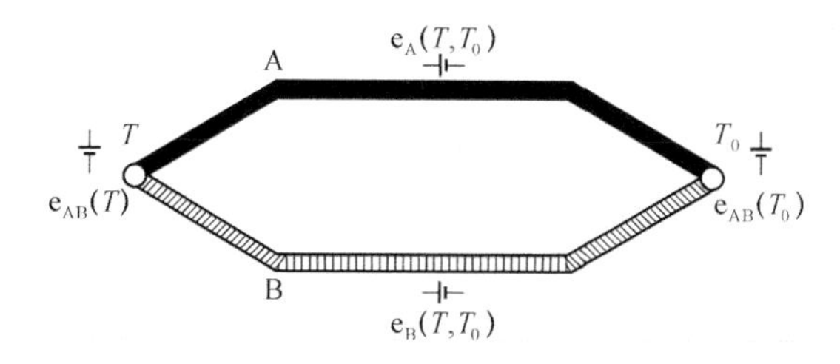

图 6-28　热电偶示意图

接触电动势：若金属 A 的自由电子浓度大于金属 B 的，则在同一瞬间由 A 扩散到 B 的电子将比由 B 扩散到 A 的电子多，因而 A 对于 B 因失去电子而带正电，B 获得电子而带负电，在接触处便产生电场。A、B 之间便产生了一定的接触电动势。接触电动势的大小与两种金属的材料、接点的温度有关，与导体的直径、长度及几何形状无关。

温差电动势对于任何一种金属，当其两端温度不同时，两端的自由电子浓度也不同，温度高的一端浓度大，具有较大的动能；温度低的一端浓度小，动能也小。因此高温端的自由电子要向低温端扩散，高温端因失去电子而带正电，低温端得到电子而带负电，形成温差电动势。

五、思考与练习

1. 什么是传感器？传感器有哪几部分组成，各有什么作用？

2. 传感器的静态特性指标及其各自的意义是什么？

3. 什么是测量？试举例说明。

4. 测量误差有哪几种表示方法？分别写出其表达式。

5. 现有精度为 0.5 级的温度表，量程有 150℃和 300℃两挡，欲测量 100℃的温度，应选用哪个量程？为什么？

6. 某量程为 300 V、1.0 级的电压表，当测量值分别为 300 V、200 V、100 V 时，求测量值的最大绝对误差和示值相对误差。

7. 被测温度为 400℃，现有量程 0～500℃、精度 1.5 级和量程 0～1 000℃、精度 1.0 级温度仪表各一块，问选用哪一块仪表测量更好一些？为什么？

8. 电阻应变式传感器的工作原理？

9. 气敏电阻传感器的工作原理?

10. 什么是电涡流效应,电涡流传感器的工作原理是什么?

11. 电容式传感器的工作原理是什么?

12. 电容式传感器分哪几种类型?

13. 什么是压电效应?

14. 什么是霍尔效应? 霍尔元件的工作原理是什么?

15. 什么是光电效应,光电效应分哪几类?

16. 超声波有哪些特性?

17. 超声波传感器是如何进行无损探伤的?

18. 什么是红外辐射? 红外探测仪是如何测温的?

19. 光纤传感器的工作原理是什么?

20. 循环码盘有哪些特点?

21. 莫尔条纹是如何形成的?

22. 热电偶传感器的工作原理是什么?

任务二　传感器技术的综合应用

一、任务分析

传感器在应用中为了保证有很好的使用结果,还必须采用一些技术措施来解决在实用环境中出现的各种问题,而且随着计算机的应用普及,带计算机的检测系统也是我们必须要进行了解的内容。

二、相关知识

1. 传感器可靠性技术

可靠性是指产品在规定条件下、规定时间内,完成规定功能的能力。可靠性技术是研究如何评价、分析和提高产品可靠性的一门综合性的边缘科学。可靠性技术与数学、物理、化学、管理科学、环境科学、人机工程以及电子技术等各专业学科密切相关并相互渗透。研究产品可靠性的数学工具是概率论和数理统计学;暴露产品薄弱环节的重要手段是进行环境试验和寿命试验;评价产品可靠性的重要方法是收集产品在使用或试验中的信息并进行统计分析;分析产品失效机理的主要基础是失效物理;提高产品可靠性的重要途径是开展可靠性设计和可靠性评审,通过产品的薄弱环节进行信息反馈,应用可靠性技术改进产品的可靠性设计、制造。与此同时,还需开展可靠性管理。产品的可靠性是一个与许多因素有关的综合性的质量指标。它具有质量的属性,又有自身的特点,大致可归纳如下:

① 时间性。产品的技术性能指标可以通过仪器直接测量,如灵敏度、重复性、精度等。从可靠性的定义可知,产品的可靠性是指产品在使用过程中这些技术性能指标的保持能力,

保持的时间越长,产品的使用寿命越长。由此可见,产品的可靠性是时间的函数。有人将可靠性称为产品质量的时间指标。

② 统计性。产品的可靠性指标与产品的技术性能指标之间有一个重要区别。即产品的技术性能指标,如灵敏度、非线性、重复性、迟滞性、长期稳定性和综合精度等可以经过仪器直接测量得到,而产品的可靠性指标则是通过产品的抽样试验(试验室或现场),利用概率统计理论估计整批产品的可靠性,它不是对某单一产品,而是整批的统计指标。

③ 两重性。产品可靠性指标的综合性决定了可靠性工作内容的广泛性;可靠性指标的时间性及统计性决定了产品可靠性评价和分析的特殊性。影响产品可靠性的因素是多方面的,既与零件、材料、加工设备和产品设计等技术性问题有关,也与科学管理水平有关。可靠性工作具有科学技术和科学管理的双重性,可靠性技术和可靠性管理是可靠性工作中两个不可缺少的环节。有人形象地把可靠性技术与管理比做一架车的两个轮子,缺一不可。

④ 可比性。从可靠性定义中可以看出,一个产品的可靠性受三个规定的限制。

"规定条件"即指因产品使用工况和环境条件的不同,可靠性水平有很大差异。

"规定时间"是指产品的使用时间长短不同,其可靠性也不同。一般说来,经可靠性筛选过的合格产品的功能、性能都有随工作时间的增长而逐步衰减的特点,规定时间越长,其可靠性越低。同一种产品不同的使用时间其可靠性水平不同。当然,这里时间的定义是广义的,可以是统计的日历小时,也可以是工作循环次数、作业班次或行驶里程等,可根据产品的具体特征而定。

"规定功能"是指产品的功能判据不同,将得到不同的可靠性评定结果。也就是同一产品规定功能不同,其可靠性也不同。所以,评估产品可靠性时,应明确产品的规定条件、规定时间和完成的规定功能。否则,其可靠性指标将失去可比性。

⑤ 突出可用性。产品的可靠性与产品的寿命有关,但它和传统的寿命概念不同。提高产品的可靠性并不是笼统地要求长寿命,而是突出在规定使用时间内能否充分发挥其规定功能,即产品的可用性。

2. 检测系统的抗干扰技术

自动检测系统在工作的过程中,有时可能会出现某些不正常的现象,这表明存在着来外部和内部影响其正常工作的各种因素,尤其是当被测信号很微弱时,问题就更加突出,这些因素总称为"干扰"。干扰不但会造成测量误差,有的甚至会引起系统的紊乱,导致生产事故。因此,在自动检测系统的设计、制造、安装和使用中都必须充分注意抗干扰问题。应首先了解干扰的种类和来源以及形成干扰的途径,从而才能有针对性地采取有效措施消除干扰的影响。

① 干扰的来源。根据产生干扰的物理原因,干扰有以下几种来源:

- 机械的干扰。机械的干扰是指由于机械振动或冲击,使传感器装置中的元件发生振动、变形。使连接导线发生位移,使指针发生抖动,这些都将影响其正常工作。声波的干扰与之类似。
- 热的干扰。在工作时传感器系统产生的热量所引起的温度波动和环境温度的变化等都会引起检测电路元器件参数发生变化,或产生附加的热电动势等,从而影响了传感器系统的正常工作。
- 光的干扰。在传感器装置中人们广泛使用着各种半导体器件,但是半导体材料在光线的作用下会激发出电子-空穴对,使半导体元器件产生电势或引起阻值的变化。

- 湿度变化的影响。湿度增加会使元器件的绝缘电阻下降,漏电流增加,高值电阻的阻值下降,电介质的介电常数增加,吸潮的线圈骨架膨胀,等等。
- 化学的干扰。化学物品,如酸碱盐及腐蚀件气体等,会通过化学腐蚀作用损坏传感器装置。
- 电、磁的干扰。电、磁现象可以通过电路和磁路对传感器系统产生干扰作用;电场和磁场的变化也会在有关电路中感应出干扰电压,从而影响传感器系统的正常工作。这种电和磁的干扰对于传感器系统来说是最为普遍和影响最严重的干扰。
- 射线辐射的干扰。射线会使气体电离、半导体激发电子-空穴对、电子从金属中逸出等,因而用于原子能、核装置等领域内的传感器系统,尤其要注意射线辐射对传感器系统的干扰。

② 噪声。各种干扰在传感器系统的输出端往往反映为一些与检测量无关的电信号,这些无用的信号称为噪声。当噪声电压使检测电路元件无法正常工作时,该噪声电压就称为干扰电压。噪声来源于噪声源,噪声源实际上是以上介绍的各种干扰在检测电路中的具体反映。

③ 干扰的途径。噪声通过一定的途径侵入传感器装置才会对测量结果造成影响,因此有必要讨论干扰的途径及作用方式,以便有效地切断这些途径,消除干扰。干扰的途径有“路”和“场”两种形式。凡噪声源通过电路的形式作用于被干扰对象的,都属于“路”的干扰,如通过漏电流、共阻抗耦合等引入的干扰;凡噪声源通过电场、磁场的形式作用于被干扰对象的,都属于“场”的干扰,如通过分布电容、分布互感等引入的干扰。

④ 抑制干扰的基本措施。干扰的形成必须同时具备三项因素,即干扰源、干扰途径以及对噪声敏感性较高的接收电路——检测装置的前级电路。

- 消除或抑制干扰源。
- 破坏干扰途径。
- 削弱接受电路对干扰信号的敏感性。

⑤ 抗干扰技术。

- 装置配线技术与信号电缆的选择。
- 接地技术。
- 广泛使用光电耦合隔离器。

3. 多传感器信息融合技术

传感器信息融合可以定义如下:它是将经过集成处理的多传感器信息进行合成,形成一种对外部环境或被测对象某一特征的表达方式。单一传感器只能获得环境或被测对象的部分信息段,而多传感器信息经过融合后能够完善地、准确地反映环境的特征。经过融合后的传感器信息具有以下特征:信息冗余性,信息互补性,信息实时性,信息获取的低成本性。传感器信息融合技术的理论和应用涉及信息电子学、计算机和自动化等多个学科,是一门应用广泛的综合性高新技术。

① 在信息电子学领域。信息融合技术的实现和发展以信息电子学的原理、方法、技术为基础。信息融合系统要采用多种传感器收集各种信息,包括声、光、电、运动、视觉、触觉、力觉以及语言文字等。例如,海湾战争中使用的“灵巧炸弹”,它的传感器就是由激光和雷达

两种传感器组合在一起的。信息融合技术中的分布式信息处理结构通过无线网络、有线网络、智能网络、宽带智能综合数字网络等通信网络来汇集信息，传给融合中心进行融合。除了自然(物理)信息外，信息融合技术还融合社会类信息，以语言文字为代表，这里涉及大规模汉语资料库、语言知识的获取理论与方法。机器翻译、自然语言理解与处理技术等，信息融合采用了分形、混沌、模糊推理、人工神经网络等数学和物理的理论及方法。它的发展方向是对非线性、复杂环境因素的不同性质的信息进行综合、相关，从各个不同的角度去观察、探测世界。

② 在计算机科学领域。计算机的发展历史是由串行计算机发展到并行计算机；从数值计算发展到图像处理；从一般数据库发展到综合图像数据库。从信息融合的角度看，未来的计算机必然包含数值并行计算、图像处理、综合时空图像理解等多种功能。即逐步实现类似人脑的信息汇集、处理以及综合存储的思维方式。在计算机科学中，目前正开展着并行数据库、主动数据库、多数据库的研究。信息融合要求系统能适应变化的外部世界，因此，空间、时间数据库的概念应运而生，为数据融合提供了保障。空间意味着不同种类的数据来自于不同的空间地点；时间意味着数据库能随时间的变化适应客观环境的相应变化。信息融合处理过程要求有相应的数据库原理和结构，以便融合随时间、空间变化了的数据。在信息融合的思想下，提出的空间、时间数据库，是计算机科学的一个重要的研究方向。

③ 在自动化领域。在信息科学的自动化领域，信息融合技术以各种控制理论为基础，信息融合技术采用了模糊控制、智能控制、进化计算等系统理论，结合生物、经济、社会、军事等领域的知识，进行定性、定量分析。按照人脑的功能和原理进行视觉、听觉、触觉、力觉、知觉、注意、记忆、学习和更高级的认识过程，将空间、时间的信息进行融合，对数据和信息进行自动解释，对环境和态势给予判定。目前的控制技术，已从程序控制进入了建立在信息融合基础上的智能控制。例如，海湾战争中的“爱国者”导弹系统，战胜了程序控制水平的“飞毛腿”导弹。智能控制系统不仅用于军事，还应用于工厂企业的生产过程控制和产供销管理、城市建设规划、道路交通管理、商业管理、金融管理与预测、地质矿产资源管理、环境监测与保护、粮食作物生长监测、灾害性天气预报及防治等涉及宏观、微观和社会的各行各业。信息融合思想的最佳体现，是在智能机器人的研究上。智能机器人的仿生机构研究和探索，机器人视觉中的三维、时变图像处理，主动视觉研究，机器人的内部、外部非视觉传感器信息的获取和理解，智能机器人的行为失制，环境建模与处理，知识的认知与逻辑推理，以及神经网络技术在机器人控制和传感器信息处理等方面的应用，都与信息融合思想有关，信息融合的技术将会得到迅速发展。

三、任务实施

随着计算机技术的快速发展，计算机在工业测量和工业控制中的应用日益广泛。目前，用微机构成的自动检测与控制系统在工业自动化生产和现代化管理中所占的比重越来越大，大有取代常规自动化装置的趋势。由先进的传感器技术与微型计算机相结合所构成的智能化传感器，不仅为微机自动检测技术开辟了广阔的发展前景，而且它能实现检测系统自诊断、故障检测、量程的灵活改变、系统误差的自动修正等功能，为完善和提高微机自动检测系统奠定了良好的基础，是今后传感器技术发展的主要方向之一。

1. 微机自动检测系统的概念

微机自动检测系统是以微处理器或微型计算机为核心构成的智能化测控系统。其特点是体积小、运行速度快、数字化运算精度高、开发性强、抗干扰能力强，能与管理计算机进行通信组成综合管理系统，能一机完成多系统、多任务的处理等。

由计算机构成的工业自动化系统有以下几种类型；计算机巡回检测系统，计算机直接数字控制系统（DDC），计算机监督控制系统（SPC）以及集检测、控制、管理于一体的分散型综合控制系统（DCS）等，不管是哪一种类型的自动化系统，它们都离不开微机自动检测系统。

微机自动检测系统是将微型计算机和各种类型的传感器从硬件上联系起来，并利用采样、转换等程序将传感器输出的模拟量转换成数字量送入微机内部进行处理。处理的方法有两种，第一种是将转换后的数字量经滤波（去除干扰成分）和标度变换（即进行规格化和标准化）后送显示器进行显示，并进行打印和存盘；第二种方法是将滤波后的数字量送入数字控制器（即用程序编制的控制算法）进行运算处理，得到对被测参数进行控制的控制信号送往执行机构（即构成微机检测与控制系统）。以上诸多特点，使得微机检测系统的功能大大增强。

2. 微机自动检测系统的组成

微机自动检测系统的构成，不仅要从硬件上将微处理器与传感器联系起来，而且要配以合适的程序软件才能完成整个测量任务。因此，微机自动检测系统是由硬件系统和软件系统两大部分共同构成。

如图 6-29 所示为硬件系统的基本组成框图。由于大多数场合，在实现参数的自动检测同时，还要完成参数的自动控制，因此该图中也包括实现控制（发出控制信号）的硬件组成。由图可知，微机是整个系统的核心，它通过系统总线和输入/输出接口与所有外设相连，以实现对它们的操作和控制。

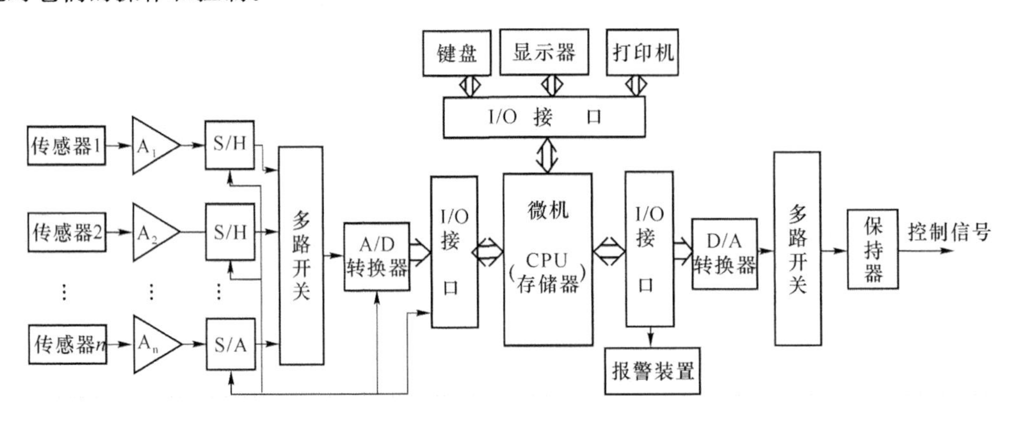

图 6-29 硬件系统基本组成框图

① 模拟量输入通道。该通道包括信号调理、放大器、采样保持器（S/H），多路开关和 A/D 等环节。作用是通过传感器将一系列能够检测到的模拟信号实时地转换为数字量，并送往微机。其中信号调整包含有标度变换、信号滤波和线性化处理三方面。标度变换的作用是进行规格化和标准化。信号滤波的作用是抑制输入通道中的干扰，通常有硬件和软件两种方法，硬件滤波常使用 RC 有源或无源滤波器，软件滤波也称数字滤波。线性化处理的作用是对传感器的非线性进行补偿，以减小测量误差，方法有近似折线法或采用反馈放大器等；采样/保持器是用来实现放大器输出的模拟信号在某一时刻的瞬时值与多种开关的接通，并将其保持下来供 A/D 转换用。这是由于 A/D 转换需要一定时间，而在这一段时间内

只能转换某一时刻的值，因此必须将该值保持到 A/D 转换结束为止（有时，当被测信号变化缓慢时，可不加采样/保持器）；多路开关的作用是实现多路输入信号的分时输入（由微机控制），以使计算机能将所有的传感器信号转换成数字量，并送入内存单元进行处理。

从以上各个环节的作用可以看出，由于微机只能接受数字量，因此传感器输出的连续变化的模拟信号是不能够连续地转化成数字量的，而是通过间隔一定时间的采样周期（如 1 ms、1 s 等）定时地实现转换与采集，即使是检测多路模拟量也是如此。因此微机检测及控制系统实质上是一种离散化系统，但必须保证离散化的数字信号能够正确地反应原模拟信号的变化规律，因此要选取一个合适的采样周期。

② 模拟量和数字量输出通道。该通道包括 D/A 转换、多路开关和输出保持等环节，作用是将微机处理后的数字信号转换成模拟信号（有时也不需转换，而直接采用数字脉冲输出），经功放后驱动执行机构，完成对所测参数的控制。对该通道的要求，除了提高可靠性和满足一定精度之外，还要具有信号的保持功能，即将控制信号保持到下次控制信号到来之前，以保证执行器能到位执行。若不加保持器，则计算机快速送出的控制信号只出现一瞬间便消失，使执行机构不能到位。

除上述两个通道之外，硬件系统还包括显示器、控盘、打印机、报警装置等。

③ 软件系统的组成。软件系统包括系统软件和应用软件两大块。其中，系统软件是用来实现对微机的管理，它包括操作系统、监控程序、诊断程序等；应用软件是为解决用户问题而编制的各种软件。一个完整的微机检测应用软件应包括采样程序、滤波程序、标度变换及线性化处理程序及显示程序等。这些子程序在系统软件的支持下，能按用户设计要求快速而准确地完成对参数的检测与显示任务。

3. 微机自动检测系统的工作过程

由上图可看出，各个传感器输出的模拟信号，接各个采样/保持器的输入端，时刻供 CPU 采集。系统工作时，根据用户程序，向多路开关的选通地址译码器写入要采集数据的传感器地址，经译码接通该地址对应的开关，再由传感器输出的模拟信号经高精度放大器 A 放大后，在采样/保持器中保存起来（一般为 0～5 V 的标准信号）。然后 CPU 向 A/D 发出转换命令，转换结束后，通过输入接口和系统总线送入微机内部进行处理。但在进行数字滤波时，每个采样点可快速采样多次，并进行数学处理，才能作为一个测量结果供显示和打印。这就完成了一路传感器信号的采样，然后微机自动转向第二路传感器进行采集，直至全部采样信号被采集完为止，又转入下一周期的采样，重复以上过程。这就是多路参数的微机巡回检测。在每个采样点，微机还要对所采集的数据进行处理，或经 D/A 转换成模拟信号去驱动执行机构，当信号超限时，还要驱动声、光报警器进行报警。

四、知识拓展

1. PWM 多电动机变频调速同步传动系统

在工业生产中，有很多场合需采用多电机同速运转传送，如各种物料的输送、轧钢机轨道、电力机车传动、纺织工业中的印花、染色、纺丝、整理联合机等。近年来，随着微电子技术、计算机技术及现代控制理论向电气传动领域的渗透，使交流调速传动有了飞速的发展，计算机以它独特的优势，为提高交流调速的功能及性能指标、缩小体积和提高竞争力提供了条件。

变频调速，就是通过改变供电电源的电压及频率来实现对交流电动机的调速。PWM

(脉宽调制)变频调速是目前较为先进的一种交流调速方式,它将在某些领域内逐步取代传统的直流拖动系统。其特点是能使电源侧有较高的功率因素,输出电压中高次谐波少(波形好),调节速度快(动态响应好),且装置的体积小、造价低。

① 整机构成。本系统采用 MCS-51 单片机控制,图 6-30 所示为系统构成示意图。其中 1 为拖引辊,2 为异步电动机,3 为光电传感器,4 为减速箱,5 为变频器,6 为单片机最小系统及接口电路,7 为驱动器,8 为检测装置。图中,每一台电机的主轴上设置一个与转速成正比的脉冲发生器,输出频率分别为 $f_1,f_2\cdots f_n$,由测速电路将对应于 $f_1,f_2\cdots$的转速 f_n(主令),n_2 等存入计算机。首先对主令机进行转速闭环控制,然后再对从动机转速进行调整。只要有 $\Delta n=n_1-n_2$ 存在,就对从动机进行调整,当 $\Delta n=0$ 时,系统同步运行。

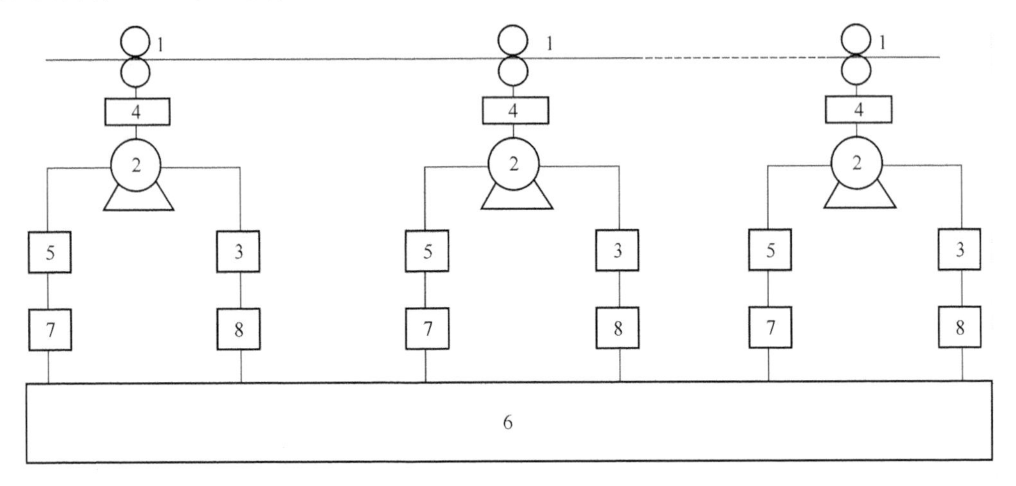

图 6-30 多电动机同步系统构成示意图

② 主回路。图 6-31 所示为交一直一交变频器主回路电气原理图。首先将电网电压通过三相不可控桥电路整流成直流电压,再由六个大功率晶体管(GTR)开关 $VT_1\sim VT_6$ 顺序导通将该直流电压逆变为频率可调的三相交流电压加在电动机上,从而达到调速目的。实质上 GTR 是作为开关元件使用,与其并联的二极管 $VD_1\sim VD_6$ 起保护作用。电路设计时应尽可能缩短其开关时间,减小开关损耗,而且为了防止系统工作时出现的变压、大电流(超出额定值)对 GTR 造成损坏,在图中还设计有过电压、过电流保护电路,以提高系统的可靠性。

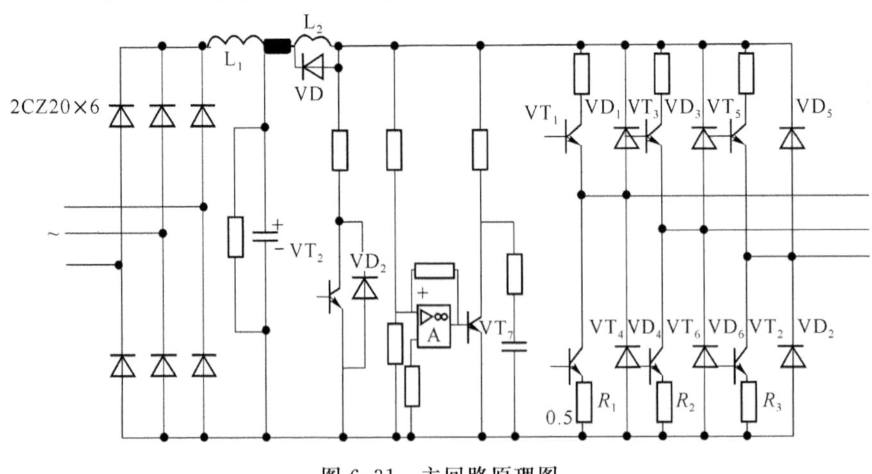

图 6-31 主回路原理图

③ 测速原理。测速的基本原理是：在电动机主轴上安装光电(测速)脉冲发生器，当电动机旋转时，输出一个脉冲信号，通过在一定时间间隔内对脉冲计数，即可计算得到转速值。脉冲信号的测量和计数有三种方法；M 法、T 法、M/T 法。M 法由于在低速时脉冲数 m 值较小，故检测误差大；而 T 法在高速时脉冲数 m 值小，而使测速的分辨能力低。因此本系统采用 M/T 法来综合两者的优点，以保证宽范围内的测量精度和高分辨能力。采用 M/T 法的测速原理如图 6-32 所示，图中 T_c 为给定时间间隔，当 T_c 定时时间到时，若按 M 法，则测量到的脉冲数为五个，而实际上 T_c 比五个脉冲周期大。因此，当 T_c 到时，再记录下一个输入脉冲到达的时刻 T_d，此时脉冲计数值 $m_1=5+l=6$，而在 T_d 时间内、单片机内的定时/计数器计数值为 m_2(计数脉冲由定时器自动产生)，因此实际测速时间 T_d 与定时时间 T_c 的差值 ΔT 是随着转速快慢变化的，是由 T_c 结束后同步产生第一个主轴脉冲的有效边沿决定的。

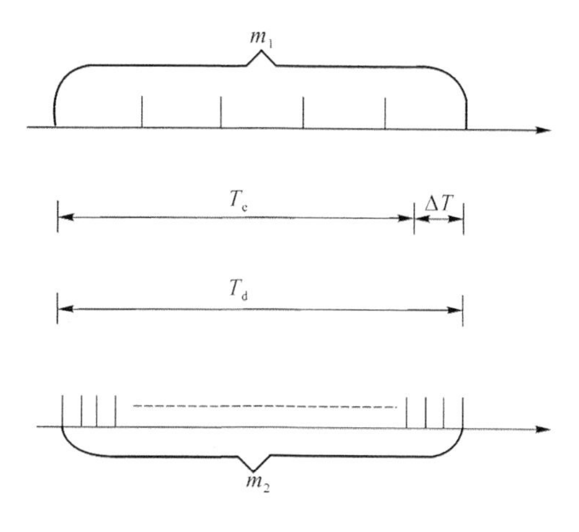

图 6-32　测速原理图

图 6-33 所示为用 MCS-51 单片机最小系统组成的数字测速电路。用 8031 定时/计数器 T_0 对 m_1 进行计数，用 T_1 对 m_2 进行计数，用扩展接口 8155(图中未画出)的定时/计数器对 T_c 定时。

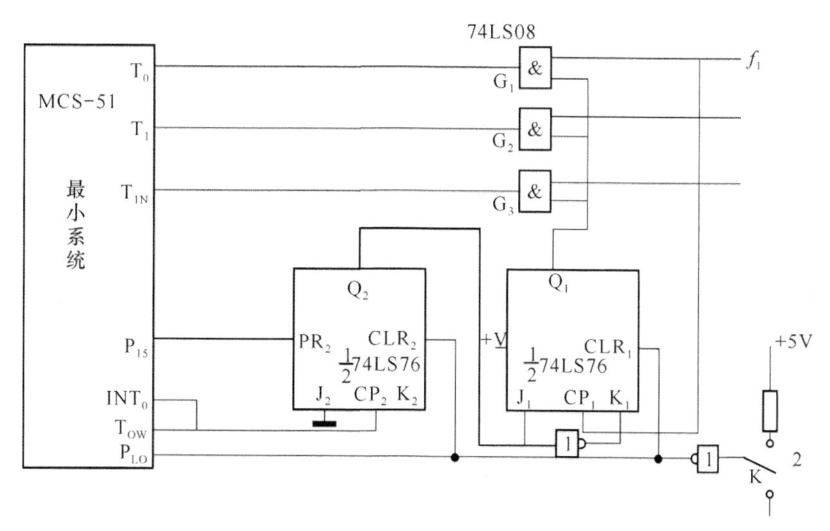

图 6-33　MCS—51 单片机最小系统的测速电路

2. 抓棉机微机控制系统

① 工艺概述。抓棉机是清钢联合机中开清棉的第一道工序，其作用是从棉包中抓取棉束与棉块给后面的机械。它具有开松和混合作用。经开松与混合后的棉花原料再经混棉机、开棉机和清棉机进一步地开松和均匀混合，并除去杂质、疵点和短纤维，然后经梳棉机、自调匀整机、并条机和牵伸机制成具有一定强度和均匀度的生条和标准纱线，最后经过加捻、卷绕以增加捻度和强度。

② A1/2 往复式抓棉机的微机控制系统介绍。在清钢联合机中，A1/2 往复式抓棉机的微机控制具有一定的代表性，其检测点和控制点都较多，适合于采用微机进行综合性管理和控制。图 6-34 所示为 A1/2 往复式抓棉机的外形图。它是由底座 1、控制箱 2、转塔 3、抓棉臂 4 和运行轨道 5 组成。工作时，不同品种的棉包分组堆放在轨道两侧，在微机的控制下，抓棉机可沿轨道往返于任何一组棉包之间，并控制抓棉臂根据棉包高度抓取棉束，在吸风电机的作用下把棉流送入下道工序。

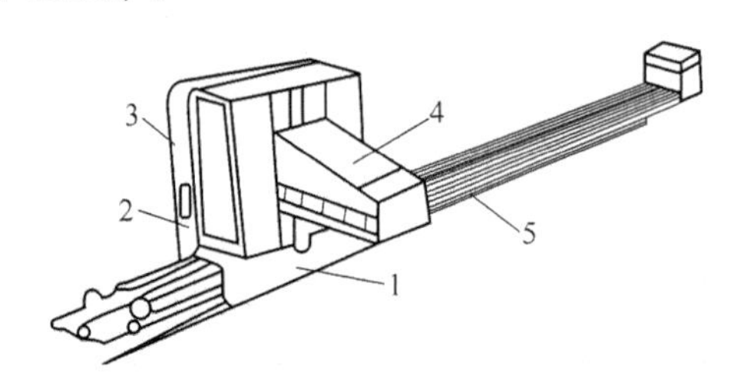

图 6-34　A1/2 往复式抓棉机外形图

由此可以看出，A1/2 抓棉机在工作中有以下参数需要检测与控制，轨道的起点和终点停车控制、每一组的棉包位置停车控制、抓棉臂的升降高度控制、棉层高度的检测与控制、转塔是否旋转检测与控制以及后道工序是否要棉检测与控制等。它们都属于开关量，即只有两种状态需要检测。其中，棉包组(即轨道)定位，抓棉臂升降高度控制等是采用电感式接近开关进行测量的；而棉层高度、后道工序是否要棉等信号是采用立体反射板式光电开关检测的。这两种传感器目前已全部国产化，它们体积小、性能优良、便于安装，灵敏度高(如电感式接近开关检测灵敏度为 1～120 mm)，因而广泛用于各种状态信号的检测。另外，轨道的起点和终点是由行程开关检测的。

以上各参数是采用 PLC(可编程控制器)进行信号的采集和处理的。PLC 是由工业控制计算机具体开发而成的一种智能型控制器，它的应用代替了常规的继电器——接触器控制系统，主要实现各种以开关量为主的开环电气控制，且控制系统的构成极为简单，它只需要用简单的编程将程序存入存储器内，再接上相应的输入、输出信号线即可。不需要诸如继电器之类的固体电子器件及大量而烦琐的硬接线电路。

五、思考与练习

1. 产品的可靠性有哪些特点？
2. 什么是干扰？常见的干扰有哪几种？
3. 什么是多传感器信息融合技术？有哪些内容？
4. 什么是微机检测系统？它是如何组成的？
5. 输入通道、输出通道各包含哪些硬件环节，它们的作用是什么？

附 录

附录A 常用符号表

f_N——额定频率
C——常数;电容量;热容量
I_C——控制电流
I_f——励磁电流
C_e——电动势常数
C_T——转矩常数
E——感应电动势(交流为有效值)
E_a——电枢电动势
E_σ——漏电动势
E_{2S}——异步电动机旋转时转子电动势
电动势;变压器一次绕组电动势
E_2——变压器二次绕组基波电动势;异步电动机转子绕组静止时的电动势
e——电动势瞬时值;合成控制信号
e_X——电抗电动势
F——磁通势(或称磁动势);力
F^+——正序磁通势
F^-——负序磁通势
F_a——电枢磁通势
F_f——励磁磁通势
F_m——脉振磁通势
F_0——空载磁通势
F_δ——气隙磁通势
F_{Fe}——铁磁材料的磁通势
f——频率;力;磁通势瞬时值
P_1——输入功率
P_2——输出功率
p——损耗功率;极对数
p_{Cu}——钢耗
I——电流(交流为有效值)
I_{st}——起动电流
I_{2S}——异步电动机旋转时转子电流
I_N——额定电流
I_0——空载电流
I_K——短路电流
i——电流的瞬时值
E_m——交流电动势最大值
k——电压比;系数
E_1——异步机定子绕组基波
K——系数
k_e——电动势比
k_i——电流比
L——自感;电感
l——长度;导体有效长度
m——级数、相数;质量
N——电枢总导体数;匝数;拍数
N_Y——线圈(元件)匝数
n——转速
n_1——同步转速
n_N——额定转速
p——功率
p_{em}——电磁功率
P_L——负载功率
P_m——全(总)机械功率
P_N——额定功率
v——线速度
W——能量(储能)
X——电抗

p_{Fe}——铁耗
p_m——机械损耗
p_0——空载损耗
p_s——杂散损耗
Q——热量;无功功率;流量
R 或 r——电阻
R_a——电枢回路总电阻
R_{bk}——制动电阻
R_f——励磁回路总电阻
R_L——负载电阻
R_p——外接电阻
R_{pa}——电枢调节电阻
R_{st}——起动电阻
r_m——励磁电阻
S_N——额定视在功率;变压器的额定定量
s——转差率
s_m——临界转差率
s_N——额定转差率
T——电磁转矩;时间常数;周期
T_1——原动机转矩;输入转矩
T_2——输出转矩
T_L——负载转矩
T_N——额定转矩
T_0——空载转矩
t——时间;齿距
U_φ——相电压
u——电压瞬时值;虚槽数
u_k——原动机转矩;输入转矩
Φ——磁通
Φ_0——主磁通
Φ_1——基波磁通
Φ_m——主磁通最大值
X_a——电枢反应电抗
X_m——励磁电抗
X_K——短路电抗
X_t——同步电抗
Z——电机槽数;阻抗
Z_L——负载阻抗
Z_m——励磁阻抗
Z_k——短路阻抗
Z_r——转子齿数信号系数;旋转角
R_m——磁阻;m 级起动总电阻
Z_m——励磁阻抗
Z_L——负载阻抗转子
Z_k——短路阻抗
a——角度;信号系数;旋转角
a_{Fe}——铁耗角
β——负载系数;角度
η——效率
η_{max}——最大效率
η_N——额定效率
θ——温度;功率角;失调角
θ_s——步距角
λ——波长;转距倍数
λ_m——最大转矩倍数(过载能力)
T_{st}——起动转矩
U——电压(交流为有效值)
ϕ——磁通瞬时值
ψ——磁链
Ω——机械角速度
Ω_1——同步角速度
ω——电角速度;角频率
φ——相位角;功率因数角

附录B　几种常用的传感器的性能比较及选择

传感器类型	典型示值范围	特点及环境的要求	应用场合与领域
热电偶	−200～1 800℃	属自发电型传感器，精度高，测量电路较简单；冷端温度补偿电路较复杂	测温、温度控制及与温度有关的非电量测量
应变片	2 000 μm/m 以下	体积小，价廉，精度高，频率特性较好；输出信号小，测量电路复杂，易损坏，需定时校验	力、应变、应力、压力、质量、振动、加速度及扭距测量
自感、互感	100 mm 以下	分辨率高，输出电压较高；体积大，动态响应较差，需要较大的激励功率，易受环境振动影响，需考虑温度补偿	小位移、液体及气体的压力测量及工件尺寸的测量
电涡流	50 mm 以下	非接触式测量，体积小，灵敏度高，安装使用方便，频响好，应用领域宽广；测量结果标定复杂，需远离不属被测物的金属物，需考虑温度补偿	小位移、振动、加速、振幅、转速、表面温度、状态及无损探伤
电容	500 mm 以下 360°以下	需要的激励源功率小，体积小，动态响应好，能在恶劣条件下工作；测量电路复杂，对湿度影响较敏感，需要良好屏蔽	小位移、气体及液体压力、流量测量、与介电常数有关的参数如厚度、含水量、湿度、液位测量
压电	10^6 N 以下	属于自发电型传感器，体积小，高频响应好，测量电路简单；不能用于静态测量，受潮后易产生漏电	动态力、振动、加速度测量、频谱分析
光电	视应用情况而定	非接触式测量，动态响应好，精度高，应用范围广；易受外界杂光干扰，需要防光罩	光度、温度、转速、位移、振动、透明度测量、图像识别或其他特殊领域的应用
霍耳	5 mm 以下	非接触式测量，体积小，灵敏度高，线性好，动态响应好，测量电路简单，应用范围广；易受外界磁场影响、温漂较大	磁感应强度、角度、位移、振动、转速、压力测量，或其他特殊场合应用

续表

传感器类型	典型示值范围	特点及环境的要求	应用场合与领域
超声波	视应用情况而定	非接触式测量，动态响应好，应用范围广；测量电路复杂，定向性稍差，测量结果标定复杂	距离、速度、位移、流量、流速、厚度、液位、物位测量及无损探伤或其他特殊领域应用
角编码器	10 000 r/min以下，角位移无上限	测量结果数字化，精度较高，受温度影响小；成本较低	角位移、转速测量，经直线-旋转变换装置也可测量直线位移
光栅	20 m以下	测量结果数字化，精度高，受温度影响小；成本高，不耐冲击，易受油污及灰尘影响，应用遮光、防尘的防护罩	大位移、静动态测量，多用于自动化机床

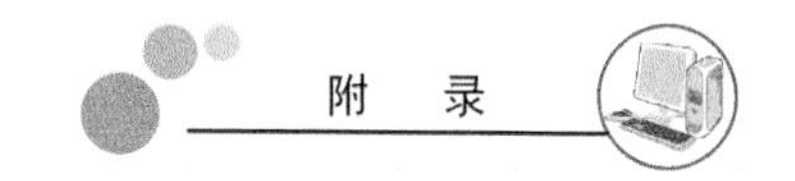

附录C　国际单位制的基本单位

量的名称	单位名称	单位符号	量的名称	单位名称	单位符号
长 度	米	m	热力学温度	开[尔文]	K
质 量	千克(公斤)	kg	物质的量	摩[尔]	mol
时 间	秒	s	发光强度	坎[德拉]	cd
电 流	安[培]	A			

附录 D 部分计量单位

量的名称	量的符号	单位名称	单位符号
长度	L	米	m
面积	A	平方米	m^2
直线位移	x	米	m
角位移	α	弧度	rad
速度	v	米每秒	m /s
加速度	a	米每二次方秒	m/s^2
转速	n	转每分钟	r /min
力	F	牛［顿］	N
压力(压强、真空度)	p	帕［斯卡］	Pa
力矩(转矩、扭矩)	T	牛［顿］米	N·m
杨氏模量	E	牛［顿］每平方米	N/m^2
应变	$\in$	微米每米(微应变)	μm /m
质量(重量)	m	千克,吨	kg ,t
体积质量［质量］密度	ρ	千克每立方米 吨每立方米 千克每升	kg/m^3 t/m^3 kg /L
体积流量	q	立方米每秒 升每秒	m^3/s L /s
质量流量	q	千克每秒 顿每小时	kg /s t /h
物位[液位]	h	米	m
热力学温度	T	开［尔文］	K
摄氏温度	t	摄氏度	℃
电场强度	E	伏特每米	V /m
磁场强度	H	安培每米	A /m
光亮度	L	坎德拉每平方米	cd/m^2
光通量	Φ	流明	lm
光照度	E	流明每平方米,勒克司	lm/m^2,lx
辐射强度	I	瓦特每球面度	W /sr

参 考 文 献

[1] 胡幸鸣. 电动及拖动基础. 北京:机械工业出版社,1999.

[2] 徐虎,胡幸鸣. 电机原理. 2版. 北京:机械工业出版社,1998.

[3] 顾绳谷. 电机及拖动基础. 2版. 北京:机械工业出版社,1997.

[4] 周定颐. 电机及拖动基础. 2版. 北京:机械工业出版社,1996.

[5] 周绍群,牛秀岩. 电机及拖动. 北京:机械工业出版社,1995.

[6] 海定广,孙兴旺. 电力拖动基础. 2版. 北京:机械工业出版社,1998.

[7] 《简明维修电工手册》编写组. 简明维修电工手册. 北京:机械工业出版社,1993.

[8] 严钟豪,谭祖根. 非电量电测技术. 北京:机械工业出版社,2002.

[9] 常建生,石要武,常瑞. 检测与转换技术. 北京:机械工业出版社,2001.

[10] 王元庆. 新型传感器原理及应用. 北京:机械工业出版社,2002.

[11] 张福学. 传感器应用及其电路精选(上、下册). 北京:电子工业出版社,2000.

[12] 曲波,等. 工业常用传感器造型指南. 北京:清华大学出版社,2002.

[13] 张福学. 机械人技术及其应用. 北京:电子工业出版社,2000.

[14] 沙占友. 智能化集成温度传感器原理与应用. 北京:机械工业出版社,2002.

[15] 王庆有. 图像传感器应用技术. 北京:电子工业出版社,2003.

[16] 王绍纯. 自动检测技术. 北京:冶金工业出版社,2001.

[17] 王侃夫. 机床数控技术基础. 北京:机械工业出版社,2001.

[18] 蔡仁钢. 电磁兼容原理/设计和预测技术. 北京:北京航空航天大学出版社,1997.

[19] 张如一,等. 应变电测与传感器. 北京:清华大学出版社,1999.

[20] 王宜. 设备振动简易诊断技术. 北京:机械工业出版社,1990.

[21] 吴今迈. 设备诊断实例. 上海:上海科学技术出版社,1997.

[22] 蒋焕文,孙续. 电子测量. 北京:中国计量出版社,1998.

[23] 徐科军,等. 容栅传感器的研究与应用. 北京:清华大学出版社,1995.

[24] 周艳萍. 电子侦控技术. 上海:上海科学技术文献出版社,2003.

[25] 贺桂芳,等. 汽车与工程机械用传感器. 北京:人民交通出版社,2003.

[26] 刘培尧. 电梯原理与维修. 北京:电子工业出版社,1999.

[27] (德)Horst Ahiers. 多传感器技术. 王磊,等译. 北京:国防工业出版社. 2001.

[28] 赵明,许翏. 工厂电气控制设备. 北京:机械工业出版社,1995.

[29] 郑忠. 新编工厂电气设备手册上下册. 北京:兵器工业出版社,1994.

[30] 齐占庆. 机床电气控制技术. 北京:机械工业出版社,1994.

[31] 邓则名,邝穗芳. 电器与可编程控制器应用技术. 北京:机械工业出版社,1999.

[32] 陈保安. 电梯维修技术. 北京:高等教育出版社,1993.

[33] 连赛英. 机床电气控制技术. 北京:机械工业出版社,1996.